GROSS-GASMASCHINEN

VON

DR. A. RIEDLER

KÖNIGL. GEHEIMEN REGIERUNGSRAT UND PROFESSOR

MIT 130 ABBILDUNGEN IM TEXT

MÜNCHEN UND BERLIN

VERLAG VON R. OLDENBOURG

1905

Druck von H. S. Hermann in Berlin.

INHALT.

EINLEITUNG.

Bau und Betrieb von Gasmaschinen*) haben gegenwärtig große Bedeutung erlangt. Nachdem die Kleinmaschinen in einer 20 jährigen Entwicklungszeit eine bedeutende Vollkommenheit erreicht hatten, wurden sogenannte Großmaschinen gebaut, bei denen die vermeintlich „erprobten" Einzelheiten der Kleinmaschinen einfach vergrößert wurden, anscheinend oft nur mit dem Storchschnabel, und schließlich folgte der Fortschritt zu den wirklichen Großmaschinen, die gegenwärtig in völlig verschiedener Bauart ausgeführt werden. Die Ansichten über die einzelnen „Systeme" der Großmaschinen sind sehr verschieden und fast zur Parteisache geworden. Die Meinungsäußerungen in der Literatur und in den Geschäftsanzeigen über Groß-Gasmaschinen weichen gleichfalls sehr voneinander ab: Unhaltbare Anschauungen aus der ersten Entwicklungszeit der Kleinmaschinen finden sich neben neueren von Theoretikern, auch von solchen, die den Bau und Betrieb der Maschinen garnicht kennen; besonders zahlreich sind die Berichte, in denen die Meinungen anderer nacherzählt werden. Daneben finden sich dann Äußerungen erfahrener Fachleute, die jedoch alles, was wie Urteil aussehen könnte, als verfrüht ablehnen. Aber damit wird auch der Begründung der Konstruktionen und allem Wesentlichen aus dem Wege gegangen.

*) Es wäre zu wünschen, daß die Bezeichnung Gas-Maschine statt „Motor" durchweg Verwendung fände, so wie allgemein von Dampfmaschinen, Wärmekraftmaschinen, Heißluftmaschinen, Wasserkraftmaschinen usw. gesprochen wird zur Kennzeichnung der primären Kraftmaschinen, im Gegensatz zu Elektro-Motoren, hydraulischen Motoren, Luftmotoren usw., die durch ein mittels Maschinen umgeformtes Kraftmittel getrieben werden. In der Elektrotechnik hat sich diese Unterscheidung zwischen Maschine und Motor vollständig eingebürgert. Sie wäre auch auf allen anderen Gebieten notwendig und würde nichtssagende Bezeichnungen wie Motor, Motorbetrieb, Motorwagen usw. mit ihren unzulässigen Beschränkungen auf Verbrennungsmaschinen beseitigen.

Unter solchen Umständen wird die Frage immer dringender: Worauf kommt es bei Groß-Gasmaschinen wesentlich an, und was ist bisher tatsächlich erreicht? Diese Frage ist umso begreiflicher, als viele Ausführungen den Erbauern und noch mehr den Bestellern schweres Lehrgeld gekostet haben und tatsächlich reiche Erfahrungen gemacht wurden; trotzdem oder eben deshalb fällt im Gasmaschinenbau die Geheimtuerei vor allem auf.

Die Feststellung der maßgebenden Erfahrungen und Grundlagen ist aber bedeutend erschwert durch die große Mannigfaltigkeit der bisher ausgeführten Gasmaschinen. Selbst die Suche nach der bisher verbreitetsten Groß-Gasmaschine als Anhaltspunkt für deren praktische Bewertung wird erschwert durch die Tatsache, daß die X-Hütte ihre Maschinen mit oder ohne vorangegangenen Wettbewerb doch nur bei der Y-Maschinenfabrik bestellt, nicht wegen irgendwelcher Überlegenheit, sondern weil beide von der Z-Bank abhängen.

Zur Klärung der Sache müssen, abweichend von der bisherigen Behandlung dieser Maschinen in der technischen Literatur, die maschinentechnischen und betriebstechnischen Forderungen als Ausgangspunkt dienen und nicht die bisher so überwiegend und oft nur allein behandelten wärmetechnischen Fragen. Diese können nur in Verbindung mit den maschinentechnischen Einzelheiten berücksichtigt werden.

Solcher Vorgang ist schon deshalb der richtige und der deduktive theoretische Weg nicht gangbar, weil z. B. die grundlegenden Forderungen hoher Gemengeverdichtung, hohen Temperatur- und Druckgefälles in unlösbarem Widerspruch stehen mit der Notwendigkeit gleichzeitiger Kühlung der betriebsfähig zu erhaltenden Maschinenteile. Es gibt keine Gestaltung, durch welche sich die theoretischen Bedingungen ganz verwirklichen lassen. Alle Ausführungen sind nur als Kompromiß auf einem Mittelwege möglich. Auch wissenschaftliche Einsicht, die für den konstruktiven Fortschritt Wert haben soll, kann nicht deduktiv, sondern nur durch Versuche an Maschinen, unter genauer Kenntnis und Berücksichtigung der Konstruktions- und Betriebsverhältnisse gewonnen werden.

Den Fortschritt kann nur der wissenschaftlich denkende und erfahrene Konstrukteur schaffen. Rein wissenschaftliche Fragen zu stellen hat erst dann Sinn, wenn die Maschine und die ganze Maschinenart konstruktiv so weit ausgebildet ist, daß Beobachtungen und Messungen nicht mehr Zufallsergebnisse von Zufalls-Konstruktionen sind und nicht von unfertigen Einzelheiten abhängen.

Darin ist auch die Erklärung dafür zu finden, daß lange Zeit die wissenschaftliche Behandlung dieses Gebietes dem Konstrukteur keine sachlichen Anregungen zu geben vermochte, während viele Theoretiker einseitige Beurteilung von Zufallsgestaltungen trieben und leider auch jetzt noch treiben oder in einige Zufalls-Diagramme unmaßen viel theoretische Weisheit hineindeuteten, ja selbst praktische Schlußfolgerungen daraus zu ziehen suchten, ohne dabei das Wichtigste: die völlige Abhängigkeit der Wirkungen von der baulichen Gestaltung, zu würdigen oder auch nur zu verstehen.

Dies sind die naheliegenden Gründe, weshalb die immer wiederkehrenden einseitigen wärmetheoretischen Betrachtungen und die zahlreichen Leistungs- und Verbrauchsversuche wohl für einige Teilaufgaben von Wert sein können, aber auf die Entwicklung der Gasmaschine keinen erheblichen Einfluß ausgeübt haben, noch ausüben konnten, so wenig wie seinerzeit auf die Entwicklung der Dampfmaschine, obwohl sie in der Literatur einen übergroßen Raum einnehmen.

Bei der Entwicklung der Dampfmaschine, unter einfacheren thermischen und konstruktiven Verhältnissen, war es auch nicht anders, und die einseitige wissenschaftliche Spekulation hat zum Fortschritt wenig beigetragen. Erst wurde die gangbare, industriell brauchbare Dampfmaschine geschaffen, fast unabhängig von wissenschaftlicher Behandlung. Dann kamen die wirtschaftlichen und mit ihnen die thermischen Forderungen, die erfüllt werden mußten. Auch diese Aufgabe wurde zunächst allein durch richtige maschinentechnische Gestaltung der mehrstufigen Expansionsmaschine gelöst. Erst nachher wurde sie wissenschaftlich begründet und weiter verfolgt. Der umgekehrte Weg hätte nicht zum Ziele führen können, weil alle Wirkungen mit den Einzelheiten der Gestaltung zusammenhängen, die nur der konstruierende und der betriebsleitende Ingenieur beurteilen können. Bei den Gasmaschinen ist die Abhängigkeit von Ausführungs- und Betriebseinzelheiten in noch höherem Maße entscheidend. Die einfachsten, grundlegenden Forderungen, z. B.: die zugeführte Wärmemenge in der thermisch günstigsten Weise in mechanische Arbeit umzusetzen, bei jedem Arbeitshub ein möglichst großes Gasgewicht thermisch auszunutzen, das Arbeitsmittel in der Maschine möglichst weit, aber vorteilhaft expandieren zu lassen, können nur im Zusammenhange mit der konstruktiven Gestaltung beurteilt werden; außerdem stehen neben jeder thermischen Forderung allgemein maschinentechnische, insbesondere die Forderung: die einfachsten baulichen Hilfsmittel zu verwenden und sie in der günstigsten Weise auszunutzen.

Die maschinentechnische Gestaltung und die Betriebserfahrungen stehen daher im Vordergrunde; nur auf ihrer Grundlage können die Gasmaschinen und ihre Aussichten für die Zukunft beurteilt werden. Der richtige, d. h. nicht einseitige Konstruktions- und Betriebsstandpunkt muß ohnedies auf alle wirtschaftlichen Fragen Bedacht nehmen und daher auch alle thermischen Forderungen, die an die Maschine gestellt werden, mitberücksichtigen.

Die Entwicklung der Gasmaschine wurde bisher meist nur durch die Beschreibung verschiedener Konstruktionsgedanken dargestellt. Das Material für diese Darstellungen bildeten überwiegend Patentschriften und die unvollständigen Veröffentlichungen von Erfindern.

Die wärmetheoretische Erweiterung solches dürftigen Materials ändert nichts an der Unzulänglichkeit dieser beschreibenden Literatur. Die beschreibende, wie auch die kritische und theoretische Behandlung der massenhaften Neuerungen seit den 80er Jahren behandelt doch nur einseitige Konstruktionsgedanken, die äußerst wenig zur Kenntnis der Gasmaschinen beitragen, weil die Erfahrungen mit diesen zahllosen Konstruktionen, die günstigen wie die üblen, unbekannt geblieben sind. Innerhalb deutscher Werkstätten ist schon seit den 70er Jahren außerordentlich viel Neues versucht worden. Gab es Mißerfolg, so wurde geschwiegen, aber über Erfolge ebenso, da deren Verwertung in Aussicht stand. Somit fehlt auch in den Berichten über diese Entwicklung das Wesentlichste: die gewonnenen Erfahrungen, die Grundlagen für die Beurteilung der Wirkungsweise.

Für die Beurteilung von Gasmaschinen und von Maschinen überhaupt gibt es nur einen richtigen, maßgebenden Standpunkt, den des verständigen Betriebsingenieurs, ein Standpunkt, gleichartig dem des Konstrukteurs, wenn dieser nicht von bloßen Konstruktionsabsichten ausgeht. Maßgebend ist der Betriebszweck. Die Ausführungs- und Betriebsmöglichkeiten sind die Ausgangspunkte und die Betriebssicherheit und Einfachheit das nächste Ziel. Die Frage der Kosten der Anlage und des Betriebs schafft auch keinen grundsätzlichen Gegensatz, denn das Ziel ist stets die vollkommene und sparsam arbeitende Maschine. Gegensätze entstehen erst durch Preisstellungen, die ohne Rücksicht auf Güte und Leistung erfolgen, und durch Maschinen, die nur aus vorgefaßten Konstruktionsmeinungen, nicht aus den Forderungen des Betriebs hervorgegangen sind. Beides ist aber eben nicht verständig.

Das Bild der Entwicklung der Gasmaschine zeigt sich in richtigem Lichte, wenn in erster Linie das berücksichtigt wird, was ausgeführt und industriell erprobt wurde und dadurch nachhaltigen Einfluß gewonnen hat, im günstigen oder ungünstigen Sinne. Hierbei wird die maschinentechnische Durchführung zum Ausgangspunkte, aber stets im Zusammenhang mit der erzielten Wirkung, und solcher Weg führt auch unmittelbar in das Wesen der Sache und ihre Schwierigkeiten ein.

Die Entwicklung der Gasmaschine zur industriell brauchbaren Maschine ist überwiegend in den letzten drei Jahrzehnten und durchaus sprunghaft erfolgt. Sie ist das Verdienst weniger. Das Folgende soll diese Entwicklung in den großen, wichtigsten Zügen kennzeichnen und zugleich die Grundlagen im erwähnten Sinne schaffen.

Von solchen Anschauungen ausgehend, will ich es versuchen, das Wesentliche der Groß-Gasmaschinen darzustellen. Die Aufgabe wäre selbst im gegebenen engen Rahmen verhältnismäßig leicht, wenn ich mich darauf beschränken könnte, nur meine Anschauungen vorzubringen. Ich muß aber zugleich viele herrschende Irrtümer widerlegen und setze voraus, daß unbefangene Fachleute wie Gegner mir gar nichts glauben, sondern sich nur an die von mir vorzubringenden Gründe halten werden; diese muß ich daher in mehreren maßgebenden Punkten ausführlich angeben.

I. Gasmaschinen ohne Gemenge-Verdichtung.

Nach den gekennzeichneten Gesichtspunkten bieten die zahlreichen Ideen über Gasmaschinen bis in die 60er Jahre gar nichts als billige Konstruktionsgedanken mit behaupteten Wirkungen ohne jede bekannt gewordene Verwirklichung. Die gangbaren Verwirklichungen von Gasmaschinen entstanden erst in den 60er Jahren, die brauchbaren in den 70er Jahren; die vollkommenen Großmaschinen zählen erst von diesem Jahrhundert an.

Ein wichtiger Teil der Entwicklung der Gasmaschinen läßt sich durch den Vorgang beim Laden des Arbeitszylinders mit brennbarem Gemisch kennzeichnen.

Die ersten gangbaren Maschinen sind gekennzeichnet durch das Ansaugen des Gasgemenges nach dem Hubwechsel und die Zündung und Verbrennung während des Hubs ohne vorhergegangene Verdichtung des Gemenges.

Lenoir hat als Vorbild die Dampfmaschine benutzt (Abb. 1). Die Gemengeansaugung erfolgte bei seiner Maschine mit Beginn des Hubs, die Zündung am Ende der Füllung, also während des Hubes, nach etwa $^1/_3$ bis $^1/_2$ Kolbenweg, sodaß nur der geringe Rest des Kolbenwegs für die Expansion zur Verfügung stand (Abb. 2).

Die Lenoir-Gasmaschine mußte mißlingen, sowohl maschinentechnisch wie thermisch. Maschinentechnisch deshalb, weil nach $^1/_3$ bis $^1/_2$ Füllung der plötzlich auftretende Verbrennungsdruck von 5 bis 6 Atm. zur ungünstigsten Zeit stoßartig auf das Triebwerk wirkte. Die Diagramme der Lenoir-Maschine (Abb. 2) zeigen die Druckerhöhung nach der Zündung, rasches Ansteigen und Abfallen und großen Wärmeverlust während des Arbeitshubes, geringes Füllungs- und Expansionsvolumen usw. Daß die hohe Auspufftemperatur die ungekühlten Auslaßschieber zerstörte, daß der Ölverbrauch der Maschinen ein unerträglich hoher war usw., hatte nebensächliche Ursachen.

Thermisch mußte die Maschine scheitern, weil das angesaugte Gemenge ohne Verdichtung und bei sehr geringer Expansion verbrannt wurde, weil die Kolbengeschwindigkeit mit Rücksicht auf die Wärmeverluste zu gering war, nur etwa 0,4 m, und selbst bei dieser geringen Kolbengeschwindigkeit die Expansion und Arbeitsumsetzung schon bei abnehmender Kolbengeschwindigkeit erfolgte. Die Folge hiervon war der sehr hohe Verbrauch von 3 cbm Leuchtgas für die Stundenpferdekraft und der geringe thermische Wirkungsgrad von etwa 4%. Somit konnte diese Maschine nicht in den Wettbewerb treten, selbst nicht mit der damals noch sehr unvollkommenen Dampfmaschine. Wegen des Fehlens der Gasverdichtung konnte sie auch nur mit reichen Gemengen arbeiten. Wegen des plötzlichen Druckwechsels inmitten des Hubes war sie überhaupt nicht betriebsbrauchbar.

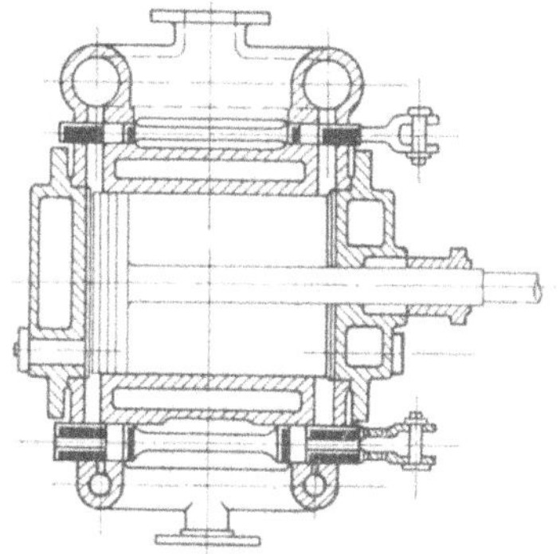

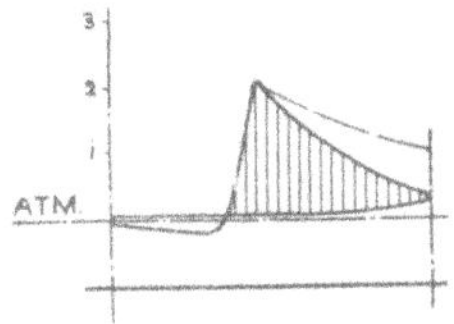

Abb. 1. Arbeitszylinder und Steuerung. Abb. 2. Arbeitsdiagramm.

Lenoir-Gasmaschine.

Dennoch gebührt der Lenoir-Maschine das Verdienst, die Gasmaschinen bekannt gemacht zu haben (1860). Sie war die erste gangbare, wenn auch noch nicht industriell brauchbare Maschine. Sie hatte die allen Neuerungen entgegenstehende unglaublich große geistige Trägheit und die schweren Vorurteile gegen Verbrennungsmaschinen überhaupt zu überwinden. Damals, in den 60er Jahren, erschien der Gedanke, eine Maschine mit einem brennenden Kraftmittel, eine wirkliche „Feuermaschine“ zu betreiben, abenteuerlich. Daß das Gemenge im Arbeitszylinder „explodiere“, erschien ganz unglaubwürdig. Die neue Maschine trug jedoch das gewohnte Gewand der Dampfmaschine, das Neue der Sache und der ungewöhnliche Unternehmungsmut machten großen Eindruck, und die Vorurteile wurden zum erstenmal stark erschüttert.

Das ungeheure Aufsehen, welches diese Maschine verursachte, wurde noch dadurch erhöht, daß Lenoir auch ein Boot und ein Automobil mit Gasmaschinen betrieb. Und alles das ging in Paris vor sich, von maßloser Anpreisung begleitet.

Selbst die großen Verheißungen, womit die Geburt dieser Maschine verkündet wurde, waren von Nutzen: sie haben die unglaublich scheinende Neuerung in weiten Kreisen bekannt gemacht. Obwohl die Maschine fehlschlagen mußte, hat sie doch mächtige Anregung gegeben; überall begann es sich nun auf diesem Felde zu regen, jezt erst kam es über die bloßen Ideen und Patente hinaus zu zahlreichen Ausführungen und Versuchen. Die Gasmaschine war damit aus ihrem problematischen Dasein herausgetreten, die Frage war ausgelöst, nun begann die Entwicklung.

Die Übertreibungen und Phantastereien, die theoretische Propheten an die ersten Lenoir-Gasmaschinen knüpften, haben mehrere schädliche Rückwirkungen zur Folge gehabt. Beim Erscheinen dieser Wundermaschine wurde das baldige Ende aller Dampfmaschinen geweissagt; untergeordnete Einzelheiten der neuen Maschine wurden hochgepriesen, so die getrennten Luft- und Gaswege, die Gemengebildung im Arbeitszylinder und insbesondere die elektrische Zündung, während anderseits die direkte Kraftübertragung grundsätzlich getadelt wurde. Später wurde der hohe Gasverbrauch der Lenoir-Maschinen bekannt, und es entstand der Glaube, die Gasmaschine sei thermisch unvorteilhaft, die unmittelbare Kraftübertragung auf das Triebwerk sei allgemein bei „Explosionsmaschinen“ unzulässig. —

Die „atmosphärische“ Flugkolbenmaschine von Otto arbeitete in gleicher Weise mit Füllung und Zündung nach dem Hubwechsel ohne Verdichtung des Gemenges. Sie wurde aber zur ersten industriell brauchbaren Kleinmaschine, weil sie maschinentechnisch einen anderen Weg ging, der erstmalig zu einer guten thermischen Ausnutzung führte und bei Kleinmaschinen Erfolg hatte. Ob Otto unter dem Einfluß des Mißerfolges der Lenoir-Maschine vorgegangen ist, wird nicht leicht festzustellen sein. Unzweifelhaft hat er zunächst die maschinentechnische Aufgabe verfolgt: eine indirekte Arbeitswirkung zu schaffen, den Arbeitskolben vom Triebwerk zu trennen. Der thermische Vorteil der weitgehenden Expansion ergab sich dann durch den freien Kolbenflug (Abb. 3).

Es wurde eine lösbare Verbindung zwischen Kolbenstange und Welle hergestellt, anfänglich durch Vermittlung eines Treibriemens mit Reibungsmitnehmer, später durch die Langensche Reibungskupplung. So war diese Maschine von vornherein an eigenartige, aber unvollkommene, auch nicht entwicklungsfähige maschinentechnische Einzelheiten gebunden.

Die Langensche Schaltwerkskupplung hat trotz des vorzüglichen Konstruktionsgedankens selbst bei den Kleinmaschinen nur 1—2 Jahre ungestörte Betriebsdauer ergeben. Ebenso bedenklich war die notwendige Zahnradübertragung auf das Getriebe. Wegen dieser unvermeidlichen maschinentechnischen Mängel konnte diese Maschine überhaupt nur bis 3 PS Leistung gebaut werden und wurde später auch als Kleinmaschine sofort durch die Viertaktmaschine verdrängt.

Durch den freien Kolbenflug und die hohe Kolbengeschwindigkeit während der Umsetzung der Wärme in Arbeit wurden jedoch günstige thermische Arbeitsbedingungen geschaffen:

Der Arbeitsvorgang ermöglichte bei völliger Trennung des Arbeitskolbens vom Triebwerk rasche Arbeitsumsetzung beim Aufflug des Kolbens. Dieser Arbeitsweg des Kolbens war wesentlich größer als bei Lenoir, die Expansion eine weitgehende.

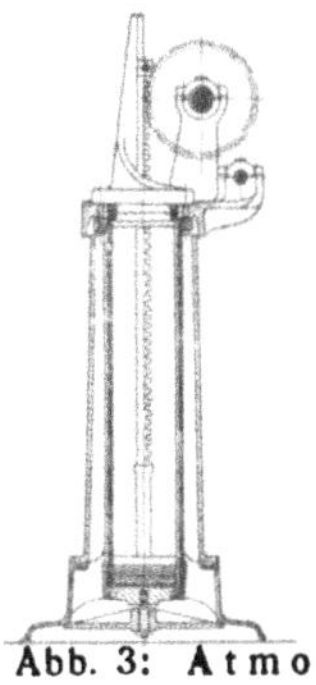

Abb. 3: Atmosphärische Flugkolbenmaschine von **Otto.**

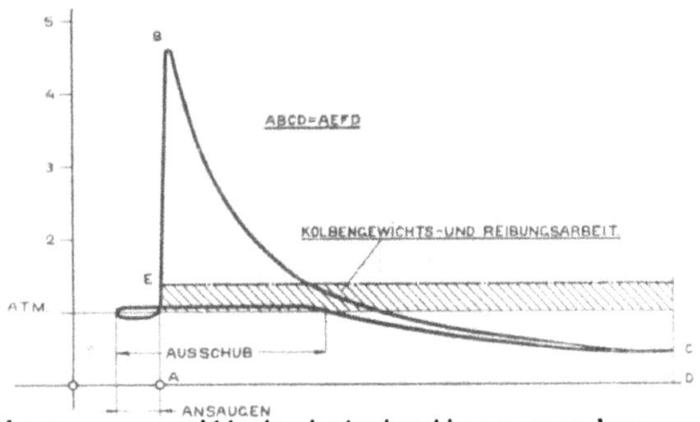

Abb. 4: Arbeitsdiagramm der Flugkolbenmaschine von **Otto.**

Die Stoßwirkung auf das Triebwerk konnte durch freie Massenbeschleunigung des Flugkolbens beherrscht bezw. für das eigentliche Triebwerk der Maschine unschädlich gemacht werden.

Der Vorteil und Fortschritt lag trotz der maschinentechnischen Mängel darin, daß beim Aufflug volle Expansion der Verbrennungsgase erreichbar war, die den Arbeitszylinder fast vollständig entspannt verließen, und daß das Kolbengewicht mit großer Geschwindigkeit (über 5 m) hochgeschleudert wurde, wie sie bisher bei keiner Wärmekraftmaschine Anwendung gefunden hatte.

Die für die thermische Ausnutzung maßgebende Flugzeit betrug nur etwa $^1/_{10}$ der Zeit eines Arbeitshubes. Die Kühlung konnte daher bei der geringen Flugzeit nur wenig schädlichen Einfluß haben, während sie bei der viel längeren Rücklaufzeit thermisch nur günstig wirken konnte. Daraus ergab sich der geringe Gasverbrauch, obwohl die übrigen thermischen Bedingungen, insbesondere das Fehlen der Gemengeverdichtung, ungünstig waren.

Die Bezeichnung „atmosphärische Maschine", die Annahme, daß beim Rücklauf der äußere Atmosphärendruck Arbeit verrichtend die Welle treibe, ist unwesentlich; dieser Grundgedanke läßt sich gar nicht vollständig verwirklichen. Die Arbeitsdiagramme solcher Maschinen zeigen, daß die beabsichtigte indirekte Leistung, die Nutzarbeit beim Niedergang des Kolbens, wesentlich durch das Gewicht des Kolbens und der Zahnstange verrichtet wird (Abb. 4).

Viele Einzelheiten dieser Maschine, ihre Steuerung ohne Drehbewegung, die Aussetzregulierung mit Stillstand des Treibkolbens bei geringer Belastung, waren außerordentlich gut durchgeführt. Die Maschine war sehr einfach, erforderte bei stehender Bauart geringe Bodenfläche, keine besondere Fundierung, infolge der hohen Flugkolbengeschwindigkeit und raschen Arbeitsumsetzung auch keine sehr wirksame Kühlung.

Diese atmosphärischen Gaskraftmaschinen ergaben bei minutlich 70—80 Umdrehungen der Welle bezw. 35—40 Kolbenhüben den geringen Gasverbrauch von nur etwa $^{3}/_{4}$ cbm Leuchtgas, auch bei kleinen Maschinen, wie er gleich niedrig selbst durch spätere Maschinen nicht erreicht wurde. Wegen ihrer ungewöhnlichen Bauart, ihres Zahnstangentriebs und geräuschvollen Ganges beim Auffliegen des Treibkolbens wurde die Maschine bei ihrem ersten Auftreten auf der Pariser Weltausstellung 1867 anfänglich ungünstig beurteilt; aber ihr hervorragendes thermisches Ergebnis hatte ihren Ruf zur Folge und hat die Gasmaschine als brauchbare Betriebsmaschine für Kleinbetriebe eingeführt.

Die atmosphärische Gaskraftmaschine von Otto war die erste industriell brauchbare und wirtschaftlich arbeitende Gasmaschine. Schon deshalb ist das Verdienst Ottos nicht hoch genug zu schätzen. Die Maschine hat in den 70er Jahren als Kleinmaschine viel Verwendung gefunden, und es sind etwa 3000 solcher Maschinen gebaut worden. Erst von jetzt ab zählt die praktische Durchführung der Gasbetriebe und ihre Entwicklung. Die Betriebe waren beschränkt auf Kleinmaschinen in Städten, wo Dampfmaschinen wegen der Dampfkessel usw. ausscheiden mußten. Wegen ihrer maschinentechnischen Mängel konnte diese Maschine für den Großbetrieb nicht brauchbar ausgestaltet werden; sie mußte bald, selbst als Kleinmaschine, einer maschinentechnisch besseren weichen: der Viertaktmaschine.

II. Das Viertakt-Verfahren von Otto.

Am folgenreichsten hat in die Entwicklung der Gasmaschinen das Viertaktverfahren eingegriffen, darin bestehend:

im Arbeitszylinder während eines Saughubes Gasgemenge anzusaugen, es darauf im Kompressionshub zu verdichten, dann im dritten Hub zu zünden und durch Ausdehnung Arbeit zu leisten, und endlich im vierten Hube die Abgase ausströmen zu lassen, bezw. auszudrücken (Abb. 5 und 6).

Nach diesem Verfahren hat Otto erstmalig brauchbar ausgestaltet: die Gemengeverdichtung vor dem Hubwechsel, die Zündung und die Drucksteigerung im Hubwechsel und die Expansion während des ganzen Hubs. Hierin sind wichtige mechanische und thermische Vorteile begründet. Der wesentliche Ausgangspunkt dieser und aller folgenden Maschinen ist die Gemengeverdichtung vor der Zündung. In ihr ist die thermisch bessere Ausnutzung des Gemenges begründet, sie ermöglicht weitgehende Expansion.

Das Viertaktverfahren bedeutet den wichtigsten Markstein in der Entwicklung der Gasmaschine. Es hat die atmosphärische Flugkolbenmaschine sofort verdrängt, eine neue maschinentechnisch bessere Art von Kleinmaschinen und die Grundlage der späteren Ausbildung aller Gasmaschinen geschaffen.

Die Viertaktmaschine wurde durch die Pariser Ausstellung 1878 bekannt, wo sie unter der wenigsagenden Bezeichnung „geräuschloser Motor“ eingeführt wurde, welche auf keinen ihrer wesentlichen Vorzüge, sondern nur mittelbar auf einen nebensächlichen Mangel ihres Vorgängers hindeutete. Die neue Maschine wurde mit hellem Mißtrauen empfangen. Mechanisch wurde ihr eine schlechte Ausnutzung zugeschrieben. Dazu kam ein etwas höherer Gasverbrauch, der etwa 1 cbm Leuchtgas betrug gegenüber nur $^3/_4$ cbm der Flugkolbenmaschine. So haben sich denn an diese Maschine anfänglich keine Verheißungen geknüpft; gerade diese Maschine aber hat umgestaltend auf alle folgenden Gasmaschinen eingewirkt.

Die Viertelwirkung des „Viertaktes“ wurde insbesondere als großer Rückschritt bezeichnet. Ein einziger Arbeitshub neben zwei fast leeren Hüben und einem Verdichtungshub mit schwacher Belastung des Triebwerkes erschien bei oberflächlicher Betrachtung als ein großer Umweg, als schlechte Ausnutzung der Maschine. Die wesentlichen Vorzüge der Maschine und ihres Arbeitsverfahrens, wie auch die thermischen Vorteile, die sie bot, wurden kaum erkannt, höchstens die Bedeutung der Gasverdichtung, nicht aber die der großen Expansion, der vollen Arbeitsdiagramme, des großen Saug- und Regulierungsvolumens während eines vollen Hubes, der Druckentwicklung in oder kurz nach dem Hubwechsel, zunächst auch nicht die Bedeutung der Gasverdichtung für arme Gemenge usw.

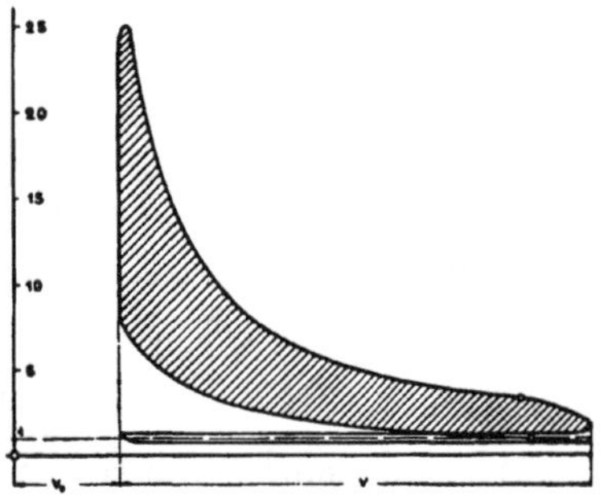

Abb. 5: Arbeitsdiagramm.

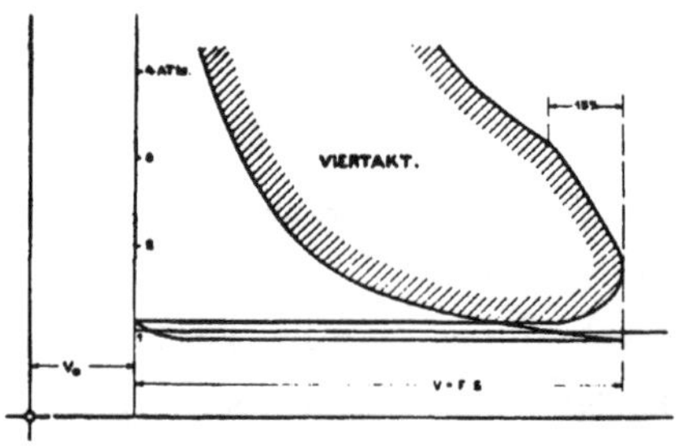

Abb. 6. Ausströmung, Ansaugung und Verdichtung.

Viertakt-Verfahren.

Hierbei wurde stets der ganz unzweckmäßige, einseitige und rein äußerliche Vergleich gezogen mit der allgemein bekannten doppeltwirkenden Dampfmaschine mit ihren 4 arbeitspendenden Hüben, mit ihrer Triebwerksausnutzung bei jedem Hub. Noch jetzt wirkt diese einseitige Auffassung fort.

Tatsächlich ist aber das Viertaktverfahren und auch die Gestaltung der Viertaktmaschine mit dem zugleich als Kompressor wirkenden Arbeitszylinder in vieler Beziehung ganz ideal und thermisch wie mechanisch schwer zu übertreffen. Das Wesen liegt in der Gemengeverdichtung unmittelbar vor der Zündung im oder nahe dem Hubwechsel und in der Verdichtung des Gemenges im Arbeitszylinder.

Das ist maschinentechnisch unvergleichlich einfach, weil kein besonderer Kompressor erforderlich ist, alle Konstruktionsteile für die Verdichtung schon vorhanden sind. Der Arbeitszylinder als Kompressor erfordert nur das ohnedies vorhandene Saugventil, aber kein Druckventil und keine Verschiebungsarbeit; nach erfolgter Verdichtung gibt es keine Ventilwiderstände und keine Ventilverluste, denn das verdichtete Gemengevolumen wird ja im Kompressorzylinder selbst unmittelbar am Ende der Verdichtung entzündet. Es ist unmöglich, einfachere und vollkommenere Mittel für das Laden und die darauffolgende notwendige Verdichtung zu schaffen.

Zu dieser Einfachheit kommen — im Gegensatz zu den früheren Maschinen — die weiteren maschinentechnischen Vorteile: Vermeidung eines ungünstigen Druckwechsels, allmählich zunehmende Beanspruchung des Triebwerks und Steigerung der Kolbengeschwindigkeit. Alles infolge der Einführung der Verdichtung.

Mechanisch ist die Verdichtung das Mittel, hohe Kolbengeschwindigkeit und ruhigen Gang des Triebwerks wie bei Dampfmaschinen zu erzielen und den notwendigen Druckverlauf zu sichern. Hohe Kolbengeschwindigkeit wiederum ist die Grundlage guter thermischer Ausnutzung, das Mittel, die Wärmeverluste zu verringern.

Thermisch ist der Verdichtungsvorgang, abgesehen vom grundlegenden Einfluß der hohen Spannungs- und Temperaturgefälle, deshalb ein vorzüglicher, weil die Kompressionsarbeit unmittelbar nach der Verdichtung im Arbeitszylinder wieder gewonnen wird, und weil keine Verschiebung und Fortleitung des verdichteten Gemenges vor der Zündung notwendig ist. Verdichtung, Zündung und Verbrennung erfolgen hintereinander im selben Arbeitszylinder, ohne dazwischenliegende Pumpen, Leitungen, Ventile usw. und ihre Widerstände. Das ist eine im Wesen der Sache begründete, für Klein- und Großmaschinen höchst wertvolle Einfachheit.

Hoher thermischer Wirkungsgrad erfordert möglichst weitgehende Expansion der Verbrennungsgase. Bleibt es hierbei aus wirtschaftlichen Gründen ausgeschlossen, das Expansionsverhältnis im gleichen Zylinder größer als das Kompressionsverhältnis zu machen, so hängt die erreichbare thermische Ausnutzung von der Höhe der Verdichtung ab, welche das Gemenge für bestimmte Bauart ergibt. Es ist nur eine entsprechende Vergrößerung oder Verringerung des Verdichtungsraumes und damit des Endvolumens der Verdichtung nötig, um alle Verhältnisse nach Bedarf zu beherrschen. Das sind wieder die denkbar einfachsten maschinentechnischen Mittel zur Erreichung höchster thermischer Ausnutzung durch hohe Gemengeverdichtung.

Aus der Verdichtung des Gemenges ergeben sich auch wesentliche maschinentechnische Vorteile, insbesondere für Großmaschinen: hoher mittlerer Arbeitsdruck, entsprechend geringe Abmessungen, Oberflächen und Volumen in der Maschine, kleiner Wärmeverlust durch die Wandungen und die Maschinenteile, insbesondere aber die Möglichkeit, arme Gase verwenden zu können, schwache Gemenge überhaupt zündfähig zu machen.

Aller wesentliche Fortschritt durch das Viertaktverfahren ist daher auf die Gemengeverdichtung vor der Zündung und ihre Folgen zurückzuführen. Das Arbeitsverfahren ermöglicht außerdem die Regulierung während des ganzen Hubs und Kühlung des Arbeitszylinders während des Saughubs durch das angesaugte Gemenge, wenn auch auf Kosten des Gemischgewichtes.

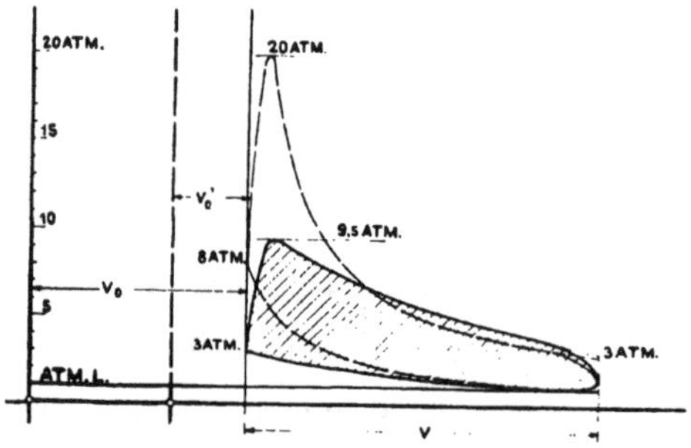

Abb. 7: Arbeitsdiagramme mit zunehmender Verdichtung.
Viertakt-Verfahren.

Die Gemengeverdichtung vor der Zündung ist seit Otto bei den Kleinmaschinen anfänglich mit etwa 2 Atm. Verdichtungsdruck durchgeführt worden, bei Verbrennungsspannungen von 8—10 Atm. (Abb. 7). Später wurde mit den wirtschaftlichen Forderungen der Verdichtungsdruck auf 8—10 Atm., der Verbrennungsdruck auf 20—30 Atm. für arme Gase gesteigert.

Im Zusammenhang damit wurden an die Einzelheiten der Maschine und deren Ausführung mit dem wachsenden Betriebsdruck große Anforderungen gestellt, welche der heutige Maschinenbau aber vollständig zu erfüllen in der Lage ist.

Die hohe Gemengeverdichtung kann nur durch die Verdichtung im Arbeitszylinder einfach bewirkt werden; sie ist der wesentlichste Teil des Viertaktverfahrens und bei allen anderen Maschinen, auch bei den Zweitaktmaschinen, wiederzufinden.

Die nachteiligen Folgen des Viertaktverfahrens in Einzylindermaschinen: schlechte Triebwerksausnutzung während des Ladens, Verdichtens und Auspuffens, großer

Einfluß der Leergangsarbeit und als Folge des Viertel-Arbeitshubs die ungleiche Arbeitsverteilung, das Erfordernis großer Schwungmassen besonders bei Lichtmaschinen usw., sind keine Mängel des Verfahrens, sondern nur Mängel der Anordnung von einzylindrigen einfachwirkenden, richtiger viertelwirkenden Maschinen. Diese Mängel können durch konstruktive Maßnahmen vermindert oder beseitigt werden. Die entsprechenden Anordnungen sind im Zusammenhang mit anderen Fragen zu beurteilen.

Als Nachteil ergibt sich weiter die Möglichkeit von Frühzündungen*) und der daraus erwachsenden Störungen. Da die Verdichtung im Arbeitszylinder vor sich geht, so kann die Zündung schon lange vor dem gewollten Augenblick durch Nebenursachen erfolgen, durch heiße Teile im Zylinder oder Verbrennungsrückstände. Diesen Nachteil haben aber alle Gasmaschinen, welche Gemenge im Arbeitszylinder verdichten, auch alle Zweitaktmaschinen.

Mehrere Nachteile sind mit dem Wesen des Fortschritts verknüpft, mit der hohen Arbeitstemperatur, der hohen Spannung, der Notwendigkeit einer wirksamen Kühlung, der Notwendigkeit bester Ausführung und besonderer Anlaßvorrichtungen wegen der Gemengeverdichtung usw., Nachteile, die gleichfalls allen hochwertigen Verbrennungsmaschinen eigen sind.

Einfluß hat hingegen der Verdichtungsraum am Ende des Verdichtungshubs, dessen Größe die Höhe der Verdichtungsspannung bestimmt. Dieser Raum wird vor Beginn des Ansaugens mit verbrannten Gasen gefüllt sein, die aus dem Zylinder herauszutreiben oder während des Ladens (Ansaugens) des Arbeitszylinders unschädlich zu lagern sind, sodaß bei ungleicher Schichtung die gasreicheren Mischungen an die Zündstelle gelangen. Hierüber sind Einzelheiten bei späteren Erörterungen am Platze.

Viele der erwähnten wesentlichen Vorteile des Viertaktverfahrens wurden und werden noch verkannt oder unterschätzt. Nirgends wurde jedoch bisher etwas unbedingt Besseres oder Einfacheres geschaffen. Auch ist nicht abzusehen, wie ohne gänzliche Umgestaltung des Verbrennungs- und Energieumsetzungs-

*) Die übliche Bezeichnung „Vorzündung" ist nicht genügend kennzeichnend, seitdem für arme Gase usw. Zündung vor dem Hubwechsel durchgeführt wird. Der Begriff „Vorzündung" im Sinne einer Voreilung und beabsichtigten Vorzündung sollte getrennt werden von dem Begriffe „Frühzündung" als nicht gewollter vorzeitiger Zündung mit schädlichen Folgen und dem Begriffe „Fehlzündung" im Sinne einer — unabhängig vom Zeitpunkt — mangelhaft erfolgten Zündung.

Verfahrens maschinentechnisch wie thermisch wesentlich Überlegenes entstehen könnte. Sinngemäß ist jedoch unter dem unglücklichen, leider allgemein eingebürgerten Wort „Viertakt" — richtiger „Vierteltakt" — das maßgebende Arbeitsverfahren, nicht etwa seine einfachste und unvollkommenste maschinentechnische Ausgestaltung: die einfachwirkende Einzylindergasmaschine, zu verstehen.

Der „Vierteltakt" entspricht dem einfachwirkenden Zylinder, der Halbtakt dem doppeltwirkenden Zylinder, die Eintaktwirkung zwei doppeltwirkenden Zylindern hintereinander, vergleichbar den doppeltwirkenden Dampfmaschinen. Solche Begriffe beziehen sich jedoch nur auf die bauliche Anordnung und haben nichts mit dem Viertakt- oder Zweitakt-Verfahren zu tun, sondern nur mit den Einzelheiten der Kolben- und Maschinen-Anordnung. Verbesserung des mechanischen Wirkungsgrades als alleiniger Zweck anderer Verfahren ist wenig wertvoll, da das Gleiche durch doppeltwirkende Zylinder auch nach dem Viertaktverfahren in einfachster Weise erreicht wird.

Otto hat durch die Viertaktmaschinen industriell brauchbare Gasmaschinen geschaffen, und das Bedürfnis nach Gasmaschinen wurde durch ihn zum erstenmal befriedigt. An seine Schöpfung hat sich die weitere große Entwicklung der Gasmaschinen bis in unsere Zeit unmittelbar angeschlossen. Vorher gab es außer seinen kleinen atmosphärischen Gaskraftmaschinen überhaupt nichts Brauchbares. Die Ausbildung bis zur Groß-Gasmaschine ist unverändert auf den wesentlichen Grundlagen des Viertaktverfahrens vor sich gegangen. Das Zweitaktverfahren ist nur eine konstruktive Abänderung einzelner Teile des Viertaktverfahrens, nämlich der Ladevorrichtungen, also der Vorbereitung des Arbeitsvorganges. Das Wesentliche, die Gemengeverdichtung und die Verbrennung selbst, bleiben dabei unverändert, weil die Gemengeverdichtung im Arbeitszylinder beibehalten wird.

III. Das Zweitakt-Verfahren.

Die sachliche Grundlage aller Zweitaktbestrebungen ist: eine Maschine mit einem arbeitgebenden Hub für jede Kurbeldrehung zu schaffen, eine halbwirkende Maschine statt einer viertelwirkenden zu bauen, in der Absicht, das Triebwerk besser auszunutzen und bei gleichen Zylinderabmessungen tunlichst das Doppelte des Vierteltaktes zu leisten oder entsprechend geringere Maschinenabmessungen zu erhalten.

Das Viertaktverfahren wurde, wie erwähnt, irrtümlich als Rückschritt aufgefaßt, als ein weitläufiges Arbeitsverfahren, welches schlecht ausgenutztes Triebwerk mit sich bringt. Ein großer Fortschritt: die Ersparung von 2 Hüben, erschien mühelos erreichbar, wenn die Ladung des Arbeitszylinders nicht durch ihn selbst, sondern durch besondere Ladepumpen besorgt wird.

Hierzu kam, daß das Viertaktverfahren das Monopol einer einzigen Fabrik war. Wohl deshalb wurde auch das neue „System" der verschiedenen Zweitaktmaschinen stets besonders hervorgehoben. Als bloße Weiterbildung des Viertaktverfahrens wurden diese Bestrebungen nicht aufgefaßt.

Ausgangspunkt ist beim Zweitakt: die schlecht ausgenutzten Auspuff- und Saughübe des Viertaktverfahrens zu beseitigen und deren Wirkung durch besondere Spül- und Ladevorrichtungen zu ersetzen, also zunächst rein konstruktive Absichten.

Der notwendige Vorgang beim Zweitaktverfahren ist: zuerst die Auspuffspannung selbsttätig möglichst zu vermindern, dann, noch vor dem Hubwechsel, zu spülen, durch den Spülstrom die Abgase aus dem Zylinder zu verdrängen, die Gemengeladung in den Arbeitszylinder zu drücken, also zu laden, und alles das in der Nähe des Hubwechsels zu vollziehen, sodaß kurz nach dem Hubwechsel der Zylinder mit Gemenge gefüllt, zur *eigentlichen Kompression* und darauf folgenden Zündung bereit ist (Abb. 8 u. 9).

Zur Verwirklichung dieser Vorgänge sind daher *besondere Pumpen* erforderlich, die dieses *Spülen* und *Laden* besorgen.

Wesentlich ist hierbei, daß nach erfolgtem Laden die *Verdichtung*, Zündung und Verbrennung wie beim Viertakt im *Arbeitszylinder* erfolgt. Das Gemenge wird beim Viertakt *angesaugt*, beim Zweitakt *zugepumpt*. Die eigentliche Verdichtung als Vorbereitung für die Verbrennung bleibt jedoch unver-

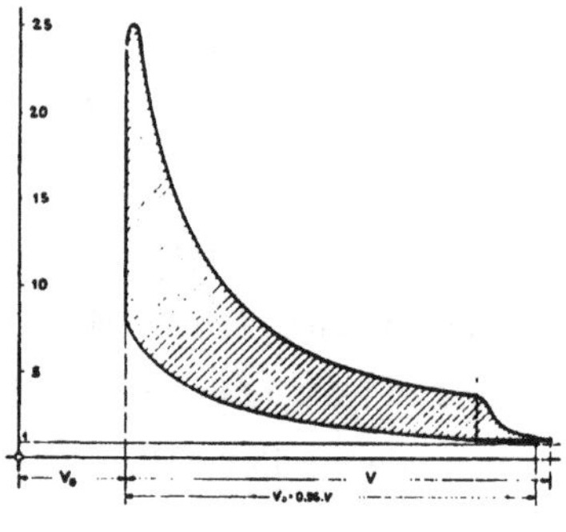

Abb. 8. *Arbeitsdiagramm.*

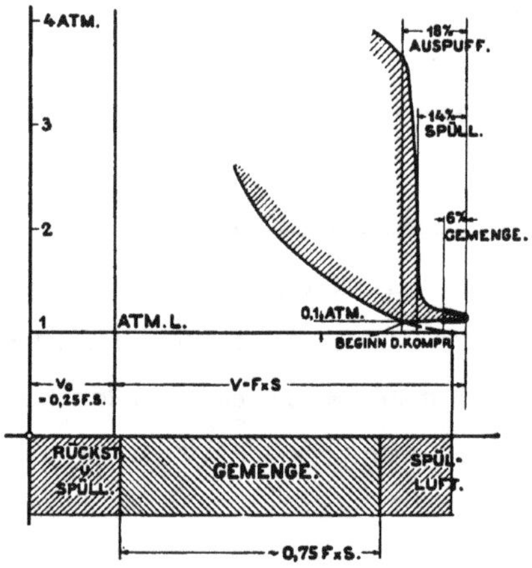

Abb. 9. *Schematische Darstellung der Schichtung.*

Zweitakt-Verfahren.

ändert, deshalb ist auch thermisch gegenüber dem Viertakt kein wesentlicher Unterschied vorhanden. Auch die Gelegenheit zu *Frühzündungen* ist wegen der Verdichtung im Arbeitszylinder beim Zweitakt wie beim Viertakt gegeben.

Das Spülen beim Zweitaktverfahren als *Kühlen* des Arbeitszylinders aufzufassen und deshalb geringere Gelegenheit zu Frühzündungen anzunehmen, ist unzulässig, denn die Spülzeit ist beim Zweitaktverfahren viel zu gering, ebenso die spezifische Wärme der Luft, als daß eine wirksame Kühlung durch den Spülstrom eintreten könnte. Diese Kühlung wird beim Zweitaktverfahren immer eine geringere sein müssen als selbst beim Viertaktverfahren, bei dem der ganze Saughub als Kühlhub wirkt.

Die Schwierigkeiten des Spülens und Ladens beim Zweitakt liegen:

1. in der geringen verfügbaren Zeit für Auspuff, Spülung und Ladung. Schon das Arbeitsdiagramm (Abb. 9) zeigt, daß der Vorgang in dem geringen Zeitabschnitt von der Voreilung für die Ausströmung bis zum Beginn der Gasgemengeverdichtung, also unmittelbar vor und nach dem Hubwechsel, durchgeführt sein muß. Dasselbe zeigt das Zeitdiagramm, wenn als Abszissen die Zeiten, als Ordinaten die Wege dargestellt werden. Abb. 41 gibt Zeiten und Wege für eine Zweitaktmaschine mit Steuerung durch Schlitze, Abb. 52 für eine Maschine mit besonderer Einlaßventilsteuerung. Beide Diagramme veranschaulichen die kleine verfügbare Zeit.

In früherer Zeit wurde das Zweitaktverfahren oft so dargestellt, als ob am Ende des Explosionshubs der Arbeitszylinder durch einen kräftigen Luftstrom nur gründlich „auszufegen" und dann zu laden sei. Für das „Fegen" stehen aber nur geringe Bruchteile von Sekunden zur Verfügung. Diese geringen Zeiten erfordern große Geschwindigkeiten der Spül- und Ladeströmung, 2—400 m sekundlich, und die Aufgabe wird sehr schwierig. Unkenntnis der außerordentlichen Schwierigkeiten in der Beherrschung der dynamischen Vorgänge beim Ausspülen und Laden waren eine wesentliche Ursache von manchen Mißerfolgen mit Zweitaktmaschinen.

2. in der Erhaltung der Schichtung zwischen Abgasen, Spülluft und Gemenge. Wenn das „Ausfegen" nach dem Vorbild der älteren und unvollkommenen Kleinmaschinen so barbarisch vorgenommen wird, daß die Schichtung durcheinandergeworfen wird, dann sind u. a. unzureichende Füllung und Gasverluste notwendige Folgen. Selbst bei richtiger Durchbildung ist der Vorgang sehr empfindlich und kann durch viele Nebenumstände gestört werden. Unzweifelhaft bietet die Steuerung des Spülens und Ladens durch konzentrische Kanalkränze, die die Strömung symmetrisch am Umfange des Zylinders einleiten, in dieser Hinsicht Vorteile, während es bei der Steuerung durch Ventile größere Schwierigkeiten bereitet, die Schichtung zu erhalten, richtig zu spülen und zu laden.

3. in der Spül- und Ladespannung. Ohne vorherigen selbsttätigen Auspuff am Ende der Expansion zur Verminderung der Abgasspannung kann richtiges Spülen nicht gelingen. Vorbedingung ist daher genügende Voreilung des selbsttätigen Auspuffs, um den Arbeitsenddruck von 2—3 Atm. rasch auf ein tunlichst geringes Maß herabzubringen. Für weitgehende selbsttätige Druckverminderung fehlt wieder die Zeit. Nach dieser Druckentlastung auf etwa $^1/_2$ Atm. kann erst

gespült werden. Die Bemessung der Spülspannung führt aber stets auf einen inneren Widerspruch, der nur ein Kompromiß offen läßt:

Weil die Spül- und Ladezeit sehr klein ist und rasch verdrängt und geladen werden muß, müßte die Spül- und Ladespannung hoch gewählt werden; hohe Pressung in den Spül- und Ladepumpen und große Strömungsgeschwindigkeiten stehen aber ebensowohl in Widerspruch mit der Erhaltung der Schichtung wie mit dem geringen Kraftverbrauch der Pumpen. Je höher die Spül- und Ladespannung, desto größer werden die Verluste in den Pumpen und desto schwieriger wird die richtige bauliche Durchführung.

Je höher die Spannung, desto größer sind Wärme- und Strömungsverluste auf dem Wege von den Pumpen bis in die Arbeitszylinder und der Verlust durch die Einlaßsteuerung, desto größer die unnütze Verschiebungsarbeit von Gas und Luft nach ihrer Verdichtung; in desto größeren Nachteil gerät der Zweitakt gegenüber dem Viertakt. Alle diese Gründe sprechen dafür, mit der erreichbaren niedrigsten Spül- und Ladespannung zu arbeiten, mit welcher der maschinentechnische Zweck des Spülens und Ladens, diese Vorbereitung zur weiteren Gemengeverdichtung, erreicht werden kann. Die Pumpen sind stets nur Verteilungsorgane, Steuerungen, und sollen hierbei auch Zumeß-Vorrichtungen sein, niemals aber Kompressoren. Jedes Bestreben, durch die Ladepumpen der Gasmaschine große Verdichtungsarbeit vor der Zündung abzunehmen, durch die Pumpen hoch verdichten zu wollen, wäre völlig zwecklos.

Geringe Ladespannung scheitert aber an den erforderlichen großen Pumpen-, Leitungs- und Steuerungsquerschnitten; eine Ladespannung von $^1/_3 - ^1/_2$ Atm. muß daher als notwendiges Übel in den Kauf genommen werden; die Nachteile sind stets große Pumpenwiderstände zugunsten mäßiger Querschnitte.

Die wesentlichsten Schwierigkeiten ergeben sich bei den Zweitaktmaschinen somit aus den Hilfspumpen, diesen vermeintlichen Nebenteilen.

Das Laden wird vielfach, aber durchaus irrtümlich, mit dem einfachen Füllungsvorgang bei Dampfmaschinen verglichen. Bei Dampfmaschinen handelt es sich um ein für jede Hubstellung des Kolbens bestimmt gegebenes und geschlossenes Volumen; beim Zweitakt hingegen um ein durch den Arbeitszylinder frei hindurchströmendes Verdrängungsvolumen, wobei der Auspuff während des ganzen Ladens oder doch während eines großen Teiles offen steht, damit die verbrannten Gase und die Spülluft von dem Gemenge verdrängt werden können.

4. in der richtigen *Regelung* der *Mischung und Ladung*.

Die Aufgabe ist nicht bloß: Ladung in den Zylinder zu pumpen, sondern das Gemenge für jeden einzelnen Hub in richtiger Menge, Mischung und Schichtung *zuzumessen*. Die Beherrschung der Maschine wird unmöglich, wenn die Zumessung von Luft, die richtig spülen soll, und von Gas, das rechtzeitig einströmen und sich mischen soll, nicht selbsttätig bestimmt und geregelt wird.

Die Aufgabe der *Ladepumpen* ist, wie erwähnt, nicht die Verdichtung der Ladung, diese besorgt der Arbeitszylinder beim Zweitakt genau so wie beim Viertakt, sondern nur die *rechtzeitige* Ladung eines *bestimmten* Gemengevolumens.

Auch dieser Teil der Aufgabe ist schwierig, da die Ladevorrichtung als Zumeßvorrichtung ein richtiges Gemenge für die betreffende Gasart herstellen, das zuzumessende Volumen den veränderlichen Betriebsverhältnissen entsprechend rechtzeitig *regeln* und dabei unabhängig von Nebenumständen bleiben muß.

Die Grundlagen für die Beurteilung des Zweitaktverfahrens gegenüber dem Viertakt sind daher:

Auspuff- und Saughub des Viertaktes fallen weg und werden durch die Leistung der *Spül- und Ladepumpen* ersetzt.

Triebwerk und Schwungrad der Maschine werden im Vergleich zur *einfach*wirkenden Viertaktmaschine besser ausgenutzt; es ist *ein* kraftbringender Hub bei jeder Umdrehung im *Halbtakt* vorhanden. Diese Vorteile sind jedoch erkauft durch Kosten und Betrieb der *besonderen Spül- und Ladevorrichtungen* und sind *nur* gegenüber der *einfach*wirkenden einzylindrigen Viertaktmaschine vorhanden.

Diese Frage wurde früher oft stillschweigend übergangen und als selbstverständlich hingestellt: $^1/_2$ sei *gleich* $2 \times {}^1/_4$, also bei gleichem Zylindervolumen entsprächen einem Hube des *Halb*taktes (*Zwei*taktes) 2 Hübe des *Viertel*taktes (*Vier*taktes).

Solche arithmetische Bewertung nimmt aber keine Rücksicht auf die *tatsächliche* Leistung. Die Voraussetzung wäre nur dann erfüllt, wenn der Zweitaktzylinder und der Viertaktzylinder unter Berücksichtigung des Pressungsunterschiedes mit Gemenge *gleich voll* gefüllt wären.

Zur Zeit des *Viertakt-Monopols* sind die Zweitaktmaschinen in zahllosen Formen üppig aufgeschossen, nach dem Freiwerden des Viertaktes aber meist sofort verschwunden. Vor allem deshalb, weil sie oft *nicht einmal die Arbeitsleistung von einfachwirkenden Viertaktzylindern* ergaben, während sie doppelt so viel hätten leisten sollen. So schlecht war die Wirkung der Spülung und Ladung, so gering die wirksame Zylinderfüllung. Außerdem waren sie wegen der besonderen Ladevorrichtungen teurer als diese und benutzten unbrauchbare Ventilsteuerungen. Das Spülen und Laden war höchst mangelhaft, weil sie diesen Vorgang mit Ventilsteuerungen anstrebten usw. Solche Konstruktionen mußten bald wieder verschwinden.

Bei unzureichender Zylinderfüllung ist der Zweitakt offenbar ein maschinentechnischer Umweg, der nichts bringt als Mehrkosten und Verluste. Selbst Zweitakt-Großmaschinen haben anfänglich mit nur 60 % Gemengefüllung gearbeitet, um die schichtenweise Verdrängung ohne Gasverluste zu sichern; erst später wurde durch Verbesserung der Spülung und Ladung auf höhere Füllung (70 %, Oechelhaeuser) und Leistung gebracht.

Die geringe Vorkompression des Gemenges in den Ladepumpen kann unzureichende Füllung keineswegs ausgleichen, da am Ende des Spülens und Ladens im Arbeitszylinder mit seinen offenen Auslaßkanälen keine von der atmosphärischen wesentlich verschiedene Spannung vorhanden oder zu erhalten ist. Die Spül- und Ladespannung ist doch stets verloren, ist nur Mittel zum Zweck und ein notwendiges Übel; sie muß stets niedrig bleiben und kann keine Gemengeverdichtung vorwegnehmen.

Der Zweitakt erfordert eine gewisse Sicherheitsschicht von Spülluft zwischen der Ausströmung und dem Gemenge noch im Augenblick des Abschlusses der Ladung; sonst würde Gemenge entweichen. Eine scharf getrennte Hintereinanderlagerung von Spülluft und Gemenge ist jedoch unerreichbar; es ist beim Spülen und Laden eine gewisse Vermischung an den Grenzquerschnitten unvermeidlich; deshalb muß auch die Gemengefüllung des Zylinders beschränkt bleiben.

In der maschinentechnischen Ausgestaltung der Spül- und Ladevorrichtungen und der damit eng zusammenhängenden Steuerung der Arbeitszylinder liegt daher das Wesentliche. Wenn es nicht gelingt, den Zweitaktzylinder als Verdopplung der Viertaktwirkung tunlichst auszunutzen und die bewußte Gleichung $1/2 = 2 \cdot 1/4$ in der tatsächlichen Leistung wenigstens einigermaßen zu verwirklichen, dann leistet der Zweitakt nicht was sein Name verspricht.

Diese konstruktive Aufgabe ist nur lösbar, wenn die Spül- und Ladevorrichtung mit geringen Kosten hergestellt und mit geringsten Verlusten betrieben werden kann. Andere wesentliche Vorteile als die erwähnten maschinentechnischen kann der Zweitakt nicht bieten, da das Wesentliche: die Verdichtung im Arbeitszylinder, Verbrennung und Expansion unverändert bleiben wie beim Viertakt.

Die oft gehörte Behauptung, der Zweitakt sei wesentlich nur für Großmaschinen geeignet, Kleinmaschinen nach dem Zweitaktverfahren würden zu kostspielig, ist nicht richtig. Im Gegenteil, für Großmaschinen ist es äußerst schwierig, ohne Mehrkosten und Arbeitsverluste dem Viertaktverfahren gleichwertige oder gar überlegene Maschinen herzustellen. Für Kleinmaschinen hingegen läßt sich das Zweitaktverfahren sehr vorteilhaft ausnutzen, aber nur für besondere Zwecke, bei denen häufig die Einfachheit allein entscheidend ist; dann können Zweitaktmaschinen, wenn das Spülen und Laden mit einfachsten Mitteln, aber mit genügender Pressung durchgeführt wird, den kleinen Viertaktmaschinen mit ungekühlten Maschinenteilen überlegen werden. Hierbei kommen aber die Fragen des Großbetriebes nicht in Betracht. —

Das Vorstehende gibt die Übersicht über die wesentlichen Schwierigkeiten des Zweitaktverfahrens. Daß diese Schwierigkeiten keine geringen sind, ist ohne weiteres verständlich, während sich die Vorteile nur durch besondere bauliche Gestaltung verwirklichen lassen.

Thermisch kann das Zweitaktverfahren wesentlich nichts anderes bieten als das Viertaktverfahren, von dem es sich nur durch den Ladevorgang, nicht aber durch die eigentliche Gemengeverdichtung und die darauf folgende Verbrennung unterscheidet. Inwiefern die Zweitaktmaschine durch eine günstige bauliche Gestaltung des Verbrennungsraumes thermische Vorteile bietet, muß im Zusammenhang mit den Einzelheiten beurteilt werden. Solche Vorteile sind keineswegs dem Zweitaktverfahren allgemein eigen, sondern nur bestimmter baulicher Ausbildung desselben.

Vielfach wird grundsätzlich hervorgehoben, das Zweitaktverfahren sei dem Viertakt thermisch dadurch überlegen, daß beim Zweitakt alle verbrannten Gase durch den Spül- und Ladevorgang ausgetrieben werden, während sie beim Viertakt nach Ausmaß des Verdichtungsraumes im Arbeitszylinder zurückbleiben, und daß dieser Rest von verbrannten Gasen unmittelbar Gelegenheit zu Frühzündungen gebe.

Auch dieser Zusammenhang kann nicht allgemein als thermischer Vorteil des Verfahrens angesehen werden; er ist wieder völlig von den Einzelheiten in der Gestaltung der Maschine abhängig, und die Gelegenheiten zu Frühzündungen sind beim Zweitakt ebensowohl wie beim Viertakt vorhanden durch glühende Rückstände und schlecht gekühlte Maschinenteile, insbesondere während der Verdichtung des zündbaren Gemenges. Diese Verdichtung erfolgt nach beiden Verfahren in genau derselben Weise. Die sonstigen möglichen Ursachen von Frühzündungen und die Mittel zu ihrer Beseitigung, die kühlende Wirkung des Saughubs beim Viertakt, der einfachere Verbrennungsraum bei einzelnen Zweitaktmaschinen, die höhere mittlere Temperatur im Verdichtungsraum bei Zweitaktmaschinen usw. ergeben keine wesentlichen Unterschiede.

Die Annahme schließlich, daß durch das Ausspülen der verbrannten Gase aus dem Arbeitszylinder die Gelegenheit zu Frühzündungen beseitigt und dadurch ein Vorteil gegenüber dem Viertaktverfahren erzielt werde, ist gleichfalls nicht allgemein zutreffend. Dieser Gegensatz würde nur gelten, wenn in der Viertaktmaschine eine schleichende, daher mangelhafte Verbrennung vorausgesetzt wird, welche zur Folge hat, daß sich am Ende des Expansionshubs im Arbeitszylinder noch brennendes Gas befindet, an dem sich beim folgenden Hub das neu eintretende Gemisch entzünden könnte. Das wäre ein leicht zu vermeidender schlechter Arbeitsvorgang, der bei Vergleichung der Arbeitsverfahren nicht zugrunde gelegt werden darf.

Es ergeben sich daher von vornherein weder wesentliche maschinentechnische noch thermische Vorteile zugunsten des Zweitaktverfahrens. Das Wenige, was angestrebt und erreicht werden kann, ist beherrscht und abhängig von konstruktiven Gestaltungen, insbesondere der Ladepumpen, die ja auch den Ausgangspunkt des Zweitaktverfahrens bilden.

IV. Einfluss von Patenten auf den Gasmaschinenbau.

Die Entwicklung der Gasmaschinen ist in der Literatur keineswegs so einfach dargestellt, wie sie sich nach den vorhin aufgestellten Gesichtspunkten ergibt. Die weitläufige Darstellung kommt davon her, daß ein Berg von Nebendingen zusammen getragen wird, unter dem das Wesentliche verschwindet.

Unwesentlich sind alle durch die ältere Literatur und durch Patente bekannt gewordenen Konstruktionsgedanken mit bloß behaupteten Wirkungen. Unwesentlich sind die zahllosen nie erprobten Konstruktionsmeinungen, die in der beschreibenden Literatur massenhaft weitergeschleppt werden.

Patentrechtliche Verhältnisse haben jedoch einen sehr großen, freilich wenig wertvollen Einfluß genommen; sie waren unmittelbare Veranlassung zu bloßen Umgehungsbestrebungen in der Zeit des Viertaktmonopols, und hierdurch wurden unvermeidlich Anschauungen in den Vordergrund gebracht, die wohl für den Kampf dienlich sein konnten, aber den grundlegenden Sachverhalt keineswegs klärten. Der große Patentstreit um das Viertaktverfahren hat insbesondere viele unhaltbare Anschauungen verbreitet.

Es lohnt sich nicht, auf alle diese Verhältnisse auch nur in großen Zügen einzugehen, ist auch auf kurzem Wege nicht möglich. Wohl aber ist eine Kennzeichnung des Einflusses auf die Entwicklung der Gasmaschine erforderlich, der von patentrechtlichen Verhältnissen ausgegangen ist und längere Zeit mächtig nachgewirkt hat. Hierdurch wird das früher entworfene Bild vervollständigt.

Die meisten älteren Konstruktions-Ideen dürften nicht bis an den Versuch einer Verwirklichung gelangt sein. Zahlreiche andere sind wahrscheinlich nach den ersten Versuchen, die bei maschinentechnischer Unvollkommenheit mißlingen mußten, wieder aufgegeben worden. So bleibt aus diesem ganzen massenhaften Material nichts übrig als eine große Sammlung von unreifen Konstruktionsgedanken, die sich wohl ordnen und kritisch beleuchten lassen, aber für die Beurteilung der brauchbaren, betriebsfähigen Ausgestaltung der Gasmaschine fast wertlos sind und nur schätzbares Material für das Patentamt bieten, um das „Vorbekanntsein" späterer planmäßiger Fortschritte nachzuweisen, Material für deutsche Sammler, die mit Vorliebe „Prioritäten" nachweisen, soweit sie sich durch Druckerschwärze belegen lassen, wobei amtliche wie Privatgelehrte der deutschen Untugend huldigen, alte Druckschriften mit den Augen der Gegenwart zu lesen und mit der Erfahrung der Gegenwart hineinzudeuten, was ursprünglich gar nicht gedacht war.

Selbst vor Otto ist gar vieles als „vorbekannt" zu finden, u. a.: die atmosphärische Flugkolbenmaschine, die Viertakt-, Zweitakt- und Eintaktmaschine, Gasmaschinen mit besonderen Gas- und Luftpumpen, Füll- und Spülpumpen, mit Flamm-, Glührohr- und elektrischer Zündung, mit Gemengeverdichtung, mit Zündung vor dem Totpunkte, auch Gasturbinen usw. Manches hiervon ist erst durch die Deutzer Patentprozesse ausgegraben worden, sonst wäre es als einflußlos vergessen geblieben, wie so vieles auf anderen Gebieten der Vergessenheit anheimgefallen ist, weil Ausgrabungen mangels Streitigkeiten großer Interessenten nicht veranstaltet wurden.

Kennzeichnend ist auch die bekannte Tatsache, daß Barnett schon in den 30er Jahren die schichtenweise Lagerung, die Gemengeverdichtung vor der Zündung im Totpunkte, besondere Ladepumpen und andere wichtige Neuerungen gekannt, aber so schlecht in ihrer Bedeutung erkannt hat, daß er hierauf in seinen Patenten nicht einmal einen Anspruch stellte. Die Grundlagen und der gangbare Weg zur industriell brauchbaren Maschine waren eben vor Otto unklar; die zahlreichen „Ideen" haben auf die Entwicklung keinen Einfluß geübt, obschon die Gasmaschine sich fast gleichzeitig mit der Dampfmaschine hätte entwickeln können, da städtische Gasanstalten zur Gasverteilung seit langem vorhanden waren und insbesondere in der ersten Entwicklungszeit der Dampfmaschine, als die Dampfkessel unvollkommen und gefährlich waren, auch ein großes Bedürfnis nach Gasmaschinen bestand. Die Gasmaschine hätte entschieden mehr Daseinsberechtigung gehabt als die damals oft versuchte „kalorische" Luftmaschine.

Die Otto-Patente schufen ein Monopol, weil das Viertaktverfahren geschützt war und in gewissem Sinne auch jede „schichtenweise Lagerung" der Gase, die „verlangsamte Verbrennung", der Schußkanal usw., Einzelheiten, die durchaus unwesentlich sind, jedoch Einrichtungen bedingen, ohne welche Gasmaschinen schwer zu verwirklichen waren. Denn irgendwo mußte der Konstrukteur z. B. seinen Zylinder durchbrechen, um zünden zu können, das gab unfehlbar den patentierten Schußkanal; irgendwie mußten die Abgase im Zylinder zurückbleiben, und Schichtung und Verlangsamung der Verbrennung konnten schließlich in jeder Maschine nachgewiesen werden.

Die Monopol-Patente, zu Beginn der Wirksamkeit des Reichspatentgesetzes erteilt, waren Muster von umfassenden Ansprüchen, die auch unwesentliche, aber unvermeidliche Nebenwirkungen, die Gasschichtung, das Nachbrennen usw., schützten. Solche weitgehende Ansprüche sind bei der gegenwärtigen Praxis des Patentamts unmöglich; sie können jetzt nur durch Zufall durchlaufen, wenn sie aus Versehen in eine harmlose Klasse geraten, deren Vorprüfer weniger Vorbekanntschaften gesammelt hat, oder wenn keine Tragweite vermutet wird. Das Amt verlangt meist Auflösung in einzelne Patente. Dank der Mitwirkung von Fachleuten wird in vorangegangene Veröffentlichungen die neueste und weitestgehende Einsicht hineingedeutet, und alles Wesentliche gilt als „vorbekannt". Die Regel ist, daß nur auf unbedeutende Einzelheiten ohne Schwierigkeit Patente zu erlangen sind, etwa auf neue Schmiervorrichtungen, Schraubensicherungen, Hosenträger, Kork- und Stiefelzieher usw. Der erfahrene Konstrukteur ist daher bei umfassenden Neuerungen stets gezwungen, unbekümmert um Patenterwägungen vorzugehen, um erst während der Durcharbeitung vielleicht zu entdecken, daß dieses oder jenes gegenüber der patentamtlichen Praxis patentierbar sein könnte.

In den 80er Jahren hat der Erfolg der Viertaktmaschinen von Otto eine wahre Jagd nach Neuerungen, vielfach nur zur Umgehung oder Durchbrechung des Viertaktmonopols, hervorgerufen. Die meisten dieser Bestrebungen versagten, und dann erst wurde das Monopol fühlbar. Es mußte notwendig die Wirkung der Gegenkräfte hervorrufen, und bei der Bedeutung der gegenüberstehenden Interessen, wurde der Kampf mit außerordentlichem Eifer geführt.

Die Patentstreitigkeiten und die vielen Gutachten, zu denen sie Veranlassung geben, haben aber die wissenschaftliche Einsicht wenig gefördert und konnten es auch nicht, weil sich die fachlichen Äußerungen und Untersuchungen in dem eng umgrenzten Bereich der richterlichen Fragen zu bewegen hatten und überhaupt nicht die Hauptsache betrafen, nicht die wesentlichen Wirkungen bei der motorischen Verbrennung, sondern die zahlreichen Nebenwirkungen, von denen die Patentansprüche handelten.

So haben denn die gegnerischen Sachverständigen einwandsfrei nachgewiesen, daß die schichtenweise Lagerung für die Wirkung garnicht erforderlich oder garnicht vorhanden sei, ebensowenig die Verlangsamung der Verbrennung. Sie haben eben ihre Versuche entsprechend angestellt, während die Monopolisten ebenso leicht beides als vorhanden und wesentlich zeigen konnten. Alles kam daher auf die juristische Deutung von Nebenwirkungen an, die das Wesen der Gasmaschinen nicht betrafen. Hierbei wurde der Münchener Uhrmacher Reithmann entdeckt, der eine Viertaktmaschine vor Otto gebaut und betrieben hatte, ohne den Wert der Sache zu erkennen. Als Nachweis der offenkundigen Vorbenutzung war diese Entdeckung allein schon ausreichend. Noch entscheidender war die zufällige Entdeckung der autographierten Schrift von Beau de Rochas, die nur in wenigen Abdrücken vorhanden und niemals derart zur öffentlichen Kenntnis gekommen ist, daß sie irgend welchen Einfluß auf die Entwicklung der Gasmaschine hätte nehmen können. Aber in dieser Schrift ist das Viertaktverfahren kurz und richtig angegeben. Das Viertaktmonopol mußte fallen, der Viertakt wurde frei und damit die Bahn für weiteren ungehinderten Fortschritt.

Von beiden, Reithmann und Beau de Rochas, hatte die technische Welt vorher keine Ahnung und kann auch nachträglich nichts von ihnen lernen. Es ist schwer verständlich, weshalb gerade deutsche Fachleute nunmehr anfangen, vom „Viertakt-Zyklus des Beau de Rochas" zu sprechen und seine Verdienste auf Kosten Ottos zu erheben, während es sich offenbar nur um die Priorität der ersten Idee handelt, nicht aber um die viel größeren Verdienste der Ausgestaltung. Hätte man noch weitere Nachforschungen angestellt, so hätte man vielleicht noch weitere Vorgänger gefunden.

Wenn solche Anschauungen auf andere Gebiete übertragen werden, dann bedarf es garnicht der Ausgrabungen von Interessenten, und es müssen Watt, Stephenson abdanken, denn die Dampfmaschine, die Lokomotive, sind lange vor ihnen dagewesen, und nicht nur in der Idee, sondern in der Wirklichkeit. Die Dampfmaschine ist vor Watt durch Papin oder noch früher von Leonardo da Vinci und die Dampfturbine durch Heron von Alexandrien schon vor Beginn unserer Zeitrechnung „erfunden" worden. Hätte es in Alexandrien ein Patentamt gegeben, so wäre vielleicht auch die Idee der Dampfmaschine aus einem alten Papyrus als „vorbekannt" nachgewiesen worden.

Aber mit Recht werden nicht diese Vorgänger, sondern die erfolgreichen Ausgestalter als die Pioniere gepriesen. Die bloßen Konstruktionsgedanken und Meinungen sind oft billig wie Brombeeren, ihre brauchbare Verwirklichung meist eine mühevolle Lebensarbeit. Die Verdienste der Vertiefung und erfolgreichen Ausgestaltung auch bekannter Gedanken sind die maßgebenden; sie werden aber nur selten ihrer Bedeutung entsprechend gewürdigt.

Der Ausgang des großen Viertakt-Patentstreites hat die Verdienste Ottos in keiner Weise geschmälert. Die Patentansprüche hingegen haben durch die Betonung der Nebenwirkungen viel Verwirrung hervorgerufen; und auch die wissenschaftlichen Betrachtungen erfuhren dadurch von Anfang an vielfach eine Ablenkung auf Nebensachen, welche nur von baulichen Einzelheiten abhängen. Mit deren konstruktiver Verbesserung wurden viele wissenschaftlichen Schlußfolgerungen oft ganz gegenstandslos.

Die patentrechtlichen Verhältnisse haben auch auf die Entwicklung der Zweitaktmaschine Einfluß genommen. Zwar bietet der Zweitakt als Verfahren nichts grundlegend Neues und Patentfähiges, wohl aber durch seine ausgesprochen konstruktiven Absichten, durch eigenartige bauliche Gestaltung, auf welche erfahrungsgemäß leichter umfassende Patente zu erlangen sind als auf neue Ideen und Verfahren. Solche Patente, im wesentlichen bauliche Anordnungen betreffend, werden dann, wenn ein Gegensatz zum bekannten Viertakt nachdrücklich hervorgehoben werden soll, als Grundlage eines neuen Maschinen-„Systems" bezeichnet.

Die bloße Weiterbildung des Viertaktes hingegen läßt weder für das Verfahren noch für die bauliche Gestaltung umfassende Patente zu, und Neuerungen, welche schwere Mängel der älteren Maschine beseitigen und in der gewerblichen Anwendung — welche das Patentgesetz ganz besonders verlangt — von der größten Bedeutung sein können, werden vom Patentamt immer als „naheliegende bauliche Maßnahmen" oder als „selbstverständlich" angesehen. Das Patentamt kennt den Begriff Neuerung, Verbesserung oder Erfindung nur im einseitigsten theoretischen Zusammenhang zwischen Mittel und Wirkung und niemals im praktisch entscheidenden Sinne als Fortschritt in wirtschaftlicher und betriebstechnischer Beziehung, worin aber gerade das Wesen und die Schwierigkeiten unseres Schaffens liegen.

Patentbeschreibungen werden in der Regel dazu benutzt, um die „Geschichte" der Entwicklung darzustellen, wobei ein falsches Bild entsteht und der wirkliche, tief einschneidende Fortschritt nicht immer zum Ausdruck kommt. In solchem Zusammenhange ist es angebracht, insbesondere hervorzuheben, daß die Pioniere nach Otto auf solcher patentrechtlichen Grundlage nicht vollständig oder garnicht zur Geltung kommen. So kommen nicht genügend zur Geltung die Verdienste Ernst Körtings im Kampfe gegen das Viertaktmonopol, ebensowenig die entscheidende Entwicklung auf dem Boden hoher Gemengeverdichtung; die war ja „vorbekannt". Der ältere Maschinenbau konnte sich aber an die damit zusammenhängenden höheren Verbrennungsspannungen und thermisch hochwertigen Maschinen nicht heranwagen. Die Leistung, die in dieser Entwicklung liegt, in welcher wieder Ernst Körting ein Bahnbrecher war, dem zahlreiche Ingenieure nachfolgten, drückt sich keineswegs durch die Patente in richtiger Weise aus. Das wirtschaftliche Ergebnis des Fortschrittes ist die Verminderung des Wärmeverbrauchs von etwa 4000 WE f. d. PS auf die Hälfte. Auch die mustergültige Entwicklung, die die Maschinenbau-Gesellschaft Nürnberg in neuester Zeit den Gasmaschinen gegeben hat, erfährt in solchem Bilde auf patentamtlichem Hintergrunde nicht die Würdigung, die eine so große Leistung verdient.

Die Wirkung dieser patentrechtlichen Verhältnisse bezw. der patentamtlichen Praxis ist aber, daß außerordentlich viel Geistestätigkeit in Bahnen gelenkt wird, die nicht zu wichtigen Neuerungen führen, und daß das „Erfinden um jeden Preis" im Sinne des Patentamtes gefördert wird. Die viel bedeutungsvollere planmäßige Weiterbildung mit bekannten Mitteln, die entscheidende betriebstechnische und wirtschaftliche Entwicklung kommen dabei zu kurz. Patentgesetz und Patentamt sollten aber gerade der wirtschaftlichen Entwicklung dienen — der gewerblichen, wie man sich früher im engeren Gesichtskreise ausdrückte —, und mit diesem wichtigsten Zwecke steht die gekennzeichnete Handhabung des Patentgesetzes im Widerspruch.

V. Die Viertaktmaschinen.

In der Entwicklungszeit der Groß-Gasmaschine, als die mannigfaltigsten Maschinensysteme an die Abnehmer heranstürmten, war es unzweifelhaft schwierig, die verschiedenen Bauarten und ihren Betriebswert richtig zu beurteilen. Zahlreiche Gutachten von berufener und unberufener Seite wurden zu gunsten einzelner Maschinensysteme abgegeben; meist höchst zurückhaltend, weil die Erfahrungen und die grundlegenden Ansichten nicht geklärt waren. Noch jetzt dauert dieser Zustand. Es ist deshalb

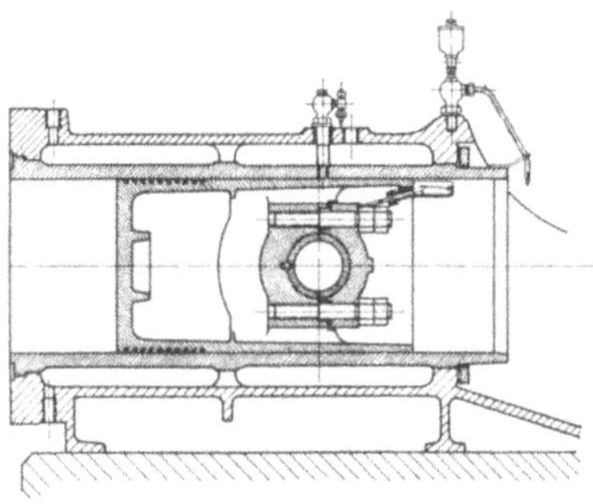

Abb. 10. Offener Zylinder und Kolben.

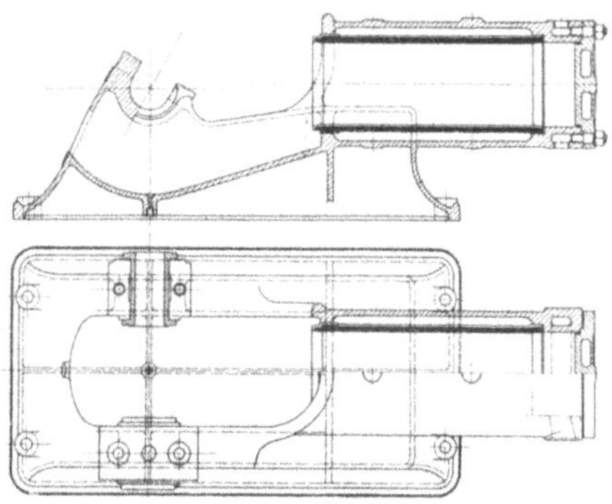

Abb. 11. Arbeitszylinder und Maschinenbett.

Einfach wirkende **Viertakt**maschinen.

notwendig, einmal vor der fachwissenschaftlichen Öffentlichkeit die konstruktiven und die Betriebs-Grundlagen eingehend zu besprechen, das Wesentliche vom Unwesentlichen zu scheiden und eine Beurteilung der bisherigen Konstruktionen unter ausreichender Begründung vorzunehmen. Nur dadurch können eine Reihe von Fragen beantwortet oder, wo dies nicht möglich ist, in Fluß gebracht werden. Selbstverständlich wird derjenige, der sich dieser Aufgabe erstmalig unterzieht, nicht auf die Anerkennung aller Interessenten zu rechnen haben, sondern sich vielen Angriffen aussetzen, bis dann einige Jahre später die Betriebserfahrungen und Anlage- und Betriebsrechnungen ihr maßgebendes Urteil gesprochen haben werden.

Es müssen daher zunächst die bisher eingebürgerten Viertakt- und Zweitaktmaschinen in ihrer baulichen Gestaltung geprüft werden.

Die industrielle Ausbildung der Viertaktmaschine ist in den 80er Jahren für die damaligen Bedürfnisse der Kleinbetriebe durch die Deutzer Gasmotorenfabrik erfolgt. Die Kleinmaschine war selbstverständlich so einfach und billig als möglich auszuführen. Deshalb wurde das Viertaktverfahren nur in einem einfachwirkenden Zylinder durchgeführt und für das Triebwerk die billigste

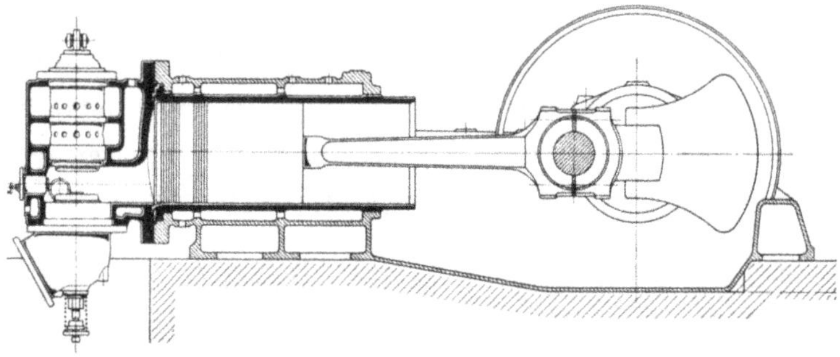

Abb. 12. Einfachwirkende einzylindrige **Viertaktmaschine.**

Anordnung gewählt: offene Kolben, deren Tragfläche zugleich Kreuzkopfführung ist, mit dem Kreuzkopfzapfen im Innern des Kolbens (Abb. 10). Durch Wegfall eines besonderen Kreuzkopfes samt Geradführung wurde am ausgiebigsten an Baulänge und Baukosten gespart. Der Zusammenbau des Maschinenbettes mit dem Kurbellager und dem Zylindermantel zu einem Gußstück (Abb. 11 und 12) ergab die einfachste Bauart, die für den Zweck der Kleinmaschine allen Anforderungen entsprach und die einfachste Bearbeitung der Teile bei geringsten Werkstattkosten ermöglichte.

Nachteilig blieb nur die Notwendigkeit, bei solcher Anordnung der Zylinder die Steuerungsventile in den Deckeln, den sogenannten Zylinderköpfen, zu vereinigen, wodurch unbequeme Gußstücke notwendig wurden (Abb. 12 und 13); aber diese Unbequemlichkeiten waren gegenüber den sonstigen Vorzügen der Bauart bei Kleinmaschinen nicht erheblich.

Die „bewährten“ Einzelheiten waren jedoch nur hinsichtlich des Kostenpunktes von Klein-Gasmaschinen wohl überlegt und zutreffend und dem selbstverständlichen

Bestreben entsprungen, für die Fabrikation die einfachste und billigste Maschine zu schaffen.

Für Großmaschinen hingegen wurden solche Anordnungen, sowie die meisten maschinentechnischen Einzelheiten der Kleinmaschinen unbrauchbar. Gleichwohl wurden sie unter Hinweis auf die „guten Erfolge" der Kleinmaschinen auch auf größere Ausführungen übertragen. Durch diese Vorbilder aus der ersten Entwicklungszeit sind vermeintliche „Erfahrungen" und Grundsätze entstanden, die viele verfehlte Großmaschinen und manchen Rückschlag in der Entwicklung verschuldet haben. Die von den Kleinmaschinen herrührenden Anschauungen und Erfahrungen waren eben einseitige, nur für die Kleinmaschinen geltende; für Großmaschinen waren sie falsch.

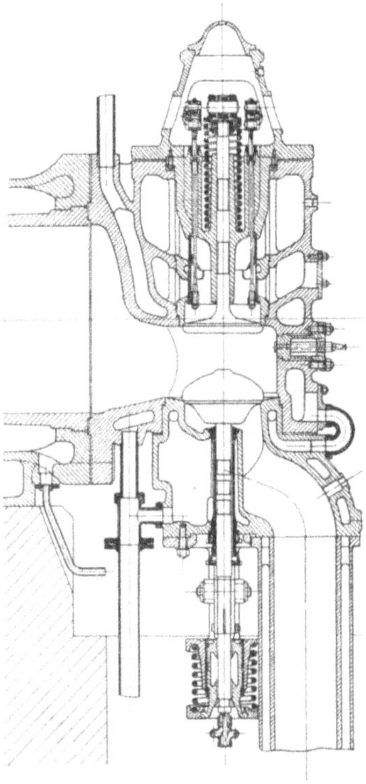

Abb. 13. Zylinderkopf mit Ventilsteuerung. **Viertaktmaschine.**

So waren insbesondere für Großmaschinen nicht angebracht: die offenen ungekühlten Kolben, die unzugängliche Anordnung der Kreuzkopfzapfen im Innern der Kolben, die Belastung der Zylindergleitflächen durch den Führungsdruck. Den Kreuzkopfzapfen, einen hoch beanspruchten und empfindlichen Teil, bei Großmaschinen unzugänglich in den heißen Kolben hineinzulegen, ist betriebsgefährlich, ebenso die Belastung von Zylindergleitflächen, welche für 20 Atm. Druck und unreine Kraftmittel dicht sein müssen. Unbrauchbar sind weiter freihängende Arbeitszylinder, unzureichende Triebwerksteile mit verhältnismäßig hoher Materialbeanspruchung und großen Formveränderungen, geringen Reibungs- und Abnutzungsflächen usw. Aus einseitigen Erfahrungen des Kleinmaschinenbaus heraus ergab sich auch die Auffassung, die Höchstleistung sei in einem Arbeitszylinder auf höchstens 250 PS zu beschränken; größere Leistungen suchte man durch Herstellung von Zwillingen und Doppelzwillingen zu erzielen.

Insbesondere wurde auch an den Zylinderköpfen festgehalten. So wurde ein bedenklicher Teil, ein schwieriges, unzuverlässiges, sehr ungleichen Temperaturen ausgesetztes Gußstück in den beginnenden Großmaschinenbau herübergenommen.

Bei großen Leistungen, die hintereinander liegende Zylinder erforderten, mußten schon wegen der Stopfbüchsen für die durchlaufenden Kolbenstangen die Ventile in den Zylinderköpfen geteilt werden, oder diese Teilung wurde wegen der Ventilgröße vorgenommen (Abb. 14). In solchem Falle mußten dann der Zylinderkopf und die Ventilkasten, Kanäle und Kühlräume ganz besonders verwickelt ausfallen.

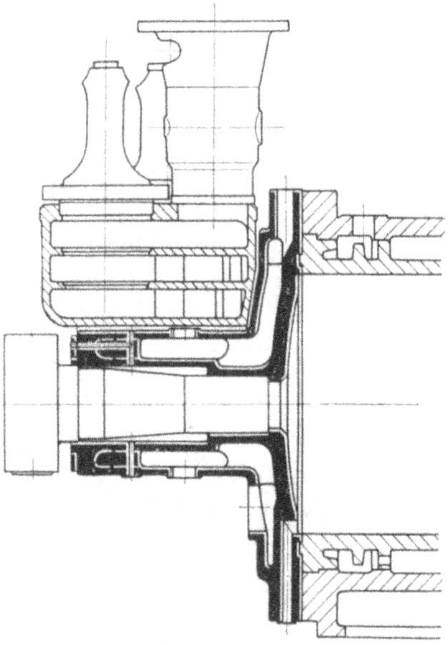

Abb. 14. Zylinderkopf mit doppeltem Ventilkasten. **Viertaktmaschine.**

Während aus der Kleinmaschinenzeit gewisse Konstruktionsgrundsätze als vermeintliche wichtige „Erfahrungen" galten, wurden oft naheliegende Fortschritte, wie z. B. doppeltwirkende Kolben, Stopfbüchsen, für undurchführbar gehalten, weil gelegentliche Ausführungen mit doppeltwirkenden Kolben, mit innerer Kühlung, Stopfbüchsen usw. verunglückten und auch zu kostspielig waren. Tatsächlich verunglückten sie aber wegen besonderer Mängel, die mit dem Wesen der Sache nichts zu tun hatten, sondern von den bisherigen Kleinmaschinen herrührten.

So ist es gekommen, daß in der Entwicklung der Großmaschinen die „bewährten" Einzelheiten der Kleinmaschinen für maßgebend gehalten und nachgeahmt wurden, dagegen die naturgemäße Weiterbildung der Großmaschinen nach den Erfahrungen des inzwischen hochentwickelten Dampfmaschinenbaues für zwecklos oder für unmöglich gehalten wurde. Es wurden von „Motor-Spezialisten" ganz unzweckmäßige Großmaschinen aus den Elementen ihrer Kleinmaschinen zusammengestoppelt, und der Bau von „Motoren" ist bis in die neueste Zeit, ungeachtet der reichen Erfahrungen des Maschinenbaues, in der Empirie oder in einseitigem Spezialistenwesen stecken geblieben. Das war nicht planmäßige Entwicklung, sondern Aneinanderreihung und Verallgemeinerung von Zufalls-Erfahrungen.

Solange mäßige Maschinenleistungen mit gewöhnlicher Zwillingsanordnung erzielbar waren, ergaben sich auch mit den Einzelheiten der Kleinmaschinen brauchbare Maschinenanordnungen; so die Zwillingsmaschinen (Abb. 15) mit der Arbeitsmaschine zwischen beiden Maschinenkurbeln, oder die Zwillingsanordnung

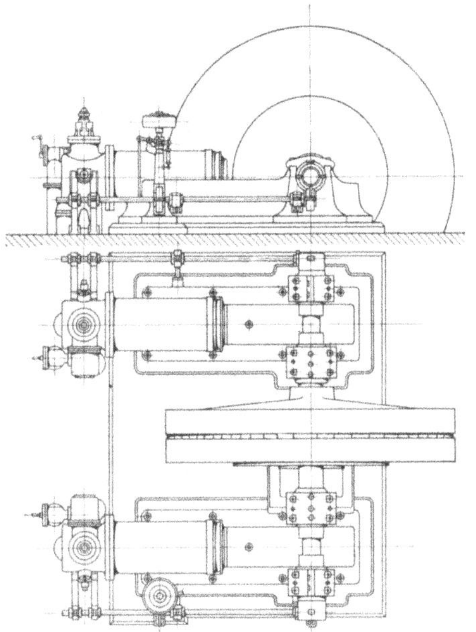

Abb. 15. Viertakt-Zwillingsmaschine — M.-G. **Nürnberg.**

mit nebeneinanderliegenden Zylindern (Abb. 16), bei welcher aber Welle und Wellenlagerung umständlicher werden.

Um das Triebwerk zu vereinfachen, wurden einfache Arbeitszylinder auch hintereinander gekuppelt (Abb. 17), jeder mit offenem Kolben versehen. In solcher Bauart wurden große Maschinen, bis 1000 Pferdekräfte, hergestellt, die aber in bezug auf Baukosten, Zugänglichkeit und Einfachheit viel zu wünschen übrig ließen.

Bei den meisten Mehrzylinderanordnungen wurde an kleinen Leistungen des einzelnen Arbeitszylinders — bis höchstens 250 Pferdekräfte — festgehalten. Größere Leistungen hat man in die einfachwirkenden Zylinder nicht zu legen gewagt, weil man für die Haltbarkeit der umständlichen Zylinderköpfe fürchten mußte und diese schon bei kleineren Leistungen große Mängel zeigten. In dieser Entwicklungszeit wurde viel Lehrgeld bezahlt. Als die Brüche mit dem wachsenden Großbetriebe

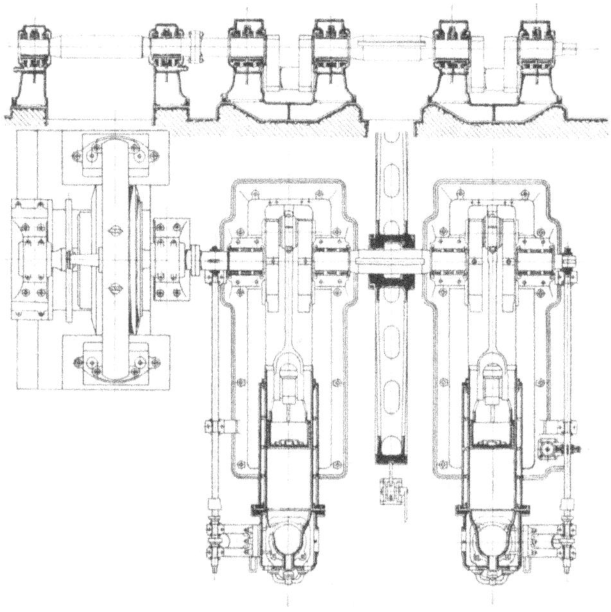

Abb. 16. Zwillingsmaschine — M.-G. **Nürnberg.**

epidemisch wurden, hat man die Zylinderköpfe aus Stahlguß hergestellt, der bei doppelt so großem Ausdehnungskoeffizienten wie Gußeisen sich noch schlimmer verhielt.

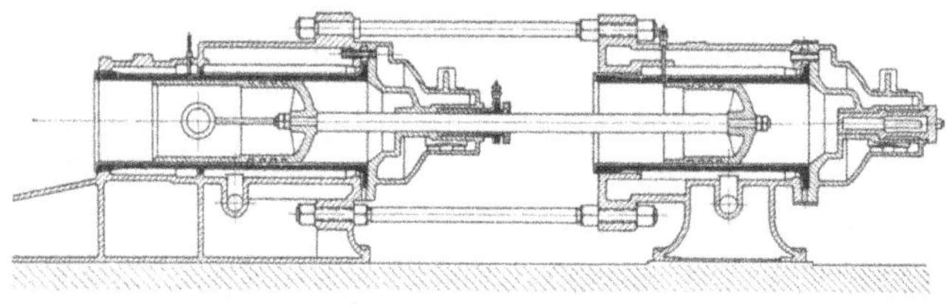

Abb. 17. Gasmaschine mit 2 einfach-wirkenden Zylindern — **Körting.**

Die Deutzer Fabrik hat, um 1000 pferdige Maschinen herstellen zu können, 4 Arbeitszylinder zu einem Doppel-Zwilling zusammengesetzt, wobei die einfachwirkenden einander paarweise gegenüberliegenden Zylinder auf eine gemeinsame doppeltgekröpfte Welle arbeiten (Abb. 18). Eine unzweckmäßige Anordnung, die die

Großmaschine aus Elementen der Kleinmaschinen zusammensetzt und zur Folge hat, daß der Nachteil des einfachwirkenden Viertaktzylinders, die schlechte Triebwerksausnutzung, viermal auftritt, daß Zylinder und Triebwerk viermal ausgeführt werden müssen und schlecht zugänglich sind, daß die Welle und ihre Lagerung sehr umständlich werden, insbesondere, wenn zu solchen Doppelzwillingen der Antrieb einer Gebläsemaschine hinzukommt, die noch eine Wellenkröpfung mit doppelter Lagerung erfordert. Die Zugänglichkeit der offenen Kolben, die sich bei Kleinmaschinen zwanglos von der Triebwerksseite her ergibt, wird hier bei der Großmaschine eine ganz unzureichende. Die Gegenüberstellung der Zylinder hat außerdem zur Folge, daß bei gegebener Drehungsrichtung der Führungsdruck auf der einen Maschinenseite dem

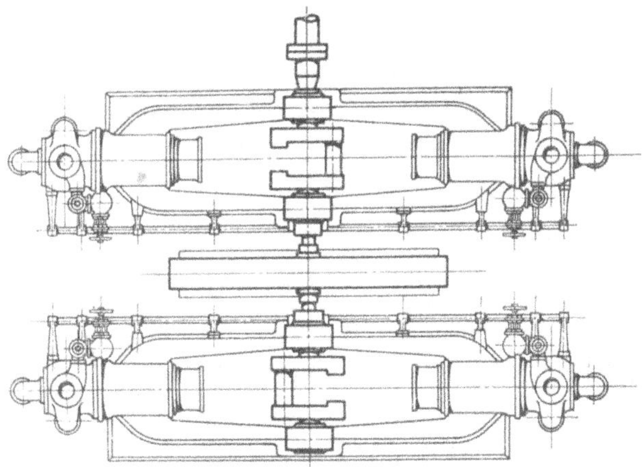

Abb. 18. Doppelzwillings-Gasmaschine — Gasmotorenfabrik **Deutz**.

Kolbengewichte entgegen aufwärts wirkt, sodaß durch den Druckwechsel Stöße eintreten usw.

Auf solchem Kombinationswege konnte eine richtige Großmaschine nicht entstehen. Derartige Maschinen, insbesondere Doppelzwillinge, wurden denn auch nach den ersten Ausführungen als Mißgriff erkannt und werden eine Wiederholung wohl nicht erfahren.

Allerdings wurden von einigen Fabriken auch in der Kleinmaschinenzeit Maschinen mit abweichenden Einzelheiten gebaut, insbesondere mit gekühlten Kolben, mit doppeltwirkenden Kolben, mit Stopfbüchsen usw., aber diese Einzelheiten sind nicht durchgedrungen und wurden von vielen „Spezialisten“ sogar als unzuverlässig betrachtet. Für Kleinmaschinen sind sie auch tatsächlich unbequemer und wesentlich kostspieliger. Dies zeigt der Vergleich der offenen Kolben der üblichen Bauart für Kleinmaschinen (Abb. 19) mit einfachwirkenden offnen, aber gekühlten Kolben und der Kreuzkopfführung außerhalb des Arbeitszylinders mit normaler Geradführung

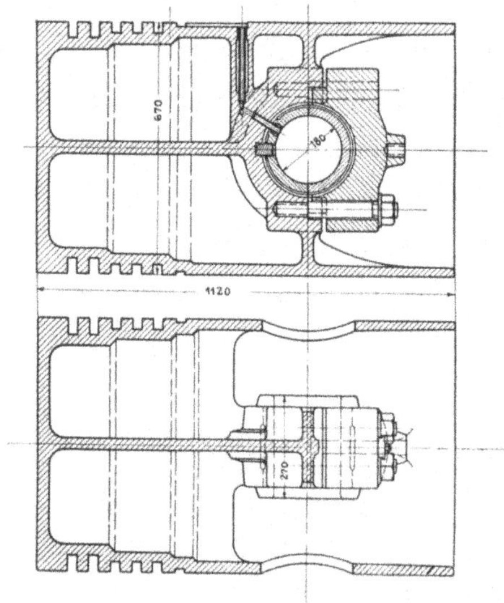

Abb. 19. Offner Kolben mit Kreuzkopflager.

(Abb. 20, M.-G. Nürnberg, und Abb. 21, Soest & Co.). Solche an sich gute, aber für kleine Maschinen umständliche Einzelheiten drängen unmittelbar zur Ausbildung doppeltwirkender Viertaktmaschinen.

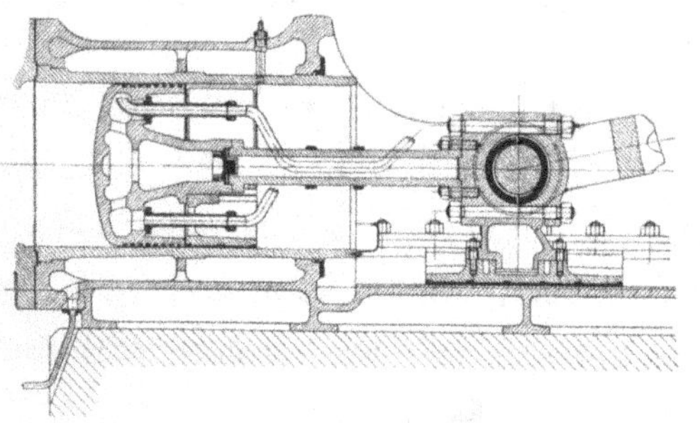

Abb. 20. Maschine mit offenem gekühlten Kolben und Kreuzkopfführung.

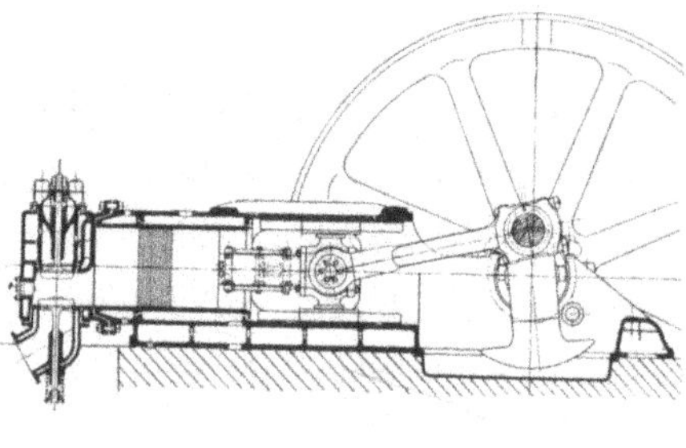

Abb. 21. Offene Viertaktmaschine mit Kreuzkopfführung.

Bei den Großmaschinen, die aus der Nachahmung der Einzelheiten der Kleinmaschinen entstanden, waren in der Regel die allgemeinen maschinentechnischen Anordnungen besonders mangelhaft; auch Einzelheiten, die mit dem Wesen der Gasmaschine nichts zu tun hatten, wiesen Mängel in der konstruktiven Ausbildung auf, die auch bei jeder Dampfmaschine grundsätzlich vermieden werden müßten. Insbesondere wurde gegen die wichtigen Rücksichten der Zuverlässigkeit und Zugänglichkeit verstoßen. Was, streng genommen, schon bei der Kleinmaschine ein Mangel war, wurde dann bei der Großmaschine zum schwerwiegenden Fehler.

Die folgenden Abbildungen lassen an einigen aus den Ausführungen dieser Entwicklungszeit herausgegriffenen lehrreichen Beispielen erkennen, wie gegen naheliegende rein maschinentechnische und betriebstechnische Forderungen verstoßen wurde.

Abb. 23 ist der Querschnitt durch den Kreuzkopf einer 700 pferdigen zweizylindrigen Großmaschine. Der Kreuzkopf ist durch das hohe Maschinenbett von beiden Seiten eingeschlossen; Kreuzkopfzapfen sowohl wie Führungen sind vollständig unzugänglich. Jedes Nachsehen der Maschinenteile erfordert ein vollständiges Auseinanderbauen der schweren Triebwerksteile. Selbst wenn nur an der eigentümlich angebrachten Kreuzkopfschmierung etwas versagt, müssen schwere Maschinenteile auseinandergenommen und tagelange Stillstände in den Kauf genommen werden.

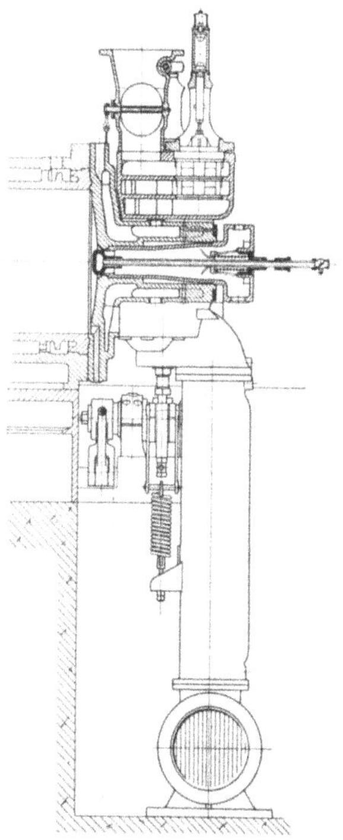

Abb. 22. Zylinderkopf und Auspuffrohr.

Abb. 22 zeigt den Zylinderkopf und das Auspuffrohr einer Gasmaschine, wobei die Steuerungsteile für das Auslaßventil am heißen Auspuffrohr gelagert sind, in dessen Nähe jede Instandhaltungsarbeit erschwert ist. Zudem ist das Auspuffrohr am unteren Krümmer im Fundament gelagert, sodaß bei vorkommenden Reparaturen das Rohr nicht nach unten entfernt werden kann, sondern die schweren Zylinder und Zylinderköpfe gehoben werden müssen, um z. B. nur das Auspuffventilgehäuse entfernen zu können.

Abb. 24: Steuerung eines Zylinderkopfes zwischen zwei hintereinander liegenden Zylindern. Die Steuerung erfolgt in der üblichen Weise durch unrunde Scheiben, die von einzelnen Fabriken selbst in der neuesten Zeit noch als vorläufige Stücke aus Gußeisen geliefert, vom Monteur erst an Ort und Stelle ausprobiert und dann durch gehärtete ersetzt werden. Die nebeneinander auf der Welle aufgeschobenen, zwischen zwei Lagern liegenden Steuerungsdaumen sind aber nur bei vollständiger Demontierung aller Steuerungsteile und vollständigem Herausheben der Welle zugänglich, und die Auswechselung erfordert tagelange Stillstände.

Kennzeichnend ist auch die Art der Lagerung der Welle auf einzelnen ganz unabhängigen Einzellagern, deren jedes durch den Monteur auf dem Fundament befestigt wird. Der Monteur hat erst an Ort und Stelle die Hauptarbeit, das richtige Zusammen-

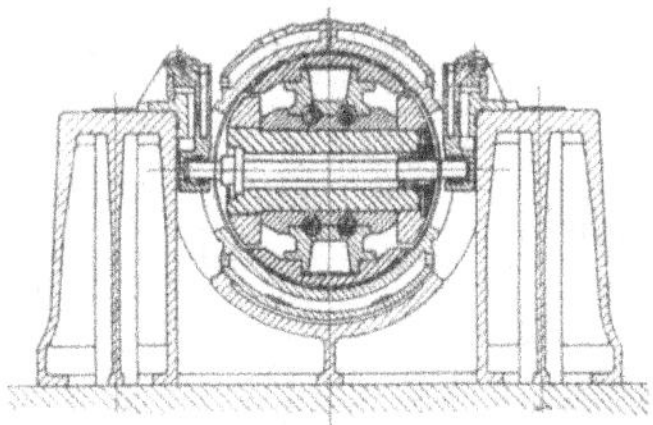

Abb. 23. Querschnitt durch den Maschinenrahmen und Kreuzkopf. 700 pferdige einfachwirkende Tandem-Gasmaschine.

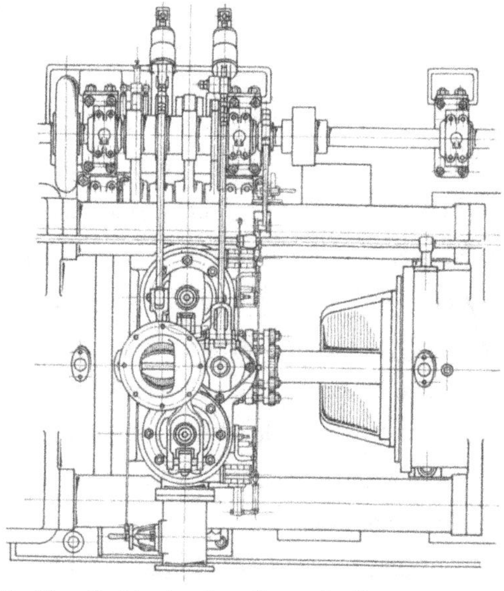

Abb. 24. Zylinderkopf und Steuerung. 700 pferdige Tandemmaschine.

passen, zu besorgen. Außerdem sind alle Teile vom Fundament und seinen Veränderungen unmittelbar abhängig. Die Zugänglichkeit ist allerorts höchst unzureichend und die Arbeiten und Stillstände im Falle der Notwendigkeit, die Zylinderköpfe auszubauen, sehr lästig.

Abb. 25 zeigt die übliche Antriebsvorrichtung für die Auslaßventile einer Gasmaschine. Meterlange mächtige Gußstahlhebel wurden ausgeführt, dennoch kamen Brüche vor, und stets arbeitete die Steuerung mit großem Geräusch. Es wurden auf die Großmaschine Steuerungseinzelheiten übertragen, die schon für Kleinmaschinen nichts weniger als mustergültig waren, aber doch keine schweren Nachteile mit sich brachten, für Großmaschinen aber ganz unzulässig sind. Daher auch die verallgemeinerte Klage, daß die Auslaßventile von größeren Gasmaschinen kaum ausführbare starke Federn für den Kraftschluß erfordern; allerdings, wenn sie nicht nur die schweren Auslaßventile und ihre Spindeln, sondern auch noch die ganze schwere Masse der riesigen Steuerungshebel beschleunigen müssen, werden auch die stärksten Federn unzureichend, und bei verspäteter Beschleunigung hämmern die Rollen auf den Antriebscheiben. Diese mangelhafte Konstruktion ist häufig ausgeführt worden, und dann ist vielfach nicht etwa dieses Steuerungsdetail verworfen, sondern gegen die Viertaktmaschine allgemein geltend gemacht worden: Auslaßventile seien unzweckmäßig bezw. unmöglich, weil sie für den Schluß viel zu starke Federn erforderten.

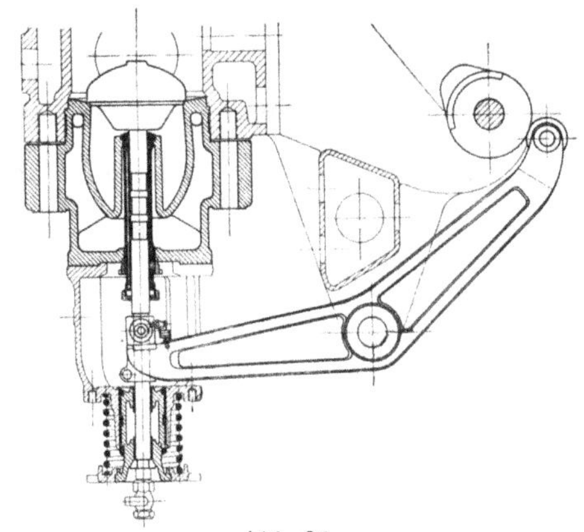

Abb. 25.
Auslaß-Steuerung
(mit Nocken und Antriebshebel).

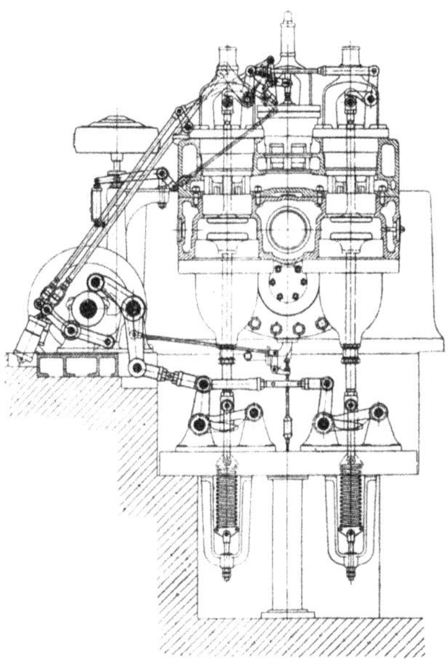

Abb. 26. Steuerungsantrieb.

Kennzeichnend für den damaligen „Motorenbau“ ist auch der Steuerungsantrieb (Abb. 26) mit Hebelübertragung von der Steuerungswelle auf die Ventile, mit Lagerung der Wälzhebel auf Trägern im Fundamente, alles erst durch den Monteur zusammenzubauen und richtigzustellen, und alles vom Fundamente abhängig. Das sind Verstöße gegen die einfachsten Regeln des Maschinenbaus, Verstöße, die an den eigentlichen Kleinmaschinen auch nicht vorkommen, sondern erst durch die Vergrößerung der Kleinmaschinen entstanden sind.

Insbesondere war bei dieser planlosen Nachahmung von Kleinmaschinen die Ausbildung der Maschinen-Triebwerke verfehlt. Das Triebwerk muß für die wirklichen Betriebskräfte entsprechend den völlig unzweifelhaften Rechnungsgrundlagen und den

Erfahrungen des Dampfmaschinenbaus durchgeführt werden. Bei den Gasmaschinen sind nach den Vorbildern der Kleinmaschinen zu hohe Triebwerksbeanspruchungen zugelassen worden, z. B. für die Wellenzapfen: 12—1500 kg Biegungsfestigkeit, 50 kg Flächendruck, für Kurbelzapfen: 120 kg Auflagedruck, 1500 kg Biegungsbeanspruchung, Materialbeanspruchungen, die jeder Dampfmaschinenkonstrukteur als unzulässig, als gefährlich und betriebsunsicher bezeichnen würde.

Die „Spezialisten" behaupteten meist, die Dampfmaschinenerfahrungen seien für „Motoren" nicht maßgebend, denn es träten „ganz andere", ungünstige Beanspruchungen durch die „Explosionswirkung" auf usw. Damit stehen aber gerade die Praxis des „Motorenbaus" und die daraus hervorgegangenen „Großmotoren" in argem Widerspruch.

Bei Nachrechnung der älteren Motoren drängt sich die Vermutung auf, daß nicht den tatsächlichen Kraft- und dynamischen Wirkungen entsprechend gerechnet und insbesondere in der Übergangszeit die hohe Verdichtung und Arbeitsspannung nicht richtig berücksichtigt wurde. Es ist auffällig, wie die Abmessungen älterer Maschinen mit Faustregeln: Wellenzapfen = $^1/_2$ Zylinderdurchmesser usw. übereinstimmen. Vielleicht wurde gelegentlich auch nur mit dem Storchschnabel vergrößert. So sind oft ganz unbegreiflich unzulängliche Abmessungen entstanden. Z. B. eine einfachwirkende Maschine von 700 PS, Mitte der 90 er Jahre gebaut, hat ein Wellenlager mit 40 kg (wesentlich durch das 50 t schwere Schwungrad bedingt), einen Kreuzkopfzapfen mit 160 kg Flächendruckbelastung! Gegenüber den vorsichtigen Dampfmaschinenkonstrukteuren erklärten jedoch die damaligen Spezialisten in der Regel, „so schwer wie Dampfmaschinen könne man Motoren nicht bauen"!

Die Wirkung der Triebwerkskräfte von Dampf- und Gasmaschinen ist jedoch nur wenig verschieden und die geringe Verschiedenheit zugunsten der Gasmaschinen. Das Triebwerk muß daher in gleicher Weise wie bei raschlaufenden Groß-Dampfmaschinen berechnet und ausgeführt werden. Maßgebend sind die w i r k l i c h e n Kolbenkräfte (Diagramme Abb. 27—29), die auf das Gestänge und die Kurbelzapfen, und die Tangentialdrücke, die auf die Welle übertragen werden. Diagramm Abb. 27 zeigt unter Annahme gleicher Höchstkolbendrücke die wirksamen Anfangsdrücke für eine Gasmaschine und eine Verbunddampfmaschine mit hintereinanderliegenden Zylindern; diese sind bei der Dampfmaschine wegen der Massenbeschleunigung und der Gegendrücke etwas größer als bei der gleichwertigen Gasmaschine. Diagramm Abb. 28 zeigt den Vergleich der Tangentialkräfte für beide Maschinen. Die Arbeit des Tangentialdruckes für die Dampfmaschine ist etwas größer, wesentlich wegen des Einflusses der größeren Füllungsdauer. Die Drucksteigerung unmittelbar nach dem Hubwechsel ist wesentlich übereinstimmend (Diagramm Abb. 29). Die Druckverteilung bei modernen Gasmaschinen mit hoher Kom-

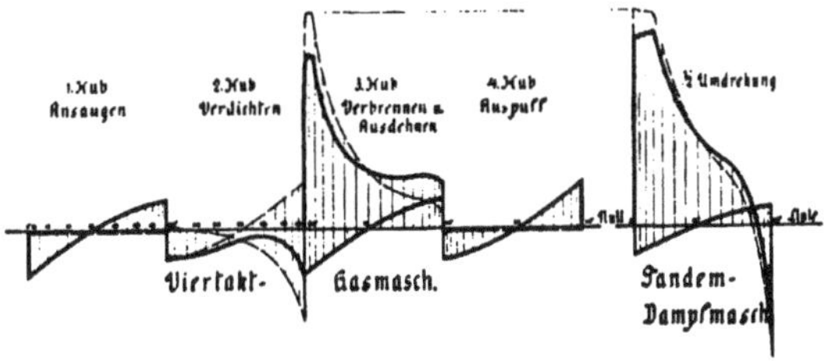

Abb. 27. Kolbenkräfte für einfachwirkende Viertakt-Gasmaschine und Verbund-Dampfmaschine.

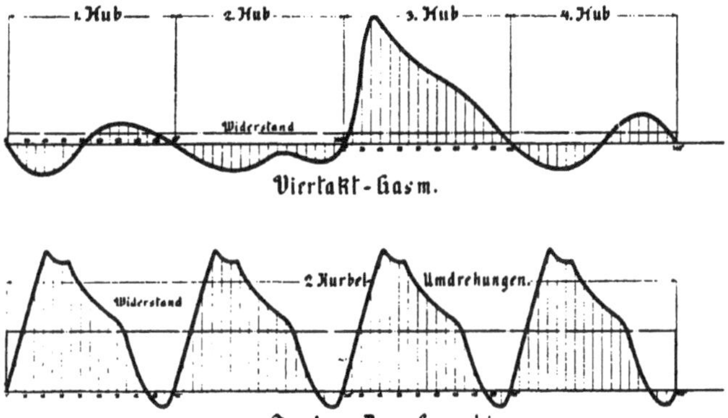

Abb. 28. Tangentialkräfte für Gas- und Dampfmaschine.

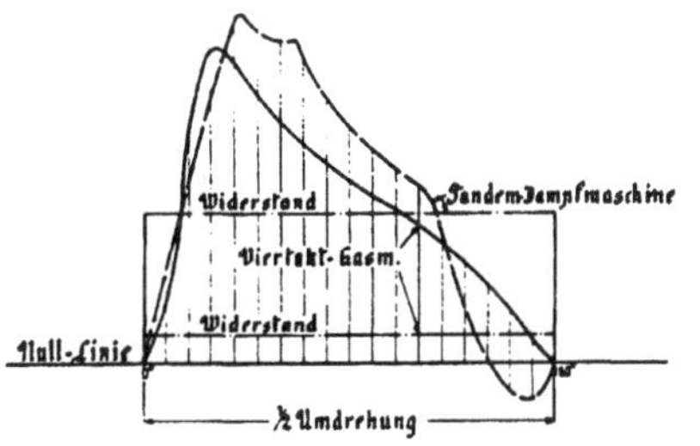

Abb. 29. Tangentialdruck-Arbeit für Gasmaschine und Verbund-Dampfmaschine.

pression und entsprechender Voreilung der Zündung, also auch das Diagramm der Gasmaschinen, ist von der Druckverteilung und vom Diagramm raschlaufender Dampfmaschinen mit hoher Kompression wenig verschieden, dementsprechend auch die Triebkräfte.

Das lange Festhalten an, den Kleinmaschinen entnommenen, „bewährten" Einzelheiten, der Bau bloß vergrößerter Kleinmaschinen, die dann als „Großmaschinen" bezeichnet wurden, erklärt auch die auffällige Tatsache, daß in der Entwicklung der Gasmaschinen mehrfach rein maschinentechnische Bestrebungen ohne nennenswerte Absicht thermischer Verbesserungen große Erfolge errungen haben, wenn hierbei Fehler der Kleinmaschinen-Spezialisten vermieden wurden.

Besonders kennzeichnende Beispiele hierfür sind die Gasmaschinen von Delamare, die nur unwesentliche wärmetechnische Neuerungen enthalten. Die Maschinenfabrik Cockerill in Seraing hat jedoch kühn Großmaschinen dieser Art mit kräftig und gut ausgeführten maschinentechnischen Einzelheiten gebaut, große Viertaktmaschinen mit nur einem einfachwirkenden Arbeitszylinder, die das Vorurteil widerlegten, daß größere Leistungen als 250 Pferdekräfte einem Zylinder nicht übertragen werden könnten.

Die Herstellung von großen Einheiten mit einem einzigen einfachwirkenden Riesenzylinder und zugehörigem schweren Triebwerk ist jedoch eine Verkennung der zweckmäßigen Gestaltung der Viertaktmaschine. Sie ist die ungünstigste bauliche Gestaltung der Viertaktmaschine, bei der die wenigen Nachteile des Verfahrens am stärksten zur Geltung kommen. Maschinen solcher Bauart werden wohl nie wieder als Großmaschinen ausgeführt werden.

Kennzeichnend ist auch das Auftreten der Westinghouse-Maschine, die gleichfalls thermisch nichts Wesentliches bot, die aber, in bequemer stehender Bauart als Zwilling oder Drilling, nach den Erfahrungen mit schnellaufenden Westinghouse-Dampfmaschinen mit vielen für Massenherstellung geeigneten Einzelheiten ausgeführt wurde. Aus diesen rein maschinentechnischen Bestrebungen ist eine in Amerika und England verbreitete Gasmaschine entstanden, die aber als Großmaschine — entgegen den gelegentlichen Literatur-, richtiger Zeitungsangaben — bisher ohne Bedeutung geblieben und für größere Leistungen als etwa 5—600 Pferdekräfte nicht ausgeführt worden ist. Die stehenden vieltausendpferdigen Maschinen, von denen in Zeitungen die Rede ist, gibt es noch nicht.

So ist auf rein maschinentechnischer Grundlage mancher Fortschritt zustande gekommen und sind einige Vorurteile beseitigt worden, während Kleinmaschinen-Spezialisten die reichen Erfahrungen des hochentwickelten Maschinenbaues überhaupt nicht oder nicht genügend benutzt haben, ja meist von dem Grundsatze ausgegangen sind, die Erfahrungen des Dampfmaschinenbaus seien für Gasmaschinen überhaupt nicht maßgebend — der „Motorenbau“ sei „etwas ganz anderes“.

Das wesentlichste Hindernis einer richtigen Entwicklung der Großmaschine, die wesentlichste Ursache einer hemmenden Begriffsverwirrung auf dem Gebiete der Gasmaschinen war immer die Verwechslung des Viertakt-Verfahrens mit der Gestaltung der Viertaktmaschine, zu deren Ausbildung nach dem Viertaktverfahren selbstverständlich verschiedene Konstruktionswege offen stehen.

Von Anfang an haben „Spezialisten“ und leider auch weite Ingenieurkreise irrtümlich als Viertaktmaschine die nach dem Viertaktverfahren arbeitende einzylindrige einfachwirkende Gasmaschine angesehen. An diesen vermeintlichen Typus wurden alle Schlußfolgerungen über den Viertakt geknüpft. Alle konstruktiven Bestrebungen außerhalb des Viertaktverfahrens vergleichen noch jetzt ihre „neuen Systeme“ ausschließlich mit dieser unvollkommenen konstruktiven Ausbildung des Viertaktverfahrens. Hingegen sind unverständlicherweise Vergleiche mit doppeltwirkenden Zylindern nach dem Viertaktverfahren überhaupt nicht oder nicht richtig gezogen worden. So sind eine Reihe irrtümlicher Vorstellungen entstanden und festgehalten worden.

Das Viertaktverfahren ist, von Einzelheiten abgesehen, das Einfachste und Naturgemäße, weil die Vorbereitung für die motorische Verbrennung, das Laden und das Verdichten der Ladung, mit unübertrefflich einfachen konstruktiven Hilfsmitteln erfolgt.

Die Einzylinder-Viertaktmaschine hingegen ist, als viertelwirkend, nur für Kleinbetrieb geeignet, für große Leistungen unbrauchbar oder unzweckmäßig; sie führt auf zu große Abmessungen, Gewichte und Kosten, schließlich auf unausführbare Maschinenteile und in allen Fällen auf schlechte Triebwerksausnutzung.

Der doppeltwirkende Arbeitszylinder, auf jeder Kolbenseite nach dem Viertaktverfahren arbeitend, ist daher stets eine richtigere Grundlage der Konstruktion; er erfordert jedoch einen von innen gekühlten Kolben und Stopfbüchsen und richtige Durchführung der Einzelheiten, völlig abweichend von den Vorbildern der Kleingasmaschinen. Ein solcher doppeltwirkender Viertaktzylinder vermindert schon den wesentlichsten Nachteil des einfachwirkenden Zylinders, die schlechte Triebwerksausnutzung, wenn er auch gegenüber dem Zweitakt dadurch noch im Nachteil bleibt, daß die Arbeitshübe beider Zylinder unmittelbar aufeinander und dann zwei Auspuff- und Saughübe folgen.

Zwei solche doppeltwirkenden Viertaktzylinder hintereinander, auf gemeinsames Triebwerk arbeitend, geben die zweckmäßigste Triebwerksausnutzung; die Anordnung als Zwillingsmaschine gestattet die Ausbildung bis zu den höchsten vorkommenden Leistungen und gewährt einen mechanischen Wirkungsgrad, der durch andere konstruktive Anordnungen, auch beim Zweitakt, nicht übertroffen, ja nicht einmal erreicht wird.

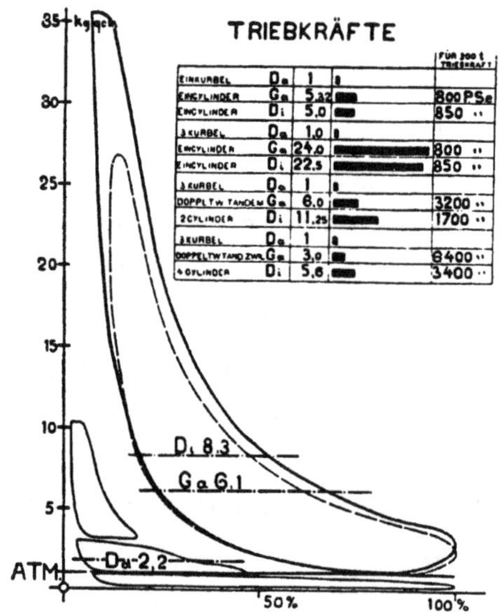

Abb. 30.

Vergleich der Triebwerkskräfte von Gasmaschinen und Dampfmaschinen.

Zunächst ist entscheidend die Wahl der Anordnung im Zusammenhange mit der Maschineneinheit für die gegenwärtigen Bedürfnisse des Großbetriebs.

Die Grenze der zweckmäßigen Ausführbarkeit von Maschinen überhaupt ist durch die Werkstätteneinrichtungen, Hebezeuge und Transporteinrichtungen gegeben. Die höchste Kraft im Triebwerk der Maschine kann als Vergleichsmaßstab für die Gewichte, Kosten und Ausführbarkeit der Maschinenteile angenommen werden.

300 t Höchstdruck in einem Zylinder kann nicht wohl überschritten werden, ohne daß sich Gewichte der Maschinenteile ergeben, für welche die vorhandenen Herstellungs- und Transportmittel selbst großer Maschinenfabriken nicht mehr genügen. Wird dieser Höchstdruck der Triebkräfte von 300 t als Grenze angenommen, so ergibt sich der im Diagramm Abb. 30 dargestellte Vergleich.

Die Ordinaten geben die Kolbenkräfte in Atmosphären, die Abszissen die Kolbenwege für eine Dreizylinder-Dampfmaschine, eine im Viertakt arbeitende Gichtgasmaschine und eine Diesel-Maschine.

In der Tabelle sind die Triebwerkskräfte der Maschinen bei gleicher Leistung im Verhältnis zur Triebkraft der Ein- und Dreikurbel-Dampfmaschine als Einheit und die für 300 t Triebwerkskraft zulässigen Höchstleistungen der Gas- und Diesel-Maschine angegeben.

Demnach erfordert die einfach wirkende Einzylinder-Viertakt-Gasmaschine die **5**,32-fache Triebwerkskraft der Einkurbel-Dampfmaschine gleicher Leistung, die Leistung der Gasmaschine wäre jedoch bei einer Triebkraft von 300 t trotzdem auf 800 PS beschränkt.

Daraus allein schon folgt, daß die einfachwirkende Einzylinder-Viertaktmaschine für große Leistungen unbrauchbar ist, da sie selbst gegenüber der Einkurbel-Dampfmaschine, als günstigstem Vergleichsfalle, riesige Maschinenteile bei ganz unzureichender Höchstleistung ergibt.

Im Vergleich zu einer gleichwertigen Dreikurbel-Dampfmaschine als günstigstem Grenzwert der Dampfmaschine, wenn dieser auch praktisch nicht in Betracht kommt, erfordert die einfachwirkende Einzylinder-Viertaktmaschine sogar eine 24 fache Triebwerkskraft bei gleicher Beschränkung der Leistung auf nur 800 PS.

Wird hingegen der Viertakt im doppeltwirkenden Zylinder durchgeführt und werden 2 solcher Viertaktzylinder als Tandem-Maschine angeordnet, dann ermöglicht diese Gasmaschine bei **6**facher Triebwerkskraft gegenüber der Dreikurbelmaschine 3200 PS Höchstleistung.

Wird die doppeltwirkende Tandem-Maschine als Zwilling, auf 2 Kurbeln arbeitend, ausgeführt, dann kann bei **3**facher Triebwerkskraft gegenüber einer Dreikurbel-Dampfmaschine die Höchstleistung 6400 PS erreichen. Durch solche Anordnung sind die meisten Aufgaben des Großbetriebes lösbar, und zwar unter Vermeidung aller Nachteile, die den Viertaktmaschinen bisher hinsichtlich Kraftwirkung und Triebwerkausnutzung nachgesagt wurden.

Weil das Viertaktverfahren in einfachwirkenden Zylindern als das Wesen der Sache angesehen wurde, entstand das Vorurteil: die Größe der Zylinder zwinge zum Zweitakt, Viertaktzylinder seien für große Leistungen unmöglich. Diese Anschauung ist nur für einfachwirkende Viertaktmaschinen richtig; nur bei diesen ergeben sich Gewichte und Einzelheiten, die für Großmaschinen nicht taugen.

So wiegt z. B. eine ältere **ein**zylindrige Viertaktmaschine (Nürnberg):

bei 300 t Triebwerksdruck, 700 Nutzpferdekräften und 94 Umdr. min. 215 t,

eine neue **zwei**zylindrige Tandemmaschine (Nürnberg):

bei 100 t Triebwerksdruck, 800 Nutzpferdekräften und 125 Umdr. min. 100 t,
„ 200 t „ 2000 „ „ 94 „ „ 197 t.

Also die fast 3mal so leistungsfähige doppeltwirkende Maschine wiegt noch nicht soviel wie die alte einfachwirkende, und dabei ist der für die Herstellung maßgebende Einheitspreis für die doppeltwirkende Maschine geringer als früher für die einfachwirkende.

Und trotzdem haben sich noch im Anfang dieses Jahrhunderts „Motorbauer“ zu dem Glauben bekannt, der Viertakt sei für Großmaschinen unmöglich, weil sie immer wieder die einfach wirkenden Viertaktmaschinen für maßgebend ansahen.

Alle Einwendungen gegen den Viertakt: daß der mechanische Wirkungsgrad gering, der Eigenwiderstand groß und die Kraft- und Arbeitsverteilung wegen des Vierteltaktes ungünstig seien, daß Gewichte und Triebkräfte übermäßig groß werden, daß die Abmessungen der Arbeitszylinder beschränkt werden müßten, daß die Auslaßventile unbrauchbar wären usw., fallen bei den doppeltwirkenden Zylindern und richtiger Bauart vollständig weg.

Die Bauart der Maschinen mit doppeltwirkenden Viertaktzylindern bietet naheliegende Vorteile auch gegenüber den Zweitaktmaschinen. Die Vergrößerung der Gestängemassen durch die Reihenanordnung schafft hinsichtlich der Massenbeschleunigung keine Nachteile, selbst dann nicht, wenn hinter den Arbeitszylindern noch ein Gebläsekolben unmittelbar angekuppelt wird, sodaß 3 Kolben mit dem Gestänge bei jedem Hube zu beschleunigen sind. Die hohe Kompressionsarbeit, sowie der große Arbeitsdruck sind bei Gasmaschinen für die Anfangsbeschleunigung immer viel günstiger als beispielsweise bei den Gestängen der Niederdruckseite von großen Dampfmaschinen, bei denen aber die Massenbewegungen selbst bei den größten Leistungen vollständig beherrscht werden können.

Wenn somit der doppeltwirkende Viertaktzylinder als das einfachste und zweckmäßigste Konstruktionselement für die Ausbildung der Groß-Gasmaschinen zu bezeichnen ist, so folgt selbstverständlich daraus nicht, daß alle Konstruktionen von doppeltwirkenden Arbeitszylindern geeignet seien. Doppeltwirkende Viertaktzylinder wurden seit langem für Maschinen mittlerer Leistung ausgeführt und haben vielfach den Anforderungen nicht entsprochen.

Körting z. B. gibt an (Verhandlungen des Vereins deutscher Eisenhüttenleute 1903), daß in seiner Fabrik eine doppeltwirkende Gasmaschine (Abb. 31) 5 Jahre in Betrieb war, jedoch entfernt wurde, weil das vordere Auslaßventil fortlaufend zu Betriebsstörungen Anlaß gab (Abb. 32 der gleichen Maschine ist dem Abdruck in „Stahl und Eisen“ entnommen).

Wie hier die Unzugänglichkeit des Auslaßventils als Mangel dieser Maschine angegeben wird, so wird vielfach der gleiche Grund für die Unbrauchbarkeit der doppeltwirkenden Viertaktmaschinen mit Ventilsteuerung überhaupt geltend gemacht. Solche Verallgemeinerungen sind aber völlig unzutreffend.

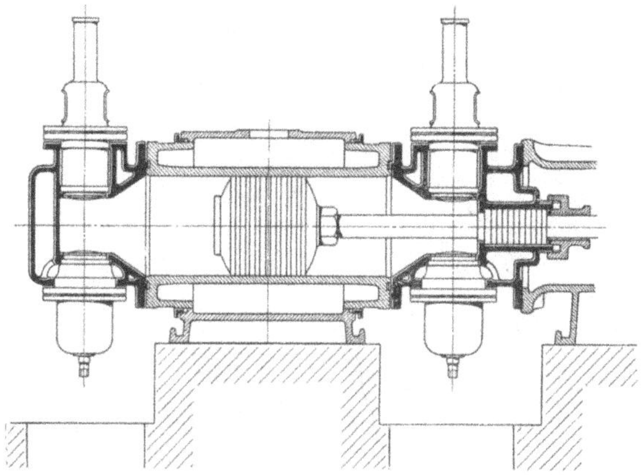

Abb. 31. *Doppeltwirkende Viertaktmaschine mit unzugänglichem Auslaßventil.*

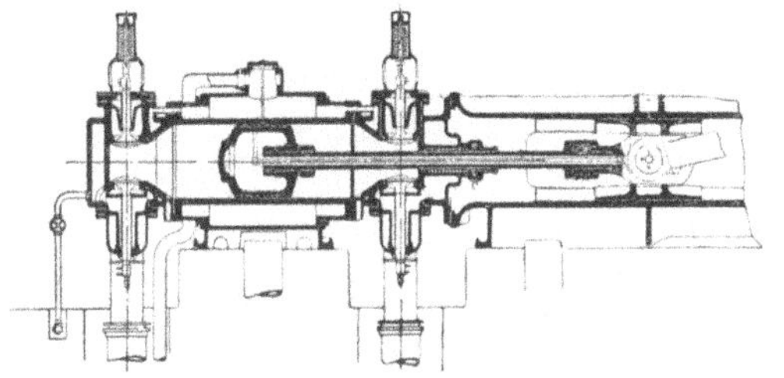

Abb. 32. *Doppeltwirkende Viertaktmaschine* — **Körting**. (Aus „Stahl und Eisen“.)

Das Auslaßventil in Abb. 31 u. 35 ist allerdings von oben nicht zugänglich, weil die Kolbenstange über ihm liegt, von unten schlecht zugänglich, weil der Raum fehlt, und von seitwärts überhaupt nicht zugänglich, weil dort das Maschinenbett bezw. der Zylinderdeckel durch eine Wand mit Stopfbüchse abgeschlossen ist. Die Unzugänglichkeit ist daher nur eine Folge *dieser* mangelhaften Anordnung, nicht aber der doppeltwirkenden Maschine und der Ventilsteuerung überhaupt. Bei richtiger Anordnung kann das bemängelte Auslaßventil sowohl von unten als von seitwärts tadellos zugänglich gemacht werden, und, wenn erforderlich, läßt sich selbst die Zugänglichkeit von oben erzielen. Das Auslaßventil als „stetige Quelle der Gefahr für die Ventilköpfe und anderer Störungen“ (Körting) zu bezeichnen, ist daher eine unzulässige Verallgemeinerung der Folgen *schlechter* Anordnung der Auslaßventile.

Daß die Entwicklung der *doppeltwirkenden* Maschine zur Großmaschine trotz ihrer durchaus bekannten naheliegenden Konstruktionsgedanken so lange Zeit benötigte, hat zahlreiche Ursachen. Doppeltwirkende Maschinen werden als Kleinmaschinen wegen des Kreuzkopfes und der Geradführung wesentlich umständlicher, sie waren daher in der Kleinmaschinenzeit gegenüber den einfachwirkenden Maschinen mit offenen Kolben als teuer verrufen. Ihre Auslaßventile waren bei mangelhafter Bauart unzugänglich, insbesondere das vordere Ventil; die unvermeidlichen Stopfbüchsen waren baulich mangelhaft durchgeführt, zudem oft nicht ausreichend gekühlt, die Kolbenstangen meist auch nicht, sodaß ein Versagen der Stopfbüchsendichtung allein schon hinreichte, solche Maschinen unzuverlässig oder unbrauchbar zu machen.

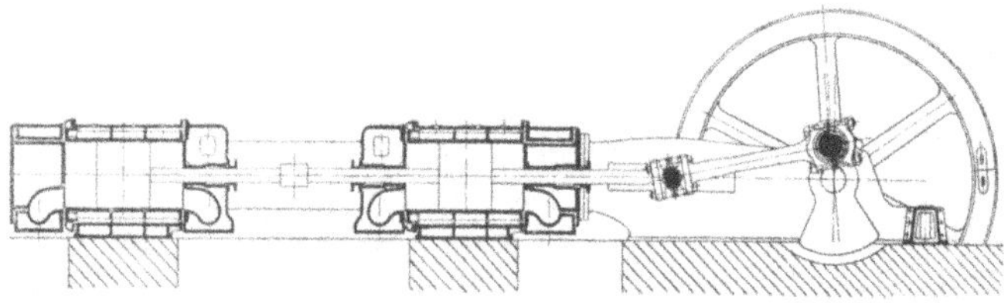

Abb. 33. Doppeltwirkende zweizylindrige Viertaktmaschine.

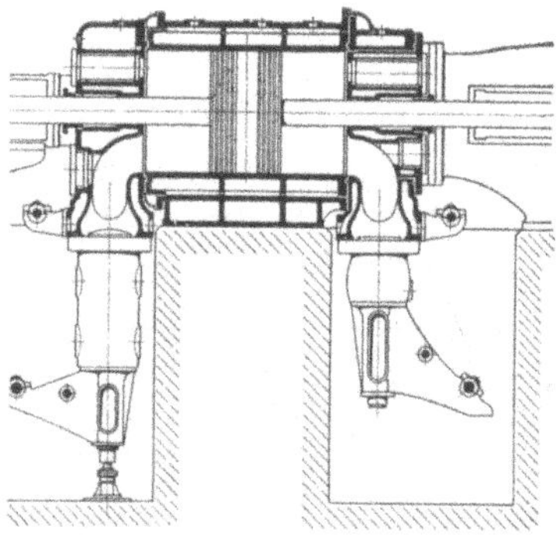

Abb. 34. Längsschnitt.

Ganz unzureichend war auch bei den meisten bisherigen doppeltwirkenden Viertaktmaschinen die Zugänglichkeit, z. B. in der Anordnung Abb. 33, bei welcher nicht nur das vordere Auslaßventil, sondern alle Ventile (vergl. Schnitt Abb. 34)

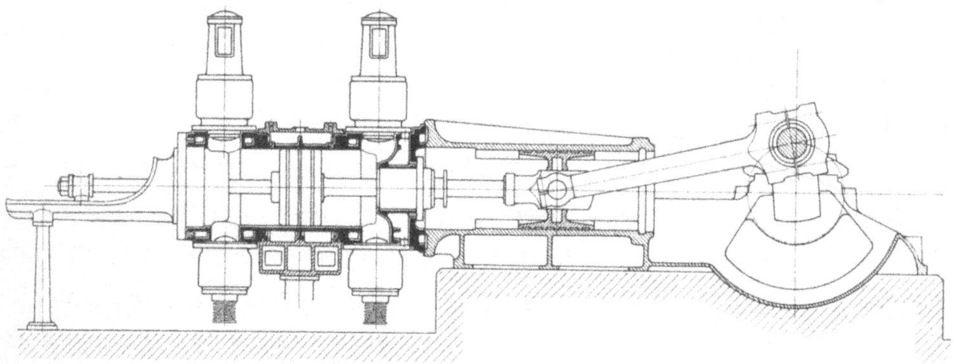

Abb. 35. Gasmaschine mit doppeltwirkendem Viertaktzylinder — Gasmotoren-Fabrik Deutz.

in unzugänglicher Weise an der Unterseite des Zylinders im Fundament eingebaut sind, ebenso die Steuerung. Keiner der Betriebsteile kann ohne weitläufige Demontierungsarbeiten ausgebaut werden; insbesondere die Kolben sind nur nach Entfernung der schweren Zylinderköpfe und vieler Nebenteile herausnehmbar. Die an mehreren Stellen angebrachten Schauöffnungen können Ersatz für die mangelnde Zugänglichkeit der Ventile nicht bieten. Die offenbaren Betriebsmängel solcher Maschinenausbildung können aber nicht dem Viertakt als solchem zur Last geschrieben werden.

Die Deutzer Gasmotorenfabrik baut gleichfalls, seitdem der Zusammenbau von einfachwirkenden Zylindern zu Doppelzwillingsmaschinen nicht zum Ziele geführt hat, Maschinen mit doppeltwirkenden Viertaktzylindern (Abb. 35), in einer Anordnung, die augenscheinlich denselben Mangel besitzt, den Körting mit Recht hervorgehoben hat. Auch bei dieser Maschine ist das vordere Auslaßventil nur von unten und für Großmaschinen unzureichend zugänglich, von seitwärts und oben unzugänglich.

Neu ist an dieser Maschine die Anordnung des Wassermantels und des Maschinensockels, der alle Rohranschlüsse enthält. Die Ausdehnung des Zylinders innerhalb des Wassermantels ist gesichert, aber die Form des Zylinders ist keineswegs eine solche, daß bei größeren Ausführungen Brüche nicht vorkommen können, und die Zugänglichkeit wesentlicher Betriebsteile ist unzureichend. Maschinen solcher Bauart als Großmaschinen sind bis jetzt noch nicht in Betrieb. Für die Entwicklung der Großmaschine enthält diese Konstruktion keine wichtige Neuerung. —

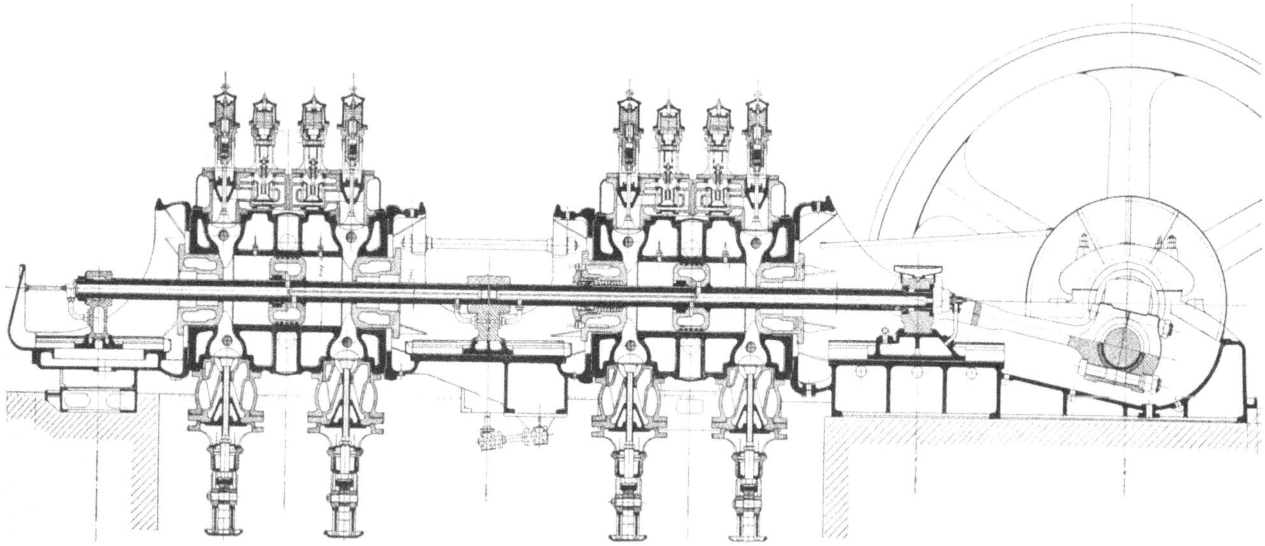

Abb. 36. Neue doppeltwirkende Viertaktmaschine — M.-G. **Nürnberg.**

Die richtige Ausbildung der Groß-Gasmaschine mit doppeltwirkenden Viertaktzylindern erfordert einen vollständigen Bruch mit den hergebrachten „Motoren"; ihre Anordnung und Einzelteile müssen völlig neu gestaltet werden. Solche richtige, vom Bisherigen völlig abweichende Bauart wurde mit durchschlagendem Erfolg von der M.-G. Nürnberg geschaffen (Abb. 36).

Diese neue Maschine vermeidet die im Vorangegangenen gekennzeichneten Mängel in der Anordnung von Viertaktmaschinen, beseitigt auch alle früher besprochenen Mängel der maschinen- und betriebstechnischen Einzelheiten und schafft eine Zugänglichkeit, die allen Anforderungen entspricht. Ihre Vorzüge liegen in der Einfachheit des Ganzen und der Teile, in der besseren Ausnutzung der Maschinenkräfte gegenüber den bisherigen einfachwirkenden Viertaktmaschinen und demgemäß in der Erzielung von Leistungen und Wirkungsgraden, wie sie mit jenen Maschinen bisher nicht erreichbar waren. In dieser neuen Bauart sind die großen Erfahrungen des modernen Maschinenbaues, insbesondere des Dampfmaschinenbaues, vollständig benutzt und ist eine allen Betriebsanforderungen entsprechende Groß-Gasmaschine nach dem Viertaktverfahren geschaffen.

Vor Besprechung dieser Bauart ist es zweckmäßig, die bisherige Gestaltung der Zweitaktmaschinen zu erörtern und daran den Vergleich dieser vervollkommneten Viertaktmaschine mit den Zweitaktmaschinen unmittelbar anzuschließen.

VI. Die Zweitaktmaschinen.

Das Zweitakt-Verfahren und seine bauliche Ausgestaltung werden meist nur zusammen beurteilt und das Ganze als „neues System“ dargestellt. Vieles wird dadurch in den Vordergrund geschoben, was nicht mit dem Wesen des Verfahrens, sondern nur mit konstruktiven Fragen zu tun hat.

Die Beurteilung beginnt fast immer damit, daß dem Zweitaktverfahren und den Zweitaktmaschinen von vornherein weitgehende Vorzüge vor dem Viertaktverfahren und stillschweigend auch vor den Viertaktmaschinen zugesprochen werden, u. a.:

kleinere Triebkräfte, leichtere Bauart und geringere Abmessungen der Maschinen und der Maschinenteile, größere Gleichförmigkeit, besserer mechanischer Wirkungsgrad, geringere Kosten.

Ich habe an anderer Stelle („Schnellbetrieb“) die Aussichten der Groß-Gasmaschinen besprochen und die Forderung aufgestellt, sie müßten „mindestens Zweitaktmaschinen“ sein. Diese Äußerung ist so gedeutet worden, als ob damit, im Sinne der eben erwähnten Vergleiche, Zweitaktmaschinen in der besonderen Bauart nach dem Zweitaktverfahren gemeint seien. Das ist nicht der Fall, sondern es sind darunter selbstverständlich nur Maschinen mit mehrfacher Arbeitswirkung, mindestens zweifacher (Zweitakt), besser aber vierfacher Wirkung (Eintakt) im Sinne des S. 15 Gesagten verstanden, denn die Groß-Gasmaschine muß sich der doppeltwirkenden Dampfmaschine (Eintakt) nähern.

Vorzüge sind dem Zweitakt vor dem Viertakt grundsätzlich nicht eigen, wenn dieser in doppeltwirkenden Zylindern durchgeführt wird. Es können doch nur gleichartige Anordnungen verglichen und es darf nicht immer wieder der einseitige, fehlerhafte Vergleich von doppeltwirkenden mit einfachwirkenden Maschinen gezogen werden. Trotz des klaren Zusammenhanges beginnen aber die meisten Beschreibungen, selbst fachmännische Veröffentlichungen und Gutachten über Zweitaktmaschinen, stets mit der Hervorhebung dieser gar nicht vorhandenen Vorzüge, und das noch in unseren Tagen! Durch die falsche Deutung von „Zweitakt“ und „Viertakt“ wird eine unzulässige Begriffsverwirrung hervorgerufen; davon mag die folgende Auslese aus Druckschriften von Maschinenfabriken und Gutachten eine Vorstellung geben:

„Die Zweitaktmaschine wiegt nur halb soviel als eine Viertaktmaschine.“

„Der Verlust durch die Pumpenarbeit hat daher wenig Einfluß.“

„Der Ölverbrauch ist ein geringer wegen des leichten Baus dieser Maschine, und auch hierdurch wird ein größerer mechanischer Verlust aufgewogen.“

„Die Ansaugespannung bei Viertaktmaschinen beträgt 0,2 Atm., während bei Zweitaktmaschinen kein Unterdruck vorhanden ist.“

„Die Zweitaktmaschine vermeidet die Komplikationen des Viertaktes und gibt mit den einfachsten Mitteln, bei gleichen Abmessungen, die doppelte Leistung und kostet somit nur halb soviel.“

Wesentlich für die bauliche Ausbildung der Gasmaschinen nach dem Zweitaktverfahren sind zunächst zahlreiche rein konstruktive Gesichtspunkte.

Da das Spülen und Laden während eines sehr kleinen Zeitabschnittes in der Nähe des Hubwechsels erfolgen muß, so ist es von vornherein äußerst schwierig, den Auspuff der Zweitaktmaschinen durch Ventile zu steuern. Dies würde unausführbar große Ventilquerschnitte oder unzulässig hohe Durchflußgeschwindigkeiten ergeben. Es ist schon sehr schwierig, insbesondere bei hohen Umlaufgeschwindigkeiten, selbst die Einlaßsteuerung durch Ventile zu bewirken.

Somit ist das konstruktive Vorgehen bei der Zweitaktmaschine überhaupt kein freies, sondern es bewegt sich auf einer gebundenen Marschroute: die Zweitaktmaschine kann nicht zweckmäßig durch Ventile gesteuert werden, die Ausströmung muß durch Schlitze, durch Kanalkränze gesteuert werden, da nur diese den erforderlichen außerordentlich großen Durchflußquerschnitt ergeben. Die Verwendung von Kanalkränzen beruht daher auf keiner freien Wahl des Konstrukteurs, sondern ist eine notwendige Folge der kleinen, für den Ladevorgang und für die Steuerung der Gas- und Luftströmung verfügbaren Zeit. Damit scheidet das einfachste und für die hohen Temperaturen des Kraftmittels naturgemäße Steuerungsorgan, das Ventil, aus.

Die älteren Versuche, Zweitaktmaschinen durch Ventile zu steuern, waren in der ersten Entwicklungszeit der Zweitaktmaschinen neben der ungenügenden Zylinderfüllung wesentlich Ursache des Mißlingens dieser Maschinengattung.

Dieser Zusammenhang ist für die bauliche Anordnung der Zweitaktmaschine grundlegend. Er kennzeichnet wesentliche, aus dem Verfahren sich ergebende konstruktive Notwendigkeiten.

Beim Zweitakt müssen die verbrannten Gase und die Spülluft während eines kleinen Bruchteils des Maschinenhubs durch die Auslaßsteuerung hindurchströmen, beim Viertakt hingegen nur die verbrannten Gase, und hierfür steht der ganze Auspuffhub zur Verfügung (richtiger: es muß beim Viertakt ein etwas größeres Volumen durchströmen wegen der Expansion bis auf etwa 2 Atm. Enddruck, jedoch ist der Auspuffhub wegen Voröffnung und Nachöffnung größer als der Maschinenhub). Beim Viertakt steht für die gesamte Ausströmung gegenüber dem Zweitakt etwa die 18fache Zeit zur Verfügung. Für den Spannungsabfall auf die Auspuffspannung müßte das Ausströmungsventil einer Zweitaktmaschine für gleiche Ausströmungsgeschwindigkeiten mehr als den 4 fachen Durchflußquerschnitt bieten, was konstruktiv höchst unbequem ist, oder es würde sich für gleichen Querschnitt die 4fache Durchflußgeschwindigkeit ergeben, was unzulässig ist. Zweitaktmaschinen mit Schlitzsteuerung bieten für die Gemengefüllung auch nur etwa den dritten Teil der Zeit, welche für die Gemengefüllung beim Viertakt verfügbar ist.

Es ist somit wohl möglich, die Gemengefüllung bei Zweitaktmaschinen durch Ventile zu steuern, insbesondere, wenn Nachfüllung bei geschlossener Auslaßsteuerung benutzt wird (Körting). Die Ausströmung hingegen kann in einer konstruktiv und betriebstechnisch annehmbaren Weise durch Ventile nicht gesteuert werden. Es müssen Schlitzsteuerungen angewendet und unmittelbar dahinter weite Aufnehmerräume zur Volumenausdehnung angebracht werden. Die Kanalkränze und die weiten Auspuffräume sind eine Konstruktion, welche das Zweitaktverfahren notwendig macht, nicht etwa als Vorteil ermöglicht.

Vielfach wird die Begründung der baulichen Einzelheiten der Zweitaktmaschine damit eingeleitet: das Auslaßventil bei Viertaktmaschinen ist schlecht, es muß beseitigt und durch Kanalkränze ersetzt werden. Aber nicht das Auslaßventil als solches ist schlecht, nur für die Zweitaktmaschine ist es wegen der geringen verfügbaren Steuerungszeit nicht gut verwendbar.

Trotz der großen Kanalkränze werden bei Zweitaktmaschinen ungewöhnlich hohe Durchflußgeschwindigkeiten erreicht (etwa 200 m). Die wirkliche Höchstgeschwindigkeit im Auspuff, die sich schwer rechnen oder messen läßt, dürfte wohl 400 m erreichen, trotz des gewaltigen Umfangs-Querschnitts der Kanalkränze. Bei der Viertaktmaschine hingegen ist es wegen des einfachen Ladeverfahrens auch bei den größten Maschinen möglich, alle wesentlichen Geschwindigkeiten auf 30—40 m zu beschränken. Daraus erklärt sich die Erfahrung, daß alle Zweitaktmaschinen anfänglich mit dem Fehler unzureichender Querschnitte behaftet waren, der durch Nachmeißeln der Auspuffschlitze nachträglich, so gut es ging, behoben werden mußte; sonst konnte die Leistung der Maschinen nicht erreicht werden, der Widerstand des Auspuffs und der Spül- und Ladepumpen war zu groß.

Die Grundlage ist daher wesentlich anders, als sie gewöhnlich zur Rechtfertigung der Zweitaktkonstruktionen angegeben wird: nicht die Auslaßventile der Viertaktmaschine als solche sind schlecht und rechtfertigen ein neues Maschinensystem ohne Auslaßventile, und nicht die Kanalkränze als solche sind überlegen, sondern: die einfachen Ventile sind für Zweitaktmaschinen nicht oder schlecht durchführbar, weil der Zweitakt im Vergleich zum Viertakt so große Querschnitte erfordert, daß sie in Ventilen nicht gut unterzubringen sind. Die Konstrukteure sind daher zu Kanalkränzen und Kolbensteuerungen gezwungen; allerdings können als Vorzüge solcher Konstruktion manche Einzelheiten geltend gemacht werden, sie betreffen aber nicht das Wesen derselben. Wesentlich ist nur:

die bauliche Gestaltung der Ladevorrichtung, die Anordnung und Einzelheiten der Spül- und Ladepumpen, und

der Zusammenhang dieser Spül- und Ladepumpen mit der Steuerung der Gasmaschine, mit der Einströmung der Spülluft und des Gemenges, mit der Absperrung und Regulierung der Zu- und Abströmungen für veränderliche Betriebsverhältnisse, wobei aber offenbar die Ventile der Spül- und Ladepumpen mit zur Steuerung der Gasmaschine gehören. Die Regulierung der Maschinensteuerung und der Lieferung der Hilfspumpen gehören zusammen. Die Einzelheiten der Steuerungs- und Regulierungsvorrichtungen hingegen sind nicht für das Zweitakt-Verfahren eigentümlich, sondern können sehr verschieden durchgeführt werden.

Für die Entwicklung der Zweitaktmaschine wird oft rein baulichen Einzelheiten, wie z. B. gegenläufigen Kolben, eine ganze besondere Bedeutung zugesprochen, während der wichtige Zusammenhang der Steuerungen mit den Spül- und Ladepumpen meist nur flüchtig behandelt wird und das für den Zweitakt Wesentlichste: die Spül- und Ladepumpen selbst, bisher überhaupt in keiner Veröffentlichung ausreichend dargestellt wurden. Solche Einzelheiten aber, wie gegenläufige Kolben, sind offenbar nicht das Ursprüngliche, nicht das

Entscheidende, so wertvolle Vorteile sie auch bieten können. Das Entscheidende sind die Spül- und Ladevorrichtungen; sie müssen den Saug- und Auspuffhub des Viertaktverfahrens ersetzen, sie betreffen das Wesen des Zweitaktes.

Wenn es nicht gelingt, die Spül- und Ladepumpen so zu bauen, daß ihr Kraftaufwand weniger als 10% der indizierten Arbeitsleistung der Gasmaschine beträgt, so ist es unmöglich, eine Zweitaktmaschine auch nur mit wesentlich günstigerem Wirkungsgrade zu bauen als die unvorteilhafteste Viertaktmaschine, nämlich die einfachwirkende Einzylindermaschine, deren Wirkungsgrad wegen des schlecht ausgenutzten Triebwerks nur etwa 72% beträgt.

Zweitaktmaschinen, deren Spül- und Ladepumpen wesentlich mehr als 10% der Maschinenleistung erfordern, sind selbst gegenüber diesen hinsichtlich des Wirkungsgrades unvorteilhaftesten Viertaktmaschinen minderwertig, wenn nicht durch die sonstigen baulichen Einzelheiten gegenüber der Viertaktmaschine mechanische oder thermische Vorteile wesentlicher Art erzielt werden.

Da aber die einfach wirkende Viertaktmaschine für Großmaschinen nicht in Betracht kommt, sondern nur die doppeltwirkende und die mehrzylindrige, welche einen Wirkungsgrad über 85% zulassen, so ist es, um eine hinsichtlich des mechanischen Wirkungsgrades gleichwertige Zweitaktmaschine zu schaffen, notwendig, die Spül- und Ladepumpen mit noch wesentlich geringerem Kraftverbrauch herzustellen.

Zudem dürfen die Spül- und Ladepumpen in der Herstellung nur geringere Kosten verursachen, als die Mehrkosten doppeltwirkender Viertaktzylinder gegenüber einfachwirkenden Zylindern betragen, sonst wird die Zweitaktmaschine wesentlich teurer als die vergleichsfähige Viertaktmaschine.

Die konstruktive Aufgabe ist daher sehr schwierig und eng umgrenzt. Bei unvollkommener Lösung ist nichts zu holen als Weitläufigkeiten; bei sehr geschickter Lösung und Ausbildung der Einzelheiten hingegen ist höchstens eine dem Viertakt gleichwertige Maschine erreichbar, wobei dann für den weiteren Vergleich die sonstigen Eigenschaften und Kosten der Maschinengattungen in Betracht kommen.

Das sind die zwingenden und entscheidenden Grundlagen. Der maßgebende Zusammenhang ist daher wesentlich anders, als er gewöhnlich dargestellt wird.

Auf die behaupteten Vorzüge der Zweitaktmaschinen: die geringeren Abmessungen, bessere Ausnutzung, größere Gleichförmigkeit usw., kommt es überhaupt nicht an. Diese Vorzüge sind den mehrzylindrigen doppeltwirkenden Viertaktmaschinen in ganz gleicher Weise eigen.

Die Spül- und Ladepumpen sind der wunde Punkt, das *notwendige Übel der Zweitaktmaschine*. Auf ihre Anordnung, ihre Kosten und ihren Kraftverbrauch kommt es entscheidend an. Es liegt daher nahe, von vornherein die *einfachste Gestaltung* der Ladevorrichtung anzustreben, und zwar entweder:

Spül- und Ladepumpe in einer *einzigen Gemengepumpe* zu vereinigen und statt mit Luft nur *mit Gemenge zu spülen*, also durch die Gemengeladung die Abgase aus dem Zylinder auszutreiben.

Dieser Weg ist nicht gangbar. Die Gefahr von Rückzündungen in die Leitungen und Pumpen ist zu groß. Alle Versuche und Ausführungen in dieser Richtung sind wieder aufgegeben worden.

Oder: die Luft- und Gaspumpen für Spülung und Ladung zwar getrennt auszuführen, nur mit Luft zu spülen und dann mit Gemenge zu laden, aber diese Pumpen für mehrere Maschinen zu einer *gemeinsamen* Pumpenanlage zu vereinigen.

Auch dieser Weg ist nicht gangbar.

Zentralpumpen zur Spülung und Ladung für mehrere Maschinen gemeinsam anzulegen, wäre schon wirtschaftlich unzweckmäßig, weil die Leitungswiderstände und der mechanische Wirkungsgrad der getrennt betriebenen Pumpen schlechte mechanische und thermische Verhältnisse ergeben würde.

Eine *fremde* Energiequelle für die Spülung zu Hilfe zu nehmen, z. B. *Hochofenwind*, ist sehr einfach und auch deshalb bequem, weil dann die Beschaffung der Spülluft auf einem ganz anderen Konto steht und bei der Arbeitsbilanz in der Regel nicht gebucht wird. Bei richtiger Berücksichtigung dieses fremden Arbeitsaufwandes kann solcher Vorgang selbstverständlich keinen Gewinn bringen, die Vereinfachung ist nur eine scheinbare. Bei der Mitwirkung von Hochofenwind fehlt auch das selbsttätige Zumessen des Spülvolumens. Außerdem ist solche Anordnung nur in besonderen Fällen möglich und an die vorhandene veränderliche Windpressung des Hochofenbetriebs gebunden.

Da diese Wege nicht zum Ziele führen, bleibt nichts übrig, als die Spül- und Ladepumpen, zugleich als Meß- und Reguliervorrichtung, für *jede einzelne Gasmaschine auszuführen* und durch zweckmäßige Einzelausbildung dafür zu sorgen, daß die Kosten und der Pumpenwiderstand so gering als möglich werden, die *Zugänglichkeit* und *Betriebssicherheit* aber vollständig erreicht wird.

Die Einfachheit und Billigkeit der Ladepumpen wird baulich oft auch derart angestrebt, daß die Pumpen nicht über Maschinenflur aufgestellt und nicht unmittelbar vom verlängerten Maschinengestänge angetrieben, sondern zugunsten einer geringen Baulänge im Fundament aufgestellt werden; entweder in stehender

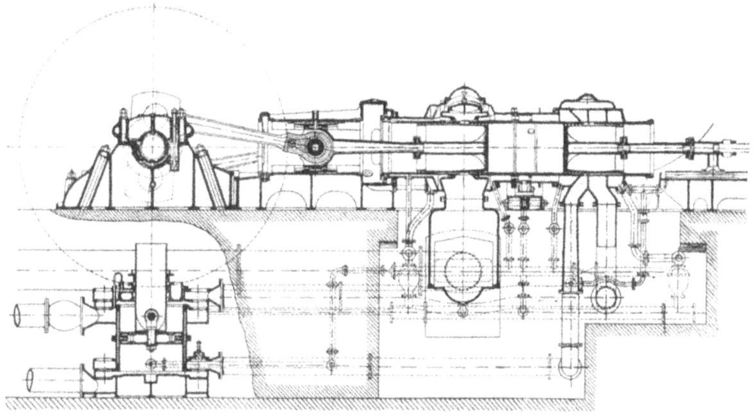

Abb. 37. Füllpumpen-Anordnung einer Oechelhaeuser-Zweitaktmaschine.

Bauart neben der Kurbelwelle, durch eine Gegenkurbel angetrieben (Abb. 37 und 38), oder in liegender Bauart (Abb. 39), wobei Gas- und Luftpumpe hintereinander gekuppelt

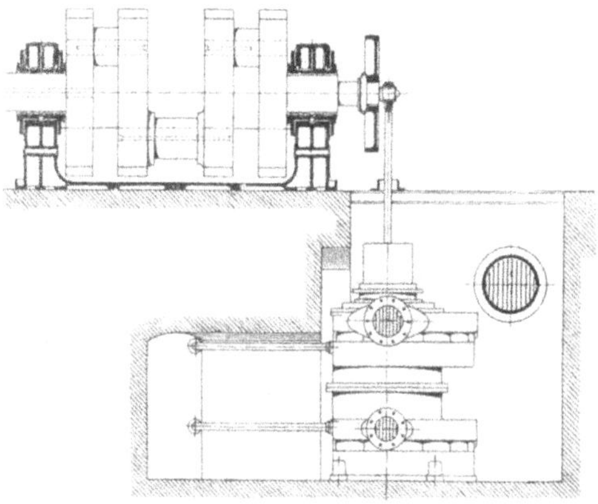

Abb. 38. Ladepumpen unterhalb des Kurbeltriebes.

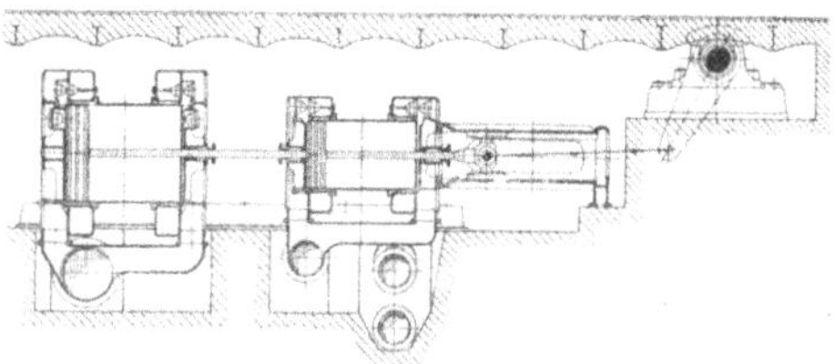

Abb. 39. Luft- und Gaspumpen unter Flur.

und, ähnlich wie Kondensatorpumpen, gemeinsam durch eine Schwinge von der Kurbel aus angetrieben werden.

Durch alle diese Anordnungen wird aber die Zugänglichkeit von wesentlichen Teilen empfindlich beeinträchtigt.

Anfänglich war in der Durchbildung dieser Pumpen das einseitige Streben nach größter Billigkeit vorherrschend. Die Folge waren höchst unvollkommene Pumpen. Querschnitte und Ventile waren unzureichend bemessen, der Pumpenwiderstand betrug bis 50 % der indizierten Arbeit. Selbst bei großen Neuanlagen ist es vorgekommen, daß 3000 indizierte Pferdekräfte zu entwickeln waren, um 2000 Nutzpferdekräfte bei Höchstbelastung zu leisten; daß der Maschinenwiderstand, wesentlich der Pumpen wegen, einen großen Teil der aufgewendeten Leistung verzehrte.

Unter den günstigsten Umständen sind bisher Pumpenwiderstände von 10—15 % der indizierten Arbeit nachgewiesen, womit etwa der Wirkungsgrad der ungünstigsten (einfachwirkenden) Viertaktmaschine erreicht wird. Bei raschlaufenden Maschinen steigt jedoch der Pumpenwiderstand wesentlich und kann bei schwacher Belastung die Hälfte der indizierten Arbeit überschreiten, selbst wenn die Pumpen, abgesehen von Widerständen und Querschnitten, von wesentlichen Fehlern frei sind.

Die bisherigen Berichte und Urteile über Zweitaktmaschinen enthalten wenig über die Wirkung der Spül- und Ladepumpen. Rein maschinentechnisch als Kompressoren betrachtet, sind auch die meisten bisher bekannt gewordenen Spül- und Ladepumpen mangelhaft. Dieser Mangel trifft aber wesentliche Einzelheiten des Systems.

Der Grundgedanke des Zweitaktverfahrens ist sehr einfach: den Auspuff- und Saughub des Viertaktverfahrens durch besondere Spül- und Ladepumpen zu ersetzen. Die bauliche Ausbildung der Zweitaktmaschinen führt aber auf eine äußerst schwierige, bisher nicht vollständig gelöste rein maschinentechnische Aufgabe: diese Spül- und Ladepumpen so einfach und doch so vollkommen zu bauen, daß der Pumpenwiderstand nicht allen Gewinn aufzehrt, die Leistung höher und die Kosten geringer werden als bei Viertaktmaschinen. Die Zweitaktmaschine ist daher in einer überaus schwierigen Lage, aus welcher heraus nur durch sehr vollkommene Konstruktionen ein gewinnbringender Ausweg gefunden werden kann.

Erst nach Beurteilung der Ladepumpen können die übrigen konstruktiven Maßnahmen, die mit dem Spül- und Ladevorgange nicht unmittelbar zusammenhängen, und die von ihnen zu erwartenden Vorteile erwogen werden, wobei es darauf ankommt, ob diese Vorteile ausreichend sind, die unzweifelhaften Nachteile der Spül- und Ladepumpen auszugleichen. Dies kann nur durch kennzeichnende Beispiele, den häufigst ausgeführten Maschinen entnommen, erläutert werden.

Erfolgt die Steuerung für die Ein- und Ausströmung durch Kanalkränze

(Abb. 40), dann sind die Auslaßventile durch Auspuff-Schlitze ersetzt. Diese konstruktive Absicht zwingt, auch für die Spülung durchgeführt, zu gegenläufigen Kolben um die Schlitze im einfachwirkenden Zylinder steuern zu können; jede andere Kolbenanordnung würde die reine Schlitzsteuerung unmöglich oder umständlich machen. Durch diese Anordnung sind erhebliche Vorteile erzielt, nämlich:

gute schichtenweise Spülung und Verdrängung. Damit hängt der thermische Vorteil zusammen: je gründlicher ausgefegt wird, je weniger Abgase zurückbleiben, desto besser die Füllung, Zündung und Verbrennung. Die Kanalkränze mit Schlitzsteuerung, konzentrisch am ganzen Umfange angeordnet, können diesem Zweck vorzüglich dienen; die Ein- und Ausströmung wird gleichartig am ganzen Umfange, die Verdrängung vollkommener erfolgen können als bei einseitiger Einführung

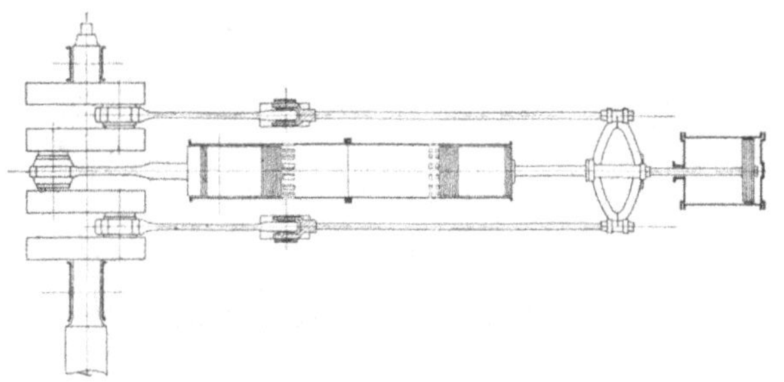

Abb. 40: Zweitaktmaschine von **Oechelhaeuser**.

der Spülluft und des Gemenges durch Ventile. Außerdem bietet der Arbeitszylinder in seiner einfachen Grundform ohne andere Durchbrechungen als durch die Kanalkränze den thermisch günstigsten Verbrennungsraum.

Mit den gegenläufigen Kolben werden diese Vorteile erkauft, und damit wird das Triebwerk erheblich umständlicher, jedoch kann die Kraft- und Massenausgleichung im gegenläufigen Triebwerke vollkommen erfolgen. Andere Vorteile mechanischer oder thermischer Art können gegenläufige Kolben nicht bieten. Die oft gehörte Behauptung, daß durch solche Kolben mit einfacher Kolbengeschwindigkeit die Wirkung der doppelten Kolbengeschwindigkeit erreicht werden könnte, ist offenbar unrichtig, denn für die Zustandsänderung im Arbeitszylinder und für die thermischen Vorgänge ist nicht die Kolbengeschwindigkeit als solche maßgebend, sondern die Volumenänderung und die Oberflächenwirkung. Die Oberflächen- und die Wärmeverluste wachsen aber mit dem verdoppelten Volumen, und nirgends ergibt sich ein entscheidender thermischer Vorteil zugunsten dieser zweiseitigen Volumenvergrößerung.

Wenn die Steuerung durch Kanalkränze derart erfolgt, daß der Auspuff am einen Ende des Arbeitszylinders, die Ladung am entgegengesetzten Ende gesteuert wird, dann kann Abb. 41 als Schema der Volumenverschiebungen dienen. Wie die Schichtenbildung tatsächlich verläuft und wie viel Spülluft nach der Einführung von Gemenge wirklich nachströmt, hängt von den Einzelheiten, auch den Druckunterschieden während des Ladens ab.

Zweitaktmaschinen mit reiner Schlitzsteuerung wurden von Oechelhaeuser, anfänglich gemeinsam mit Junkers, erfolgreich ausgebildet. Ursprünglich waren

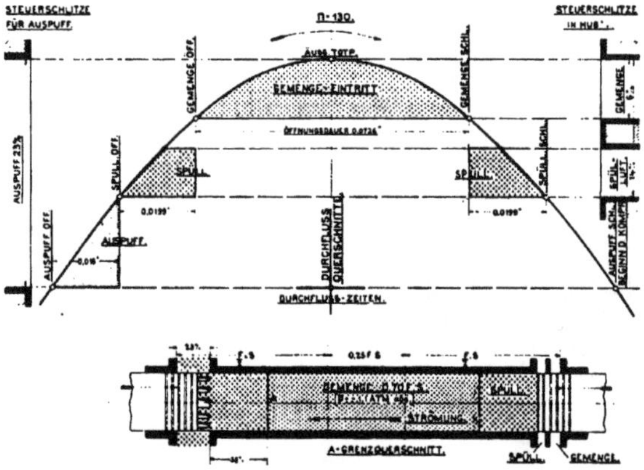

Abb. 41: Zeit- und Kolbendiagramm für Schlitzsteuerung. Schema der schichtenweisen Verdrängung im Zweitakt-Verfahren.

nur Schlitze für Auspuff und für Luftspülung angebracht, und nach Durchspülen des Zylinders wurden die Schlitze geschlossen und Gas während des Verdichtungshubes durch ein besonderes Ventil eingepreßt. Maschinen dieser Bauart wurden in den Werkstätten der Berlin-Anhaltischen M.-A.-G. in Dessau und beim Hörder Hüttenverein erprobt.

Später wurden diese Maschinen so gebaut, daß neben den Luftschlitzen eine zweite Reihe von Schlitzen für Gas oder Gemenge am Zylinderende vorhanden sind, durch welche nach erfolgter Spülung das Gemenge eintreten kann, sodaß das erwähnte besondere Einlaßventil entfällt. Auch in dieser Bauart wurden die ersten Maschinen für Hörde ausgeführt. Sie arbeiteten anfänglich in der Weise, das in den Zylinder nicht reines Gas, sondern Gemenge eingepumpt wurde; dies wurde wegen der Gefährlichkeit von Rückzündungen wieder aufgegeben. Die Ladepumpen wurden deshalb so umgebaut, daß sie nicht Gemenge, sondern auf der einen Seite

Luft, auf der andern Gas förderten. Andere Einzelheiten bezogen sich auf die Regulierung der Maschinen.

Zugunsten der Kanalkränze wird oft geltend gemacht, sie seien die einfachste Steuerung, und schon dadurch sei die „ventillose" Zweitaktmaschine der Viertaktmaschine, die auf jeder Zylinderseite zweier Ventile bedarf, überlegen.

Die Bezeichnung der Zweitaktmaschine als „ventillos" ist völlig nebensächlich, denn die beiden Arbeitskolben steuern, und die Kanalkränze sind die großen Steuerungsspiegel hierzu. Die Eigenart solcher Steuerung ist, daß die zu steuernden Schlitze (Kanalkränze) unveränderlich sind, ebenso der Steuerkolben (Arbeitskolben), daher fehlt die unmittelbare Regulierbarkeit, und es werden besondere Vorrichtungen notwendig. Außerdem gehört zur Steuerung der Gasmaschine die außerhalb des Arbeitszylinders liegende Steuerung der Spül- und Ladepumpen. Die notwendige veränderliche Steuerung ist somit auf besondere Reguliervorrichtungen und auf andere Konstruktionsteile in den Pumpen (Ventile) abgeschoben, während bei Viertaktmaschinen durch die Ein- und Auslaßventile alle Aufgaben der Steuerung und der Regulierung unmittelbar erreicht werden. Die Steuerung solcher Zweitaktmaschinen erfordert sonach:

3 Schieberspiegel, das sind die Kanalkränze für Auspuff, Luft und Gas, die sich auf den ganzen Umfang des Zylinders erstrecken,

2 Steuerungskolben, zugleich Arbeitskolben, von denen der eine den Auspuff, der zweite die Luft- und Gaseinströmung steuert, ferner

die zahlreichen Saug- und Druckventile der Luft- und Gaspumpe;

und dazu kommen noch, um die Regulierungsaufgaben lösen zu können: ein Regulierungsschieber über jedem Einströmungskranz und ein gesteuertes Ventil vor der Einströmung. Das sind trotz der äußerlichen Einfachheit im ganzen mehr Steuerungsteile, als eine gleichwertige doppeltwirkende Viertaktmaschine erfordert, sodaß aus der Vergleichung der konstruktiven Mittel zur Steuerung keine erhebliche Überlegenheit der einen oder andern Maschinenart nachgewiesen werden kann.

Maschinentechnisch ist auch die mögliche Ersparnis nicht groß. Die Kanalkränze und ihre Steuerung samt den erwähnten weiteren notwendigen Steuerungsteilen sind weder einfacher noch billiger als die Viertaktsteuerungen; außerdem sind für den Antrieb der Zündvorrichtungen, für die Schmierpumpen usw. bei allen großen Zweitaktmaschinen doch lange Antriebswellen notwendig. Vorteile können sich nur auf die einfache Zylinderform, den günstigen Verbrennungsraum und auf thermische Nebenwirkungen, insbesondere auf die Möglichkeit einer vollständigen Reinigung des

Arbeitszylinders von den verbrannten Gasen durch das Spülen beziehen. Diese Vorteile gelten aber nicht für alle Zweitaktmaschinen überhaupt.

Durch Kanalkränze ist wegen der Verschiebung der verbrannten Gase durch den auf der entgegengesetzten Seite einströmenden Luft- und Gasstrom die gute Erhaltung der Schichtung erreichbar und eine vollständige Spülung möglich, sodaß keine Abgase im Zylinder zurückbleiben. Dies ist unzweifelhaft ein maschinentechnischer und zugleich thermischer Vorzug, der jedoch nur dieser Ge-

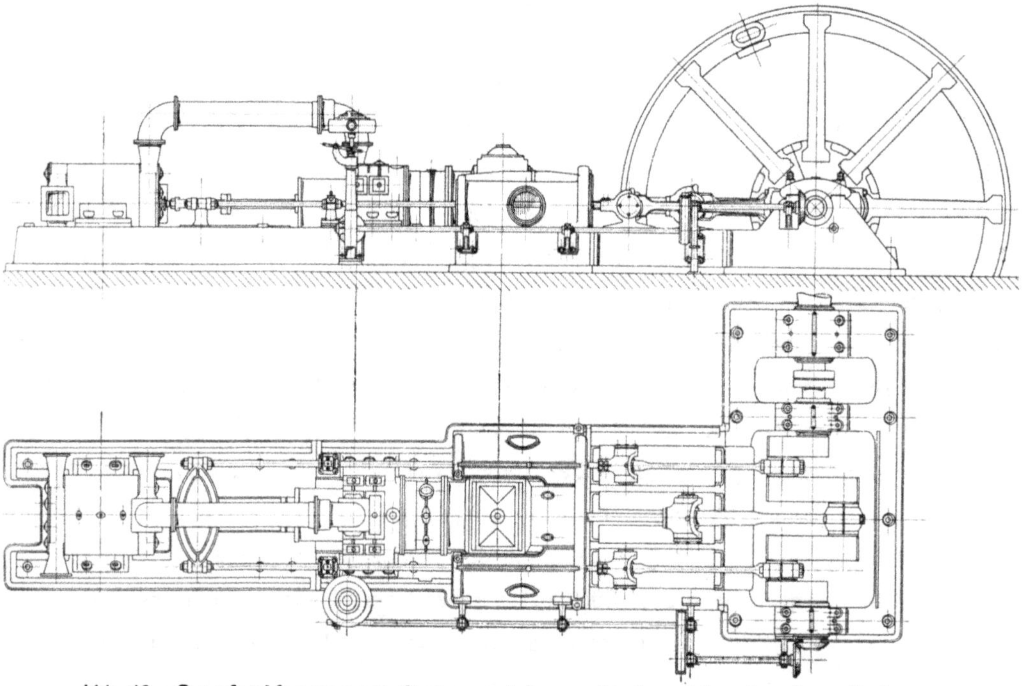

Abb. 42. **Oechelhaeuser**-Gasmaschine mit durchlaufendem Rahmen.

staltung der Zweitaktmaschine eigen ist. Um Gasverluste zu vermeiden, kann Vollfüllung des Zylinders mit Gemenge nicht erreicht werden. Alle Zweitaktmaschinen arbeiteten anfänglich mit nur 50—60 % Gemengefüllung, die später durch Verbesserung der Spülung und Ladung auf größere Füllung ohne Gasverlust erhöht wurde. Die Füllung der Oechelhaeuser-Maschinen wird in den Geschäftsanzeigen mit 70 % angegeben. Hohe Füllung ist nur bei richtiger Berücksichtigung und genauer Kenntnis der dynamischen Vorgänge erreichbar.

Frühzündungen können bei keiner Art von Zweitaktmaschinen vermieden werden. Die Ursache von Frühzündungen sind heiße Maschinenteile, glühende Verbrennungsrückstände; diese können beim Zweitakt ebenso wie beim Viertakt vorkommen und werden dann insbesondere während der Kompression des Gemenges wirken, welche bei allen Gasmaschinen gleichartig im Arbeitszylinder selbst erfolgt. Andererseits folgt beim Zweitaktverfahren jedem Arbeitshub sofort der Verdichtungshub, während beim Viertakt der kühlende Saughub dazwischen liegt, ein Vorteil, der allerdings durch die Verringerung der volumetrischen Ansaugeleistung erkauft werden muß.

Die Gegenläufigkeit der Kolben ist in gewissem Sinne ideal, weil sie den stets zu beachtenden, aber selten durchgeführten maschinentechnischen Grundsatz verwirklicht, alle Kräfte auf dem kürzesten Wege unmittelbar aufzunehmen, bezw. unmittelbar durch Gegenkräfte aufzuheben, diese nicht auf Umwegen und nicht durch passive Maschinenteile, Fundamente usw. wandern zu lassen, sondern in der

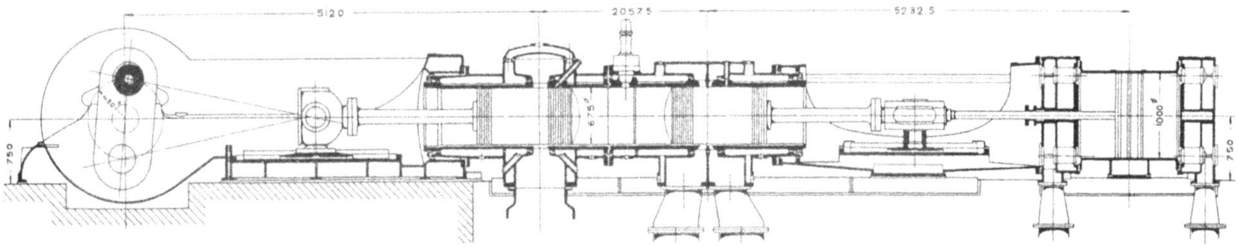

Abb. 43. **Oechelhaeuser**-Gasmaschine von **A. Borsig** in Berlin.
Längsschnitt.

Maschine selbst zu schließen. Dieser Vorteil ist aber bei den bisherigen Ausführungen dieser Maschinen nicht genügend ausgenutzt; denn Zylinder und Kurbelwelle sind trotz der inneren Kräfte- und Massenausgleichung auf schweren durchlaufenden Rahmen gelagert (Abb. 42). Erst in neuerer Zeit wurden solche Maschinen von Borsig mit zentrischer Lagerung der Zylinder nach dem Vorbilde moderner Dampfmaschinen durchgeführt.

Die Regulierung wurde bei diesen Maschinen ursprünglich durch Drosselung des Gemenges bewirkt.

Borsig hat das Drosselventil durch ein vom Regulator betätigtes Ventil unterhalb des Arbeitszylinders ersetzt (Abb. 44), durch welches die überschüssige Luft abgelassen wird. Über die Schlitze sind von Hand verstellbare Ringschieber gelegt, mit denen die Größe der Einströmungsquerschnitte verändert werden kann (Abb. 44 und 46).

Auch dieses Regulier-Ventil zählt mit zu den notwendigen Steuerungsventilen, liegt aber außerhalb des Verbrennungsraumes und des Einflusses hoher Temperatur.

Nach der unteren Regulierungsgrenze, gegen den Leerlauf der Maschine, wird die dem Zylinder zugeführte Gasmenge so gering, daß sie, am ganzen Umfang des Kanalkranzes eingeführt, mit der großen Menge Luft kein zündfähiges Gemenge mehr bilden würde. Diesem Übelstande abzuhelfen, wird der erwähnte Ringschieber derart bewegt, daß er bei abnehmender Belastung von der den Zündstellen gegenüberliegenden Seite aus die Kanäle allmählich schließt, bis beim Leerlauf nur noch wenige, der geringen Gasmenge entsprechende Öffnungen an der Zündstelle offen sind; somit wird sich an der

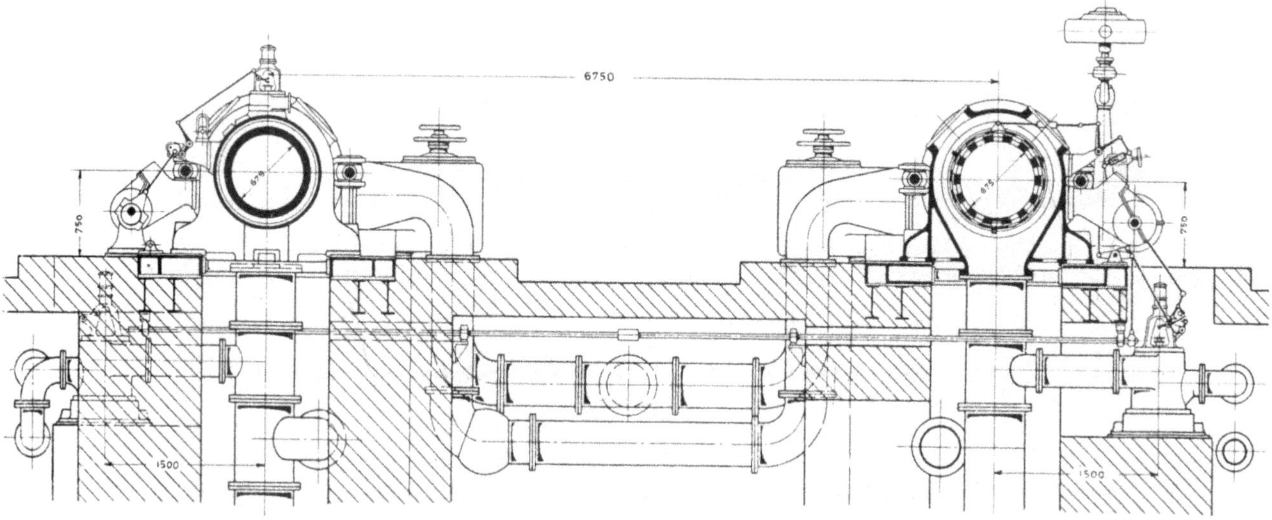

Abb. 44. Einlaß-Regulierung der **Oechelhaeuser**-Gasmaschine von **A. Borsig** in Berlin.

Zündstelle stets brennbares Gemenge befinden. In dieser Weise werden die erwähnten Regulierungsaufgaben gelöst und die Unbequemlichkeiten, die die reine Schlitzsteuerung mit sich bringt, beseitigt.

Abb. 43—48 zeigen die in solchem Sinne erfolgte maschinentechnische Ausbildung der Oechelhaeuser-Maschine durch die Maschinen-Fabrik A. Borsig in Berlin. Abb. 43 stellt den Längsschnitt des Maschinenbettes mit Geradführung und zentrisch befestigtem Arbeitszylinder dar, wobei alle Teile in der Richtung der Kraftwirkung nur durch Flanschenverschraubungen verbunden sind. Auch die über Flur gut zugänglich angebrachte Ladepumpe ist durch ein Laternenstück unmittelbar mit dem Arbeitszylinder zentrisch verbunden.

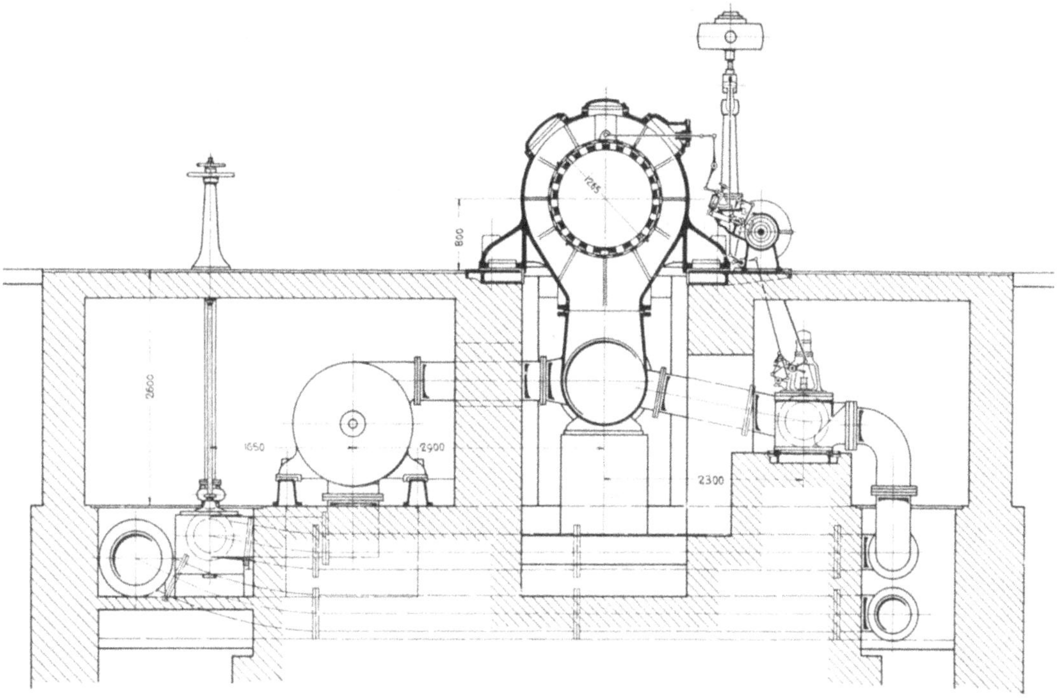

Abb. 45. Einlaß-Regulierung und Schlitz-Regulierung von **A. Borsig** in Berlin.

Abb. 46 veranschaulicht in größerem Maßstabe die Zylinderverbindungen und die Anordnung der Schlitze, die Anschlüsse an die Gas- und Luftleitung und den Auspuff. Die Zylinder sind, wie bei modernen Dampfmaschinen, auf Fundamentplatten verschiebbar

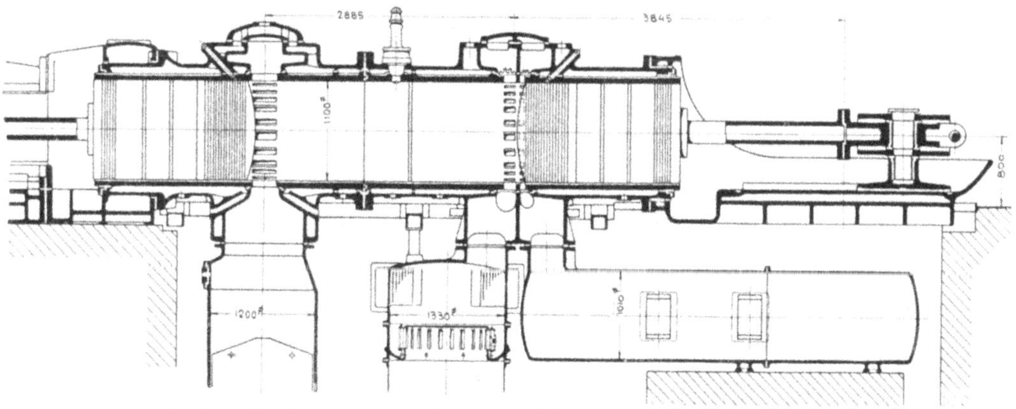

Abb. 46. **Oechelhaeuser**-Gasmaschine von **A. Borsig** in Berlin. Längsschnitt durch den Arbeitszylinder.

gestützt (Abb. 47: Querschnitt). Hierdurch sind die bisherigen unzweckmäßigen, schweren Fundamentrahmen beseitigt und durch eine einfachere Bauart ersetzt, die zugleich genaue Ausführung und Aufstellung ermöglicht und die Formveränderungen, Verschiebungen usw. richtig zuläßt.

Diese Abbildungen zeigen auch mehrere Verbesserungen der Einzelheiten und der Formgebung, der Kühlung der Zylinder, der offenen gekühlten Kolben, die Verbindung

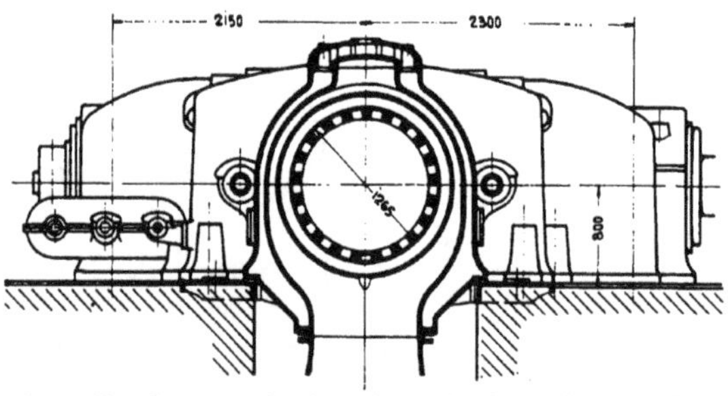

Abb. 47. Querschnitt durch den Auspuff.

mit dem Kreuzkopf unter Einschaltung eines Zwischenstückes (Abb. 48), wodurch es ermöglicht wird, beide Kolben ohne Auseinanderbau von Triebswerkteilen aus dem Zylinder herauszuziehen. Das rückwärtige Querhaupt, welches durch Umführungsstangen mit den Außenkreuzköpfen verbunden werden muß, ist mit einem Ausgleichungsgelenk

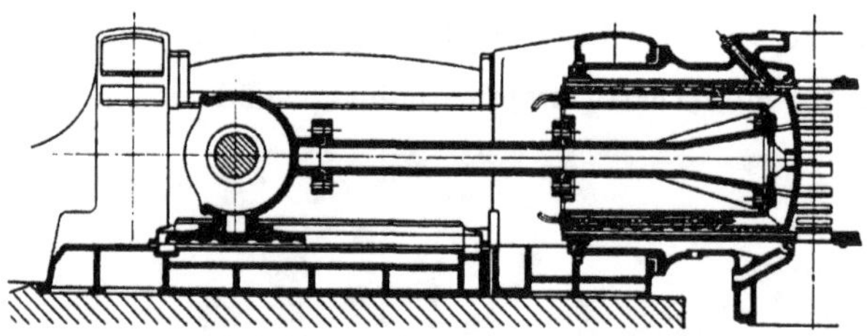

Abb. 48. **Oechelhaeuser**-Gasmaschine von **A. Borsig** in Berlin
Vorderer Arbeitskolben.

versehen (Abb. 46), um die richtige Einstellung des geteilten Triebwerks bei ungleicher Länge der äußeren Stangen zu ermöglichen und die Gefahren bezw. die Umständlichkeit einer genauen starren Einstellung dieser empfindlichen Triebwerksteile zu vermeiden.

Der erhebliche Vorteil der ausgeglichenen Gestängekräfte muß durch den Nachteil erkauft werden, daß die gegenläufigen Kolben zwei Triebwerke erfordern und eines von beiden noch geteilt werden muß. Es sind daher drei Triebwerke auszuführen (Abb. 42), während der Viertakt nur eines benötigt. Die Kurbelwelle wird sehr teuer und erfordert eine umständliche Lagerung, insbesondere bei Zwillingsanordnung (Abb. 49) mit 6 Triebwerken. Der praktische Betrieb wird immer ein Triebwerk statt dreier vorziehen, von denen zudem das mittlere sehr schlecht zugänglich ist.

Die Vorteile der Kraft- und Massenausgleichung ließen sich noch mehr bei Reihenanordnung der Zylinder verwerten, und durch doppeltwirkende Maschinen könnte das kostspielige Triebwerk besser ausgenutzt werden, als es beim einfachwirkenden Zweitakt möglich ist. Dann aber würde durch die hintereinander

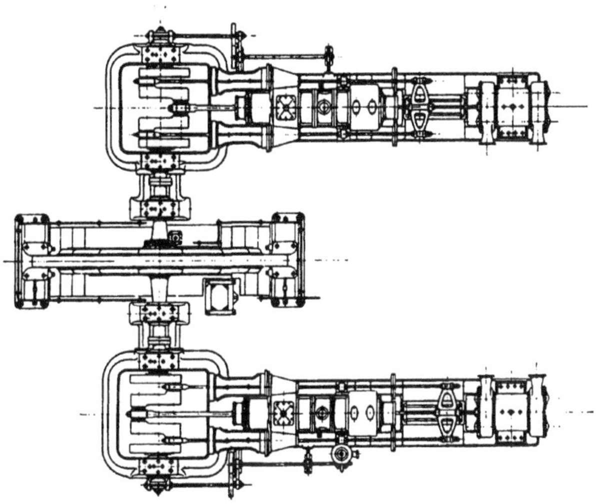

Abb. 49. **Oechelhaeuser**-Gasmaschine in Zwillingsordnung.

liegenden zwei Doppelzylinder die ohnedies schon große Baulänge übergroß und die Umführungsstangen für 4 gegenläufige Kolben so umständlich, daß schwere Bedenken zu erheben wären und der Kostenersparnis im Maschinentriebwerk in anderer Richtung Nachteile gegenüberträten.

Die gegenläufigen Kolben und die dazu gehörigen umständlichen Triebwerke haben zur Folge, daß solche Maschinen in ihrer bisherigen Ausführung mehr Raum einnehmen als doppeltwirkende Tandem-Viertaktmaschinen mit ihren zwei getrennten Zylindern, und zwar wird sowohl die Breite größer als auch die Baulänge, außer es wird auf Kosten der Zugänglichkeit an Baulänge gespart, insbesondere durch unzugängliche Anordnung der Füllpumpen unter Flur usw. Die Tandem-Viertaktmaschine, die zunächst bei Vergleichen in Betracht zu ziehen ist, hat dabei hinsichtlich der Gesamtlänge die ungünstigste Bauart.

Es ist daher das Bestreben begreiflich, die Oechelhaeuser-Maschine zur doppeltwirkenden, zur Eintaktmaschine auszubilden, die aber nur dann eine Verbesserung sein wird, wenn durch die Doppelwirkung von den erwähnten unzweifelhaften Vorteilen des einfachen Arbeitszylinders, insbesondere des einfachen, thermisch günstigen Verbrennungsraumes, nicht zuviel verloren geht. Die Doppelwirkung kann z. B. erzielt werden, wenn zwischen die gegenläufigen Kolben ein entgegengesetzt laufender Innenkolben eingeschaltet wird, der nach der einen Bewegungsseite das Gemenge verdichtet, nach der andern das Expansionsvolumen vergrößert. Solche Anordnung erscheint sehr einfach, um die Zweitaktwirkung zu verdoppeln, aber die Nachteile sind augenscheinlich: der Innenkolben ist zwischen die beiden gegenläufigen eingeschlossen, daher sehr schlecht zugänglich, und sein Antrieb schafft eine weitere Komplikation des ohnedies schon verwickelten Triebwerks. Die Antriebsstange für den Innenkolben muß den vorderen Arbeitskolben durchdringen; das ergibt unvermeidlich eine bewegliche Stopfbüchse, deren Dichtung unter dem Einfluß der verdoppelten Kolbengeschwindigkeit instandzuhalten ist. Das sind interessante maschinentechnische Gestaltungen, die aber der praktische Betriebsleiter unannehmbar finden wird. Außerdem wird durch Hinzufügung des inneren Kolbens die erreichbare vollkommene Ausgleichung der Kräfte und Massen gestört und der Druckwechsel im Gestänge ungünstig beeinflußt, während er bei der ursprünglichen Anordnung der gegenläufigen Kolben sehr günstig verläuft, solche Maschinen daher sehr ruhig laufen. —

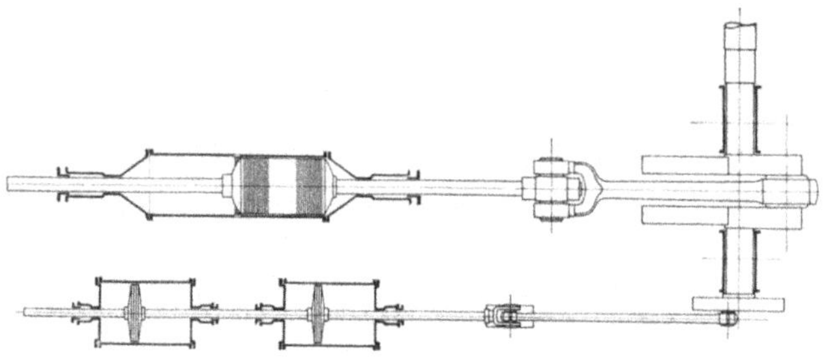

Abb. 50. Doppeltwirkende Zweitaktmaschine — **Körting**.

Eine andere bauliche Gestaltung der Zweitaktmaschinen zeigt die Abb. 50 (**Körting**). Der Ausgangspunkt ist wieder zunächst rein maschinentechnischer Art.

Die maßgebende Absicht ist, eine doppeltwirkende Zweitaktmaschine zu bauen. Wenn nun, wie früher gezeigt, von der Notwendigkeit ausgegangen wird, statt der unzweckmäßigen Auslaßventile für die Steuerung des Auspuffs Kanalkränze anzuwenden, so zwingt dies notwendig zur Anordnung eines langen Zylinders, der in seiner Mitte die Auspuffschlitze enthält, die dann durch einen langen, an beiden Enden steuernden Kolben gesteuert werden müssen. Damit ist aber alles für den Bau des Arbeitszylinders Wesentliche festgelegt. Die Absicht, einen doppeltwirkenden Zylinder mit Auspuffschlitzsteuerung zu schaffen, läßt sich durch andere Anordnung nicht gut verwirklichen. Alles Weitere betrifft dann die Spül- und Ladepumpen.

Aus den Konstruktionsabsichten ergeben sich somit als wesentliche Merkmale und zugleich Nachteile dieser Maschine: der lange Kolben im langen Zylinder — die Kolbenlänge muß fast so groß als die Hublänge werden — und die Notwendigkeit, den

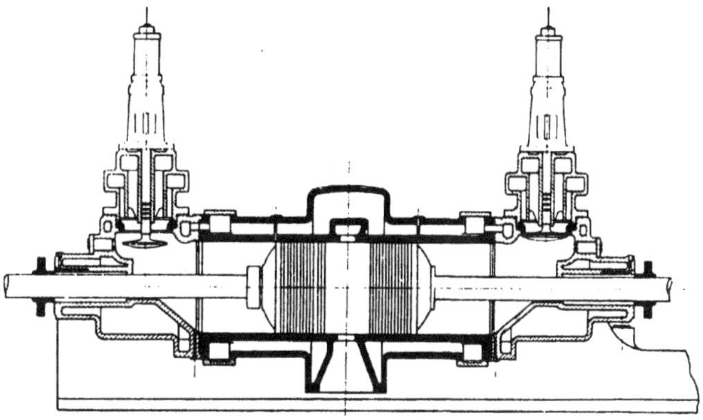

Abb. 51. Einlaß-Steuerung für den doppeltwirkenden Zweitaktzylinder — **Körting**.

Einlaß mit Ventil zu steuern. Auch dies ist keine freie Wahl mehr, denn wenn der Arbeitskolben auf beiden Seiten den Auslaß steuern muß, so ist Schlitzsteuerung für den Einlaß im Zusammenhange mit demselben Kolben nicht mehr möglich. Für die Einlaßsteuerung müssen Ventile ausgeführt werden.

Wie schon früher begründet, ist die Zeit für das Spülen und Laden bei der Zweitaktmaschine gering; nicht so gering wie beim Auslaß, aber die richtige Ausbildung einer Einlaß-Ventil-Steuerung ist doch sehr erschwert. Die Ventile müssen im Vergleich zu Viertaktventilen sehr große Querschnitte und große Hübe erhalten. Die Steuerung muß das Ventil und seine Masse in sehr kurzer Zeit heben und schließen, sonst wird Spülen und Laden in der gegebenen kurzen Zeit unmöglich oder zu sehr beeinträchtigt. Verringerung der Ventilquerschnitte zugunsten der Einfachheit ergibt große Widerstände und Verluste, und der Ladevorgang würde, abgesehen von der Pumpe, schon durch die Widerstände in der Einlaßsteuerung unzulässig verschlechtert. Dazu kommt als wesentlich erschwerend, daß die Steuerungswelle sich mit gleicher Umdrehungszahl wie die Zweitaktmaschine selbst bewegen muß, also alle Steuerungsteile doppelt so rasch laufen müssen als bei Viertaktmaschinen.

Weiter ist eine notwendige Folge der ursprünglichen Konstruktionsgedanken, daß das Einlaßventil nicht konzentrisch zur Zylinderachse angebracht werden kann, sondern seitlich oder oben im Zylinder, also einseitig angeordnet werden muß. Der doppeltwirkende Kolben und seine Kolbenstange würden keine andere Anordnung zulassen. Somit geht notwendig durch die ursprüngliche Konstruktionsabsicht die konzentrische schichtenweise Verdrängung beim Spülen und Laden verloren. Die Verdrängung erfolgt durch den einseitig von oben in den Arbeitszylinder einströmenden Luft- und Gasstrom, der durch besondere Eintrittskrümmer erst eine passende Führung erfahren muß; die Strömung erfolgt daher nicht so regelmäßig geschichtet als bei Verwendung von reinen Schlitzsteuerungen für Ein- und Auslaß in konzentrischer Anordnung (Oechelhaeuser). Die Form dieser Eintrittskrümmer, die Vorkehrungen, um den Luft- und Gasstrom nach der Durchströmung durch das Einlaßventil im Zylinder richtig zu leiten, können nur durch langwieriges Probieren wirksam ausgebildet werden; sie taugen auch nur für die Geschwindigkeiten und Betriebsverhältnisse, für die sie erprobt wurden, für andere können sie versagen. Die Erhaltung der Schichtung, das richtige schichtenweise Verdrängen, soweit es die Vorgänge im Zylinder selbst betrifft, wird nunmehr viel schwieriger. Änderungen in der Umdrehungszahl und in der Spannung haben Einfluß auf die Schichtung und Verdrängung, somit auf den Ladevorgang. Bei mangelhafter Spülung und Ladung wird aber ein Hauptvorteil preisgegeben: die vollständige Reinigung des Arbeitszylinders von Abgasen.

Es ist nicht mehr möglich, die Umdrehungszahl bei entsprechender konstruktiver Ausbildung der Steuerung nach Bedarf zu erhöhen. Jede Erhöhung bringt einen ganz andern Verdrängungsvorgang durch den seitlich einströmenden Spül- und Ladestrom mit sich. Umdrehungszahlen über 100 minutlich, bei großen Leistungen schon über 80 hinaus, die praktisch bei allen möglichen Betrieben verlangt werden müssen, schaffen sehr große und schließlich unüberwindliche Schwierigkeiten.

Wenn aber wegen der Schwierigkeiten der Einlaßsteuerung und der Volumenverdrängung die Umlaufzahl beschränkt werden muß, dann werden die Maschinen, im Vergleich zu anderen Maschinen, welche in der Geschwindigkeitssteigerung in weiten

Grenzen unbehindert sind, teurer; insbesondere erhöhen sich auch die Kosten der langsamer laufenden Arbeitsmaschinen, was z. B. bei den Dynamomaschinen umso unvorteilhafter ist, als für sie hohe Umlaufgeschwindigkeiten naturgemäß sind. Die Mehrkosten des elektrischen Teils infolge verminderter Geschwindigkeit müssen selbstverständlich zum Preise der Gasmaschine geschlagen werden.

Solche Konstruktionen von großen Zweitaktmaschinen werden künftig mit geringeren Geschwindigkeiten, also mit höheren Anlagekosten als bisher durchgeführt werden müssen, wenn sie allen Betriebsanforderungen in bezug auf ruhigen, zuverlässigen Gang entsprechen sollen. Kleinmaschinenbauer waren in dieser Beziehung weniger vorsichtig, aber der Erfolg war auch danach.

Hieraus ergibt sich, wie die ursprüngliche konstruktive Absicht, der rein maschinentechnische Ausgangspunkt allein schon ausreicht, eigenartige, tief eingreifende bauliche Verhältnisse zu schaffen, und wie die wesentlichsten Eigenschaften der Gasmaschine, ohne daß vorläufig auf die Spül- und Ladepumpen eingegangen wird, durch die bauliche Gestaltung der Hauptteile im Arbeitszylinder schon festgelegt sind.

Mit den eigenartigen konstruktiven Gestaltungen müssen aber zugleich auch die Betriebsrücksichten beachtet werden.

Die Kolben erhalten eine Länge, die fast gleich dem Maschinenhube ist, bei Großmaschinen bis 1,5 m. Ihr großes Gewicht wird noch vermehrt durch das Gewicht des Kühlwassers, welches das Kolbeninnere füllt. Die sich daraus ergebende große Masse des Triebwerks bei jedem Hubwechsel stoßfrei zu beherrschen, ist durchaus möglich, aber ein so großes Kolbengewicht kann unmöglich auf eine freitragende Kolbenstange gestützt werden. Es muß eine für Gasmaschinen maßgebende Konstruktions- und Betriebsbedingung verletzt werden: der Kolben kann nicht auf die freitragende Stange reibungsfrei gestützt werden, und die Gleitflächen des Arbeitzylinders erfahren außer der Belastung durch die Dichtungsringe noch die Belastung durch den schweren Kolben.

Die erwähnten Eigentümlichkeiten, Vor- und Nachteile ergeben sich durchgängig aus der grundlegenden Konstruktionsabsicht, eine doppeltwirkende Zweitaktmaschine, also Eintaktwirkung in einem einzigen Zylinder zu schaffen. Diese Absicht zwingt zur zweiseitigen Schlitzsteuerung und zum langen Arbeits- und Steuerungskolben, und sie schafft die Schwierigkeit, die Einlaßsteuerung maschinentechnisch für höhere Umlaufzahlen zu beherrschen.

Die Absicht, eine doppeltwirkende Gasmaschine auf dem erwähnten Wege zu schaffen, verspricht nur scheinbar bauliche Vorteile. Die Konstruktionsidee, Schlitze in der Mitte durch den langen Kolben zweiseitig zu steuern, ist äußerst einfach und gegen andere, umständliche Anordnungen ein scheinbarer Fortschritt. Durch diese

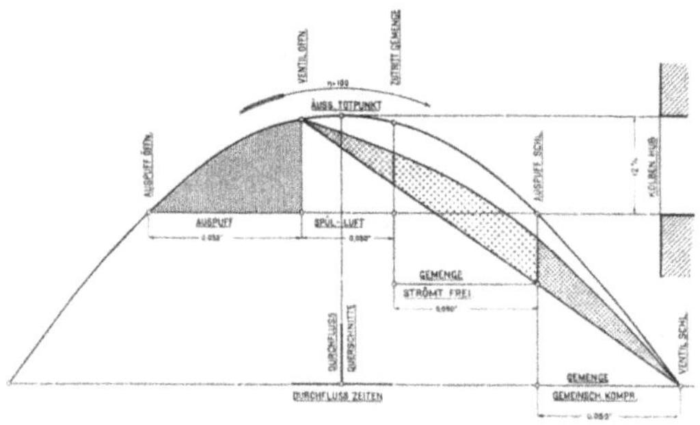

Abb. 52. Zeitdiagramm für den Ladevorgang — **Körting.**

grundlegende bauliche Absicht entstehen jedoch Unzuträglichkeiten, sodaß dieser Konstruktionsweg sich als eine Vereinfachung, aber zugleich als Verschlechterung der Maschinen mit gegenläufigen Kolben kennzeichnet. Der Lade- und Reguliervorgang kann hieran nicht im Wesentlichen, sondern nur in Einzelheiten etwas ändern.

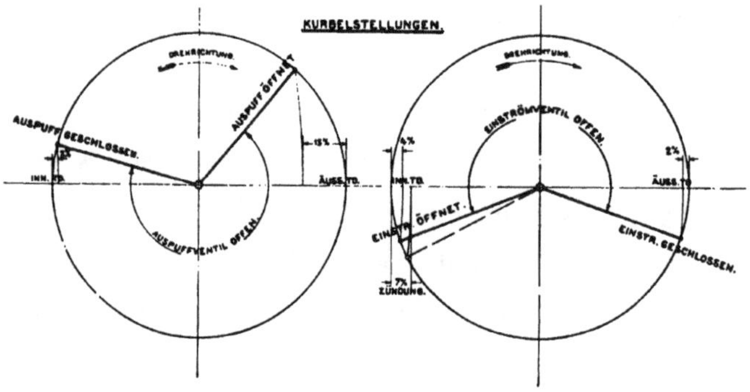

Abb. 53. Kurbelstellungen für **Viertakt**-Steuerung.

Nun ist der zweite Hauptteil der Zweitaktmaschine: die Spül- und Ladevorrichtung zu betrachten.

Das Steuerungs-Schema für zweiseitige Schlitzsteuerung zeigt das Zeitdiagramm Abb. 52, den Zusammenhang mit den Kurbelstellungen und Druckwechseln die Diagramme Abb. 54 und 55. Zum Vergleiche ist der geometrische Zusammenhang für die Kurbelstellungen der Viertaktsteuerung in der Abb. 53 angegeben.

Der Auspuffschlitz schließt und öffnet, soweit nicht die endliche Länge der Schubstange Veränderung bringt, an derselben Stelle. Nach Eröffnung der Ausströmung muß der Enddruck durch freien Auspuff vermindert werden. Dann muß das Einlaßventil nahe dem Hubwechsel geöffnet werden, braucht aber nicht gleichzeitig mit dem Auspuff zu schließen, sondern die Gemengeladung kann nach erfolgter Absperrung der Ausströmung fortgesetzt werden. Spülung und Ladung haben aufgehört, und während der Gemengenachströmung wird das Gemenge im Zylinder und in der Zuleitung durch den rücklaufenden Kolben verdichtet, wobei die Kompression bis in die Pumpe

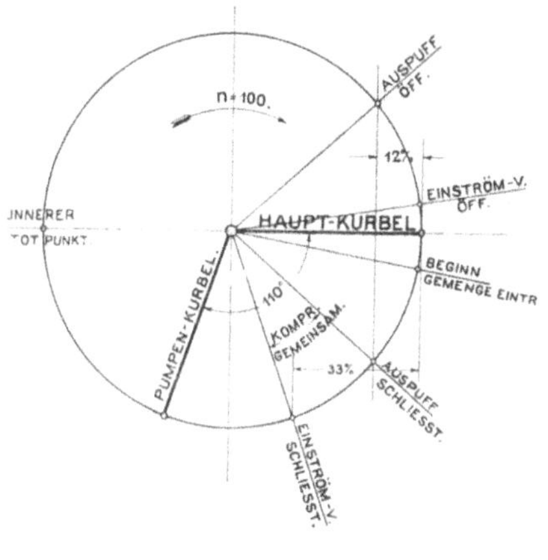

Abb. 54. Kurbelstellungen für den Ladevorgang — **Körting.**

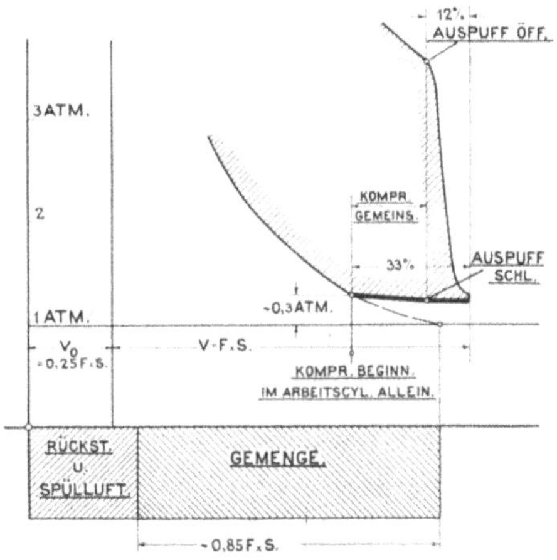

Abb. 55. Druckdiagramm für den Ladevorgang — **Körting.**

hinein wirkt und bis zur Absperrung des Einlaßventils dauert. Hierdurch wird die Zeit für die Einlaßsteuerung, für die Füllung vergrößert und auch die Steuerungszeit für die Ventilbewegung erhöht. Sonst wäre die Füllungszeit so klein, daß für große Maschinen auch für den Einlaß Ventilsteuerung kaum ausführbar wäre.

Abb. 56 zeigt das Schema des Spül-, Lade- und Regulierungsvorgang. Dieser ist in der Literatur so vielfach beschrieben, daß eine ausführliche Erläuterung hier entfallen kann. Wesentlich ist die bauliche Ausbildung und die Wirkung der Pumpen.

Die Kolben der Gas- und der Luftpumpe befinden sich auf gemeinsamer Stange und erhalten gemeinsamen Antrieb von einer Gegenkurbel, um die Länge der Maschine zu vermindern und die Pumpen seitwärts an der Maschine anzubringen. Diese Anordnung und die Verbindung der Luft- und Gaskanäle mit dem Gehäuse des Einlaßventils zeigt die Abb. 57 im Grundriß und Querschnitt.

Der Antrieb durch Gegenkurbel und zugehöriges Gestänge für die Pumpen, die bei größeren Maschinen Hunderte von Pferdekräften verbrauchen, ist offenbar kostspieliger und verlustbringender als der unmittelbare Antrieb in der Maschinenachse

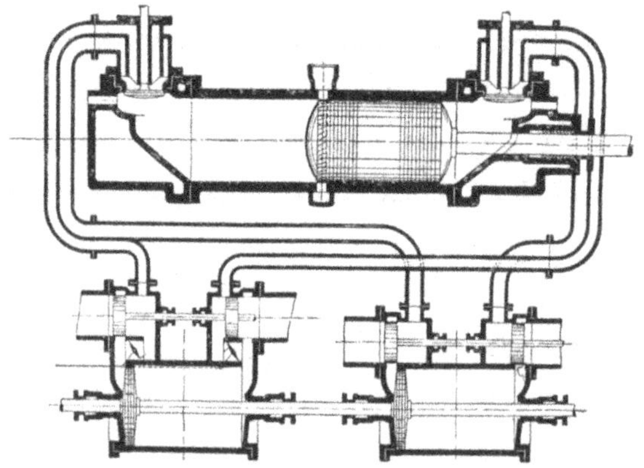

Abb. 56. Schema der Ladevorrichtung — **Körting**.

hinter dem Arbeitszylinder angekuppelter Pumpen, der jedoch größere Baulänge der Maschine erfordert.

Die Steuerung der Pumpen erfolgt durch Kolbenschieber. Dies ist bekanntlich für Pumpen aller Art eine zwar einfache, aber unvollkommnere Steuerung als Ventile,

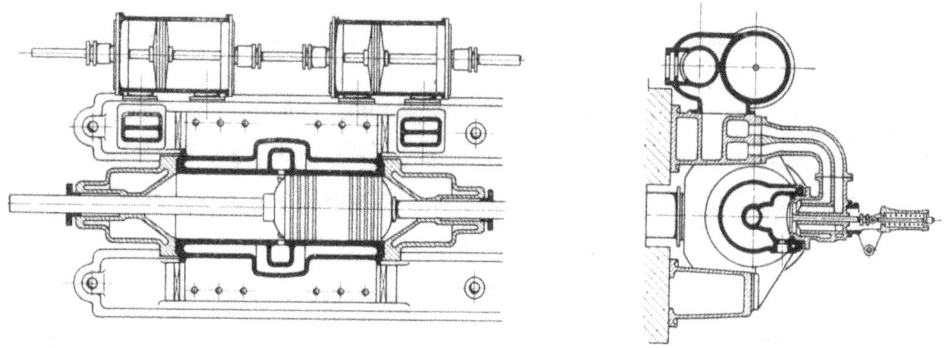

Abb. 57. Verbindung der Ladepumpen mit dem Arbeitszylinder — **Körting**.

die bei Gebläsen und Kompressoren vielfach versucht wurde, aber sich bei hochwertigen Maschinen nicht bewähren konnte. Die Kolben können, um die Einfachheit zu wahren, ohne Dichtungsringe ausgeführt werden. Dann ist aber die Gefahr vorhanden, daß die Undichtigkeitsverluste groß werden oder die Kolben, wenn sie genau eingepaßt werden, sich festfressen können. Anlaß hierzu bieten Temperaturänderungen,

Formänderungen und Verunreinigungen. Die Gaspumpe kann, da sie andre Mengen als die Luftpumpe auf gleiche Spannung verdichten muß, durch einfache Kolben nicht gesteuert werden; sie muß noch besondere selbsttätige Regelung erhalten. Viele dieser Einzelheiten sind bei den meisten Gasmaschinen mit Füllpumpen zugunsten der Einfachheit unvollkommen durchgebildet und verbesserungsbedürftig, wenn der Maßstab hochwertiger Kompressoren angelegt wird.

Wesentlich ist auch die Wirkung, daß die Ladepumpen dem Einlaßventil bei Beginn jedes Hubs nur Luft und dann erst ein gleichbleibendes Gasgemisch zupumpen und daß nur die geförderte Menge des Gases zu regeln ist. Da beide Kolben durch eine gemeinsame Stange angetrieben werden, hängt die Zusammensetzung des Gemisches nur vom Hubvolumen ab. Die zuerst geförderte Luft strömt durch den langen Rohrkanal von der Pumpe zum Einlaßventilgehäuse und verdrängt das dort vorhandene Gas, sodaß bei Beginn des Hubs durch das Einlaßventil nur Luft in den Zylinder einströmen kann. Luft- und Gaswege sind bis unmittelbar am Einlaßventil getrennt. Bei Beginn des Hubs läuft die Gaspumpe mit der Luftpumpe leer mit, bis durch den Regulator beeinflußt die Gasförderung beginnt. Die selbsttätige Regulierung hat nur die Menge des durch die Gaspumpe zu fördernden Gases je nach der Belastung der Maschine zu verändern. Zu diesem Zwecke wurde die Absperrung des Kolbenschiebers, der die Gaspumpe steuert, durch eine Schleifbogensteuerung, ähnlich wie Expansionsschieber von Dampfmaschinen, veränderlich eingestellt, eine Einrichtung, die gegenwärtig nicht mehr ausgeführt wird. Oder es wird in die Gaspumpensteuerung eine Drosselvorrichtung so eingeschaltet, daß während der Zeit, wo die Gaspumpe nicht drücken soll, Gas aus dem Druckkanal in den Saugraum zurückströmt, oder es wird zum Steuerungskolben ein selbsttätiges Druckventil hinzugefügt und die Menge des angesaugten Gases vor dem Gaszylinder reguliert.

Alle diese Einzelheiten sollen im wesentlichen dieselben Schwierigkeiten überwinden, deren man seinerzeit bei Gebläsemaschinen aller Art durch Kolbensteuerungen und ihre Regulierungen Herr zu werden suchte, ohne daß diese Konstruktionen sich gegenüber Gebläsemaschinen mit richtig ausgebildeten sich selbsttätig öffnenden Ventilen zu behaupten vermochten.

Für die Ladepumpen solcher Anordnung, mit langen Rohrkanälen zwischen Pumpe und Einlaßventil, die zusammen ein großes Gasvolumen enthalten, gilt insbesondere daß die selbsttätige Regulierung zu spät kommt, da dieses Gasvolumen sich der Regulierung entzieht, und weiter, daß die Gaspumpen von bestimmter Größe und volumetrischer Förderung nicht entsprechen, wenn sich die Gaszusammensetzung wesentlich ändert, oder wenn die Gasmaschine mit ganz verschiedenwertigen Gasen, z. B. Kraftgas, Leuchtgas, Koksofengas oder Generatorgas betrieben werden soll. Die Abmessungen der Pumpen müßten in solchen Fällen für das schwächste Gas gewählt und bei höherwertigem Gas müßte mit Unterdruck gearbeitet oder das reiche Gas durch indifferente Gase soweit verdünnt werden, daß sein Heizwert dem des schwächsten Gases gleichkommt. Es müßten gegebenenfalls für wesentlich verschiedene Betriebsarten andere Pumpen mit anderer volumetrischer Leistung betrieben werden. Das sind aber bei starker Verschiedenheit der Gasarten unbequeme Wege.

Diesen Nachteilen stehen mehrere Vorteile der Körting-Maschine gegenüber: die einfache Konstruktion überhaupt, die wesentlich geringere Baulänge, der geringe Raum- und Fundamentbedarf gegenüber der Oechelhaeuser-Maschine, das einfache Triebwerk für Eintaktwirkung statt des dreifachen der Halbtaktmaschinen von Oechelhaeuser usw. Diese große Einfachheit sollte sich auch in den Herstellungskosten der Körting-Maschinen ausdrücken, jedoch ist bisher ein wesentlicher Preisunterschied gegenüber den Oechelhaeuser-Maschinen nicht festzustellen. Ein allgemeiner Schluß kann hieraus allerdings nicht gezogen werden, da die Unterlagen der Preisberechnung nicht bekannt sind.

Ein wesentlicher Vorteil ergibt sich durch die Wirkung der Ladepumpen, die bei der Anordnung von Körting stets als zuverlässige Meßvorrichtung für die Spülung und Füllung dienen, während diese Wirkung bei anderen Ladepumpen erst durch besondere Vorrichtungen erzielt werden muß. Körting-Maschinen können daher auch vorzüglich leicht angelassen werden und werden nicht leicht wegen des Ladevorganges versagen. —

Nur diese beiden Gestaltungen der Zweitaktmaschine, die von Oechelhaeuser und von Körting, kommen für den heutigen Großmaschinenbau in Betracht, nur diese sind für große Leistungen ausgeführt worden. Die zahlreichen sonstigen Konstruktionen von Zweitaktmaschinen gehören nicht in den Rahmen dieser Darstellung.

VII. Doppeltwirkende Viertakt-Gasmaschine

der Maschinenbau-Gesellschaft Nürnberg.

Fast alle im Vorangegangenen als wesentlich gekennzeichneten Forderungen hinsichtlich zweckmäßigen Baues und Betriebs der Gasmaschinen werden durch diese neue Konstruktion verwirklicht. Durch sie ist die Viertaktmaschine zum erstenmal vollständig von den überlieferten mangelhaften Einzelheiten der Kleinmaschinen befreit worden.

Die M.-G. Nürnberg hat seinerzeit den Gasmaschinenbau von Krupp-Grusonwerk übernommen und war eine der ersten, die nach den damals herrschenden Anschauungen wirkliche Großmaschinen mit Leistungen von 500—1000 Pferdekräften ausführte. Thermisch haben diese ersten Großmaschinen, als einfachwirkende Einzylinder- oder Tandem-Maschinen mit offenen Kolben und Viertaktwirkung ausgeführt, vollkommen entsprochen, ihr mechanischer Wirkungsgrad war 72%, aber maschinentechnisch hatten sie Mängel, die zum größten Teil mit dem Wesen der Gasmaschinen nichts zu tun hatten, deren Behebung jedoch nachträglich viele Kosten verursachte. Bei der Entwicklung der neuen doppeltwirkenden Maschine ist vom Alten, Überlieferten nichts übrig geblieben.

Die wesentlichen Konstruktionszwecke der neuen Nürnberger Viertakt-Maschine sind:

das Viertaktverfahren in doppeltwirkenden Zylindern durchzuführen (Abb. 58) und damit zunächst gute Triebwerksausnutzung und hohen mechanischen Wirkungsgrad zu erreichen;

Großmaschinen mit zwei doppeltwirkenden Zylindern als Tandem-Maschinen (Abb. 59), für die größten Leistungen als Tandem-Zwillinge zu bauen;

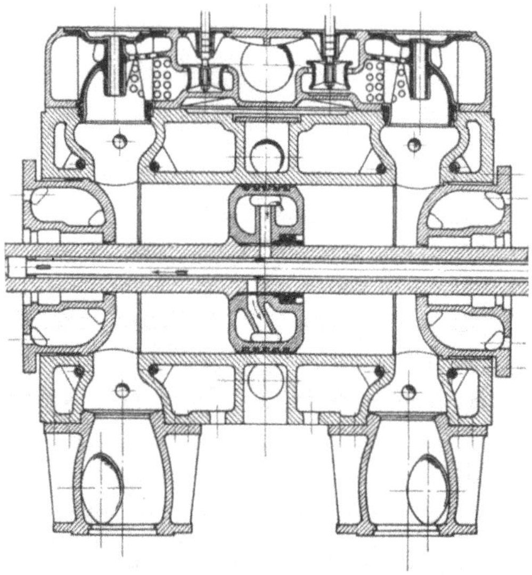

Abb. 58. Doppeltwirkender Viertakt-Zylinder. — M.-G. **Nürnberg.**

die Zylinder ohne Zylinderköpfe und sonstige bedenkliche Maschinenteile auszuführen und nach dem Vorbilde der vollkommenen Dampfmaschinen so anzuordnen, daß alle Teile an den Maschinenrahmen mit der Geradführung nur durch zentrische

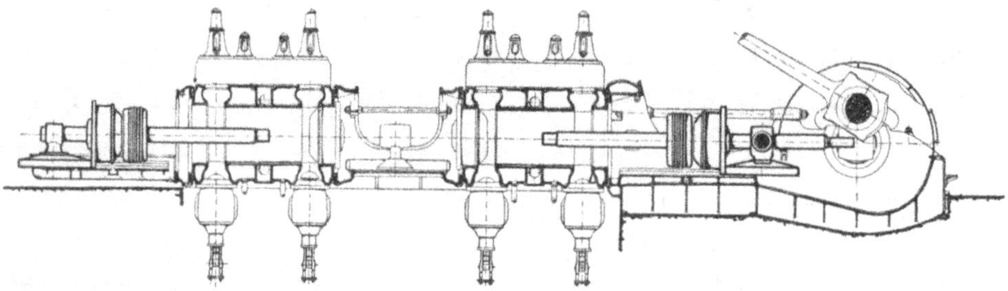

Abb. 59. Doppeltwirkende Tandem-Viertakt-Gasmaschine — M.-G. **Nürnberg.**

Flanschenverbindung angeschlossen werden (Abb. 59), um die genaue und einfache Montierung zu ermöglichen;

die Arbeitskolben als schmale, gut gekühlte Scheibenkolben (Abb. 58) zu bauen und, auf Kolbenstangen gestützt, möglichst reibungslos zu führen;

die Zylinder so zu bauen, daß die Deckel auf allen Zylinderseiten ohne Demontierung anderer Teile weggezogen werden können (Abb. 59), um die Zylinder und Auslaßventile aller vier Zylinderseiten gut zugänglich zu erhalten;

für die Kolben und Kolbenstangen eine zuverlässig wirksame Kühlung durchzuführen und die Kolbenstangen durch Metallpackung vollkommen zu dichten (Abb. 64);

die äußere Steuerung nach den Vorbildern der Dampfmaschinen auszubilden (Abb. 60) und hierbei schwere Massen und unbequeme Steuerungsteile, Belastungsfedern usw. zu vermeiden; endlich

das Triebwerk der Maschine für die tatsächlichen Kraftwirkungen in der zuverlässigsten Weise auszubilden.

Die Erfüllung dieser Bedingungen, obwohl sie zum größten Teil selbstverständlich sind, bedeutet eine vollständige Neugestaltung aller Formen und Konstruktionsteile der bisherigen Gasmaschinen. Vorbilder der Zweitaktmaschinen konnten überhaupt keine Rolle spielen, da diese durch ihre konstruktiven Grundlagen auf völlig andere Maschinenteile und Anordnungen führen.

In dieser neuen maschinentechnischen Verwirklichung der Viertaktmaschine handelt es sich in erster Linie um die richtige Berücksichtigung der Forderungen des Betriebs.

Wie bei der Dampfmaschine die schlauesten Steuerungen zwecklos sind, bevor eine tadellos betriebsbrauchbare Maschine geschaffen ist, wie ein guter, dichter Dampfkolben mehr wert ist als geistreiche Einzelheiten, so müssen bei Gasmaschinen vor allem die maßgebenden Betriebsforderungen erfüllt werden und hat vor ihrer Erfüllung die Ausbildung der Einzelheiten zu anderen Zwecken wenig Wert, zumal die hohen Spannungen die Gefahr von Betriebsstörungen näher rücken als bei Dampfmaschinen.

Die wichtigsten Teile der Nürnberger Maschine sind: die Arbeitszylinder mit den Steuerungsventilen und die Kolben mit den Kolbenstangen, Kühlungen und Dichtungen. Mit deren richtiger baulicher Ausbildung hängen grundsätzlich wichtige bauliche und Betriebsfragen zusammen, die zum Teil erst besonders erörtert werden müssen.

Die M.-G. Nürnberg hat, abweichend von der früher üblichen Bauart, die Arbeitszylinder so ausgebildet (Abb. 58), daß die Verschlußdeckel keinerlei Steuerungsteile enthalten und auf beiden Seiten frei zugänglich und wegschiebbar sind, und daß die Ventilkasten, ähnlich wie bei Dampfmaschinen, oben und unten an die Zylinderenden angeschlossen sind. Zylinder und Außenmantel bilden dabei ein gemeinsames

Gußstück mit großer Weite zwischen den beiden Zylindern. Durch diese Bauart wird im Gegensatz zu anderen erreicht:

Festigkeit und Zuverlässigkeit der Zylinder, ausreichende Unabhängigkeit von Temperaturänderungen und die früher erwähnte freie Zugänglichkeit aller Zylinderseiten. Die Stirnwände, welche den Innenzylinder und Außenmantel verbinden, sind breit, sodaß sie, zugleich als Befestigungsflansch ausgebildet, infolge der Wärmeausdehnung des Innenzylinders nur geringe, zulässige Biegungspannungen erfahren und alle Kraftwirkungen auf Außen- und Innenzylinder übertragen werden. Die Durchdringungsstelle zwischen Zylinder und Ventilkasten ist durch entsprechende Übergangsformen oder durch Querbolzen ausreichend verstärkt.

Diese Bauart wurde, weil sie von der bisherigen ganz abweicht und äußerlich sehr an Dampfzylinder erinnert, anfänglich von allen Spezialisten des „Motorenbaus“ getadelt, ebenso die im Nachfolgenden angegebene Bauart der Kolben und Stangen. Aber gerade diese Zylinderbauart gehört zu den besten Einzelheiten der Nürnberger Gasmaschine und ist wohlüberlegt.

Der weite Hohlraum zwischen Innenzylinder und Außenmantel gestattet einen kräftigen, sicheren Gußkern und spannungsfreien Guß, im Gegensatz zu den üblichen Zylindern mit engen Hohlräumen (vergl. Abb. 35: Deutzer Maschine), bei denen nur schmale Verbindungswände angebracht werden können.

Die unvermeidliche Biegungsbeanspruchung, welche infolge Ausdehnung durch die höhere Temperatur des Innenzylinders auf die Stirnwand übertragen wird, läßt sich vorausberechnen. Soll die Biegungsbeanspruchung klein bleiben, so muß der Hebelarm, an dem die Schubkraft infolge der Wärmeausdehnung wirkt, groß sein. Maschinen mit engen Mantelkernen entsprechen dieser Bedingung nicht, sie gewähren weder sichere Kühlung, noch spannungsfreie Herstellung des Gußstücks.

Der weite Hohlraum zwischen den Zylindern gibt einen weiten Kühlraum, der von außen Kernöffnungen und Verschlußdeckel erhält (Abb. 60), durch welche hindurch der Kühlraum leicht untersucht und wenn notwendig auch gereinigt werden kann.

Die Anordnung von doppeltwirkenden Zylindern hintereinander und ihre zentrische Verbindung, wesentlich nach dem Vorbilde guter Dampfmaschinen, zeigen Abb. 68 u. f. Hierdurch ist auch die freie Längsausdehnung aller Teile in der Maschinenachse gesichert, jedoch ist diese ebenso wie im Gestänge von geringerer Bedeutung als bei Dampfmaschinen, weil die Mitteltemperatur in den gekühlten Zylindern und Kolbenstangen niedriger ist als bei Dampfmaschinen, insbesondere bei Heißdampfbetrieb.

Die Triebwerkskräfte und Gegenkräfte werden durch die unmittelbare zentrische Verbindung aller Teile aufgenommen; die Unterstützung auf dem Fundament hat nur die Nebenkräfte, die Gewichte der Teile aufzunehmen und die geringe achsiale Verschiebung zu sichern. Zu diesem Zwecke erhalten entweder die Zylinder oder die Zwischenstücke und Tragführungen seitliche Füße, welche sich auf Fundamentplatten stützen (Abb. 71).

Die Zugänglichkeit der Zylinder auf allen Stirnseiten zeigt die Abb. 59. Sie sind vom freien hinteren Ende aus und an den inneren Zylinderseiten, ähnlich wie bei Dampfmaschinen, durch die Laterne des Mittelstücks hindurch zugänglich. Alle Demontierungsarbeiten, welche (bei liegender Bauart) nur ein Verschieben der Teile auf den Kolbenstangen erfordern, können sehr rasch und selbst ohne Zuhilfenahme der Hebevorrichtungen ausgeführt werden, weil die Kolbenstangen Stützung und Führung bilden.

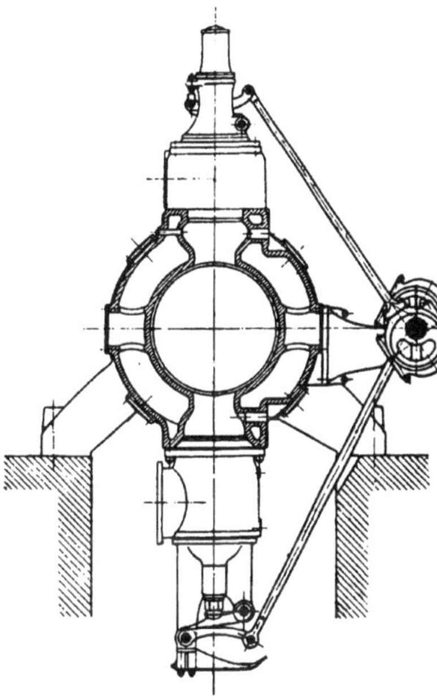

Abb. 60. Zylinder-Querschnitt M.-G. **Nürnberg.**

Um auch das vordere Zylinderende (Kurbelseite) frei zugänglich zu erhalten, ist (Abb. 61) das Mittelstück (aus Nickelstahl) mit den beiden Kreuzkopfzapfen und einem besonderen Führungsschuh so gebaut, daß sich die Kolbenstange auf eingesetzte Stahlringe stützt. Diese Bauart gestattet, die äußere Kolbenstangenschraube zu lösen und den Kreuzkopf samt Gleitschuhen beliebig zu verschieben. Wird die Schubstange gelöst und durch den Kran hochgezogen (Abb. 62), so können alle Teile, Kreuzkopf, Zylinderdeckel, Kolben und Kolbenstange, auch nach der Kurbelseite hin vorgezogen werden. Nach Lösung jedes Zylinderdeckels und Vorziehen des Deckels wird das Zylinderende frei, und es kann auch das Auslaßventil und dessen Sitz besichtigt oder gereinigt werden. Störungen des Auslaßventils treten in der Regel nur durch Verunreinigung des Sitzes oder der Rückenfläche des Ventils auf. Solche Störungen können auch beim vordersten Auslaßventil durch den Zylinder hindurch ohne Demontierung des Auslaßventilgehäuses oder der Steuerung rasch behoben werden. Damit entfallen wesentliche Einwendungen, die gegen Auslaßventile geltend gemacht werden, die aber nur gegenüber den bisherigen Anordnungen zutreffend sind (Abb. 31—35).

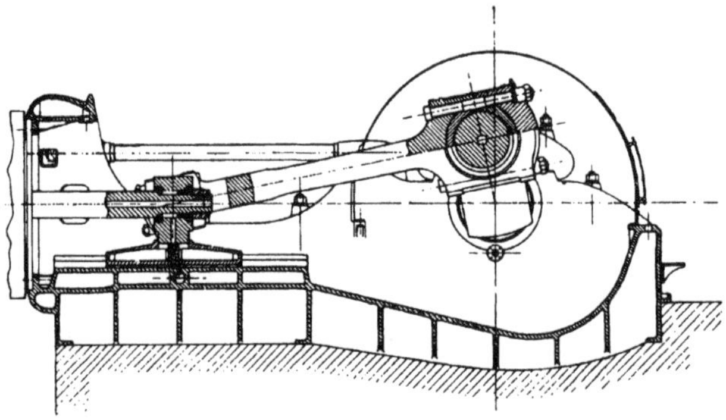

Abb. 61. Kreuzkopf der Gasmaschine — M.-G. **Nürnberg.**

Nur schmale aber gut gekühlte Scheibenkolben gestatten Einfachheit in Bau und Betrieb. Alle langen Kolben bereiten Schwierigkeiten in der Herstellung und noch größere im Betriebe. Erforderlich ist genügende Festigkeit und zuverlässige

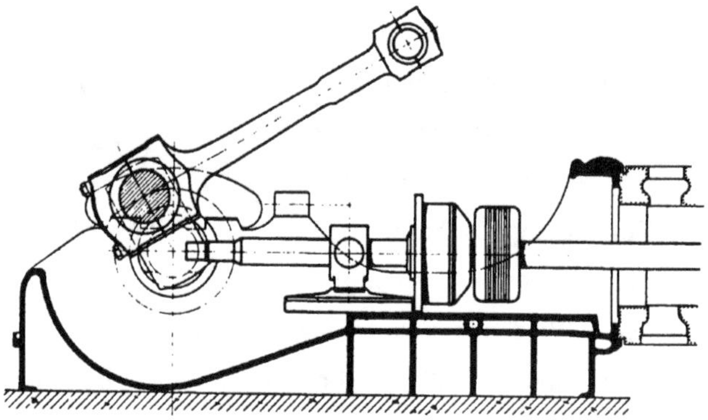

Abb. 62. Zugänglichkeit der vorderen Zylinderseite — M.-G. **Nürnberg.**

Kühlung, Bedingungen, die bei richtiger Berechnung und Ausführung leicht erfüllbar sind. Außerdem müssen die Kolben unter den bei Gasmaschinen gegebenen Betriebsverhältnissen dicht sein und dicht bleiben. Diese Betriebsverhältnisse sind gekennzeichnet durch das unreine Kraftmittel, durch die Verbrennungsrückstände aus unreinen Gasen oder Schmiermitteln, durch die Gefahr unzulässiger Abnutzung der Arbeits- und Dichtungsflächen und schließlich des Anfressens auf denselben. Die hohe Verbrennungstemperatur ist weniger kennzeichnend, da ihr die ausgiebige Kühlung aller Maschinenteile wirksam entgegenstehen muß. Gut gekühlte Kolbenflächen ebenso wie gute Kühlung aller Zylinderflächen und Maschinenteile ist unerläßliche, aber stets erfüllbare Voraussetzung jedes Gasmaschinen-Großbetriebs.

Einer richtigen Kolbenausbildung standen die Erfahrungen mit den Kleinmaschinen und die darauf fußenden Anschauungen sehr hinderlich entgegen.

Die offnen einfachwirkenden Kolben, die bei den Kleinmaschinen wegen geringer Baulänge und geringster Herstellungskosten Wert besitzen, sind die unglücklichste Anordnung, die sich in den Großmaschinenbau hinübergeschleppt hat. Die Absicht war, den Kreuzkopfdruck auf großer Traglänge aufzunehmen und auf diese große Länge auch zu dichten. Die große Berührungslänge und die veränderliche Wärmeausdehnung des langen Kolbens machen die Ausführung schwierig.

Der Kolben muß innen, wo die Dichtungsringe sitzen und die größte Wärmewirkung erfolgt, kleiner gedreht sein als außen. Dann muß er mit zunehmender Betriebstemperatur eingepaßt werden. Wenn er anfängt zu klemmen, muß er herausgezogen, nachgearbeitet und weiter betrieben werden. Ein zeitraubender mühsamer Vorgang, bei dem jeder Kolben sich als besonderes Individuum verhält, weil der Einfluß der Wärmeausdehnung des einzelnen ungekühlten Kolbens nicht vorauszusehen ist. Solches mühevolle Einlaufen der Kolben in der Probierstation der Fabrik ist für Großmaschinen garnicht durchführbar, daher der Jammer, der nachher im Betriebe entstand.

Wie unrichtig die früher herrschende Anschauung war, daß die Kolben einer großen Dichtungs-Länge bedürfen, zeigt die Kolbenanordnung Abb. 63, bei welcher dem gekühlten einfachwirkenden Kolben ein besonderer Tragkolben mit breiten Laufflächen vorgelagert wurde. Nach Aufschlitzen dieses Tragkolbens zeigte sich aber der innere Kolben allein dicht, sodaß diese weitläufige Anordnung durch einen schmalen, aber richtig gedichteten Kolben ersetzt werden konnte.

Wird der Kolben richtig gekühlt, dann können die Formveränderungen von vornherein vollständig beherrscht werden. Solche gekühlten offenen Kolben (Abb. 20) sind aber in der Anordnung sehr umständlich und teuer, sodaß es gewiß einfacher ist, sofort zum gekühlten doppeltwirkenden Kolben überzugehen, der das umständliche Einlaufverfahren entbehrlich macht, der kein völlig unbestimmbares „individuelles“ Verhalten zeigt.

Das Einlaufen der Maschinen ist bei solcher Durchbildung kein mühsamer Vorgang mehr wie bei den ungekühlten Kolben, sondern wird, wie bei Groß-Dampfmaschinen, in den Werkstätten überhaupt nicht vorgenommen und dauert im Betriebe sogar weniger lange als bei Dampfmaschinen. Die Maschinen verhalten sich selbstverständlich individuell, weil weder Ausführung noch Aufstellung völlig fehlerfrei erfolgen kann und die Summe aller unvermeidlichen Ungenauigkeiten unter dem Ein-

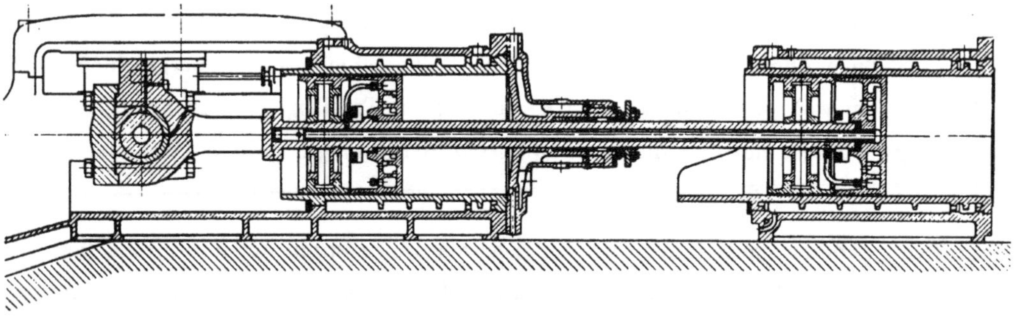

Abb. 63. Trag- und Dichtungskolben einer einfachwirkenden Zweizylinder-Gasmaschine.

fluß der verschiedenen Belastungen, Erwärmungen und Formveränderungen verschiedene Wirkung äußern wird; aber diese Verschiedenheit ist nicht größer als bei Dampfmaschinen und stets von geringer Bedeutung. Viel Eigenart des Maschinenindividuums bleibt nicht übrig, außer es sind größere Ausführungsfehler begangen worden. Ein langwieriges Einlaufverfahren zur Beseitigung der sogenannten „Kinderkrankheiten“ macht sich nur bei größeren Ungenauigkeiten oder Versehen in der Ausführung notwendig.

Die Arbeitskolben müssen im Arbeitszylinder schwebend auf freitragender Kolbenstange geführt werden und reibungslos im Zylinder arbeiten in dem Sinne, daß die unvermeidliche Reibung nur durch den Dichtungsdruck der Spannringe und nie durch das große Kolbengewicht erzeugt wird.

Solche Forderung ist schon für große Dampfmaschinen wichtig, für Groß-Gasmaschinen ist sie Lebensbedingung. Bei Dampfmaschinen ist Kolbenreibung im Innern der Zylinder, unmittelbar durch das Kolbengewicht hervorgerufen, ein Mangel, aber immerhin erträglich; d. h. sie kann geduldet werden, weil das Kraftmittel stets rein ist, der Einfluß von Verunreinigungen im Zylinder wegfällt, die Betriebsspannung niedrig ist. Bei Gasmaschinen sind Verunreinigungen unvermeidlich, die Konstruktion muß aber trotzdem betriebssicher sein.

Groß-Gasmaschinen erfordern daher getragene Kolben, die, auf der durchgebogenen Kolbenstange sitzend, den Zylinder nicht berühren, sondern mit Spielraum reibungsfrei laufen. Erhaltung dieses Zustandes gegenüber allen Betriebsbedingungen ist unerläßlich. Kolben solcher Art verhalten sich bei

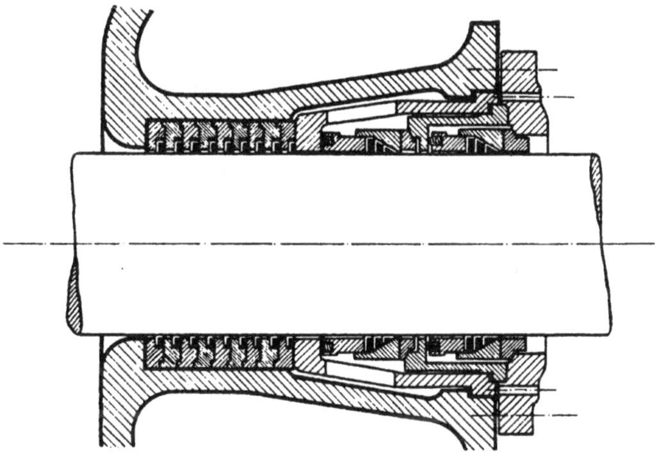

Abb. 64. Metall-Stopfbüchse der Gasmaschinen der M.-G. **Nürnberg**.

richtiger Ausführung der Spannringe und richtiger Schmierung genau wie gute Dampfkolben. Bei allen bisherigen Gasmaschinen waren nur selbsttragende Kolben üblich, wobei die Gleitflächen durch das Kolbengewicht, bei den ersten Großmaschinen außerdem durch den Kreuzkopfdruck belastet wurden. Solche Bauart, vom Kleinmaschinenbau übernommen, kann zur Folge haben, daß bei unreinem Gas die Zylindergleitflächen und Kolben und ihre Dichtung in kurzer Zeit unzulässige Abnutzungen erfahren. Wie sehr der „Motorenbau" in seinen teuer erkauften Einzelerfahrungen befangen war, mag die Tatsache beweisen, daß Gasmotoren-Fabriken das Verlangen, die Kolben durch eine durchlaufende Stange und Tragführung zu stützen, ablehnten und lieber auf die Bestellung verzichteten.

Wesentliche Voraussetzungen der Nürnberger Anordnung sind richtige Berechnung der Kolbenstangen auf zulässige Formveränderungen, solche Ausführung, daß die durch das Kolbengewicht durchgebogene Stange den frei schwebenden, reibungslos laufenden Kolben trägt und führt; dazu kommen: zuverlässige Dichtung der Kolbenstange und richtige Kühlung der Zylinder, Kolben und Stangen.

Die Dichtung der Kolbenstange hat die M.-G. Nürnberg so ausgeführt, daß in den gekühlten Zylinderdeckel eine Stopfbüchse mit Metallpackung eingesetzt ist (Abb. 64). Die inneren selbstspannenden Ringe, in großer Zahl hintereinander angeordnet, besorgen die Dichtung; außerdem ist eine äußere Dichtung durch abwechselnde

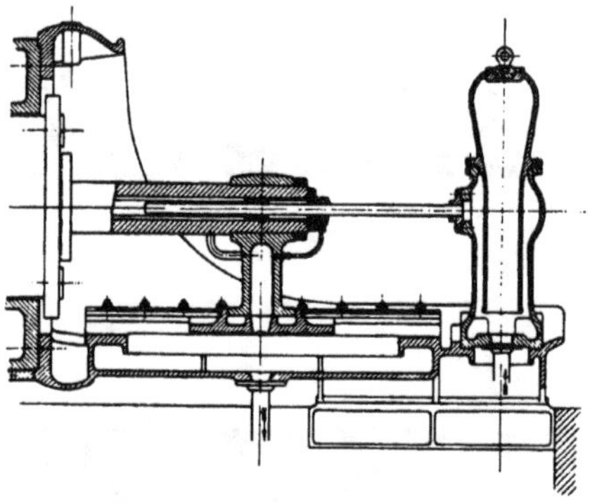

Abb. 65. Zuleitung des Kühlwassers durch die hintere Kolbenstange (Gasmaschinenanlage in Micheville).

Weißmetall- und Gußeisenringe, durch Kegelflächen nachspannbar, vorgesehen; diese besorgt die Nachdichtung, falls die Hauptdichtung nicht vollkommen sein sollte. Alle Dichtungsringe sind frei von Gewichtsbelastungen und Durchbiegungen, sie nehmen an der Führung und Stützung der Stange keinen Anteil. Das Schmieröl wird durch eine Schmierpumpe in der Mitte der Dichtung zugepumpt.

Die Kühlung der Kolben und der Stange muß durch die Höhlung der Kolbenstange hindurch ausgeführt werden. Die Zuführung des Kühlwassers erfolgt von einem Hochbehälter oder einer besonderen Pumpe aus, und zwar entweder (Abb. 65), indem das Kühlwasser durch ein feststehendes Rohr oder durch bewegliche Röhren mit Kniegelenken (Abb. 67) in das Kolbenstangenende eingeführt wird.

Die Pumpe, welche das Kühlwasser durch ein feststehendes Rohr unmittelbar zupumpt, erfährt, je nachdem die Kolbenstange saugend oder drückend wirkt, und je

Abb. 66. Gasmaschinenanlage in Micheville — M.-G. **Nürnberg**.

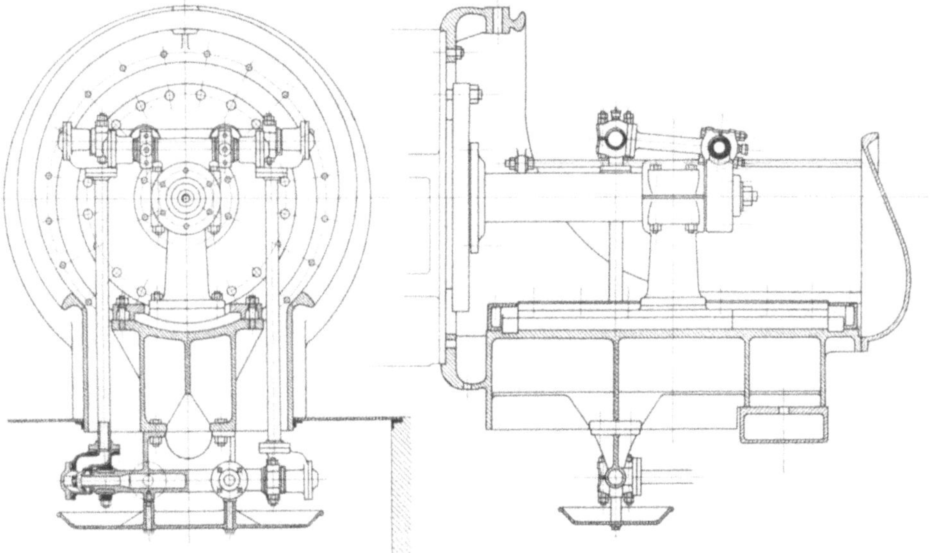

Abb. 67. Zuleitung des Kühlwassers durch Gelenkröhren — M.-G. **Nürnberg**.

nachdem die Massenwiderstände auftreten, sehr ungleiche Belastungen, die durch Anbringung eines Windkessels (Abb. 65 und 66) möglichst ausgeglichen werden.

Es ist daher immer zweckmäßig, diese Pumpenwirkung der Kolbenstange und die Massenwirkungen der Wassersäule tunlichst zu beschränken und feststehende Zuleitungsrohre (Abb. 65) zu vermeiden. Die Zuleitung durch Gelenkrohre erfolgt bei

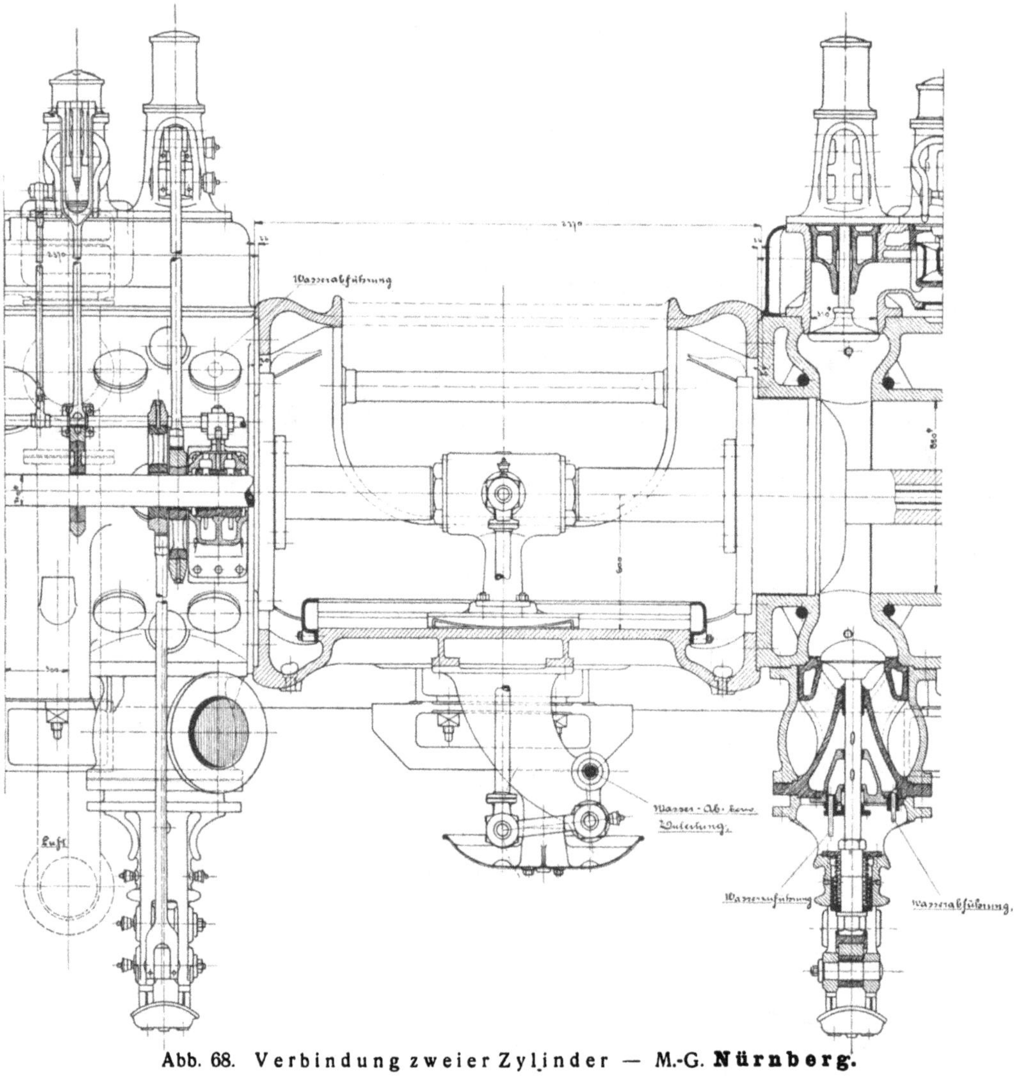

Abb. 68. Verbindung zweier Zylinder — M.-G. **Nürnberg.**

Zweizylindermaschinen zwischen den Zylindern (Abb. 68). Die Leitung des Kühlwasserstroms innerhalb der Kolbenstange zeigen die Abb. 87—90. Es sind Scheidewände erforderlich, welche das Kühlwasser zum Kolben ableiten, bezw. durch den ringförmigen Raum neben den Einsatzrohren wieder zurückleiten. Zweckmäßig wird die Anordnung so getroffen, daß die Zuleitung in der Mitte zwischen zwei Zylindern und die Ableitung ohne Richtungsänderung erfolgt, sodaß bei Zweizylindermaschinen zwei getrennte Ableitungen vorhanden sind, oder es werden von der Mitte aus getrennte Wasserleitungen für jeden Zylinder angebracht.

Die Anordnung der übrigen Kühlwasserleitungen für die Zylinder und deren Deckel usw. zeigen die Abb. 87 u. f.

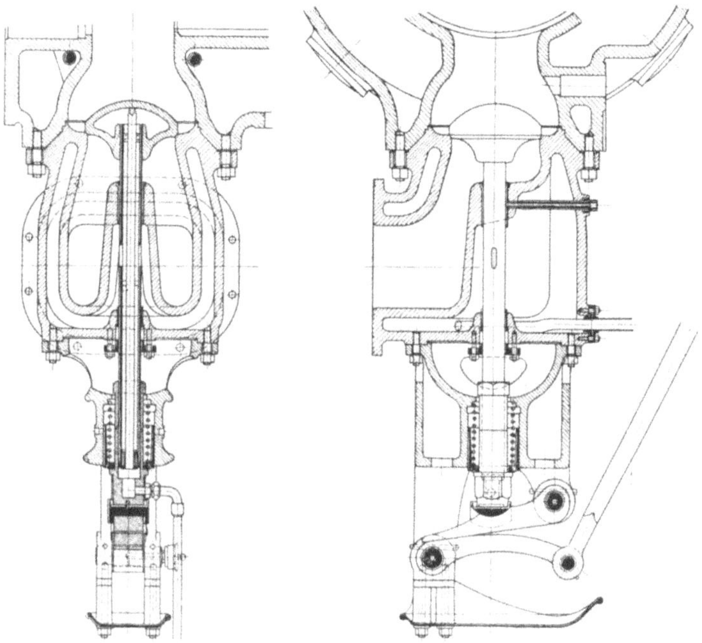

Abb. 69. Anordnung und Kühlung der Auslaß-Ventile — M.-G. **Nürnberg**.

Die Anordnung der Ventile und ihrer Spindeln und zugleich den Zusammenhang mit den Ventilkasten und mit der Steuerung zeigen die Abb. 69 für die Auslaßventile, Abb. 70 für die Einlaßventile, sowie die Abb. 88 u. f.

Das Kühlwasser wird durch ein bis an den Ventilteller reichendes Rohr durch die hohle Ventilspindel hindurch in den Hohlraum des Auslaßventiles geführt, und von da durch den Hohlraum der Spindel zurückgeleitet. Die Wasserzuführung zur Spindel (Abb. 69) erfolgt nahe den Steuerungshebeln durch ein Rohr, welches die Ventilbewegung mitmachen muß, somit zum Anschluß an das Wasserleitungsrohr

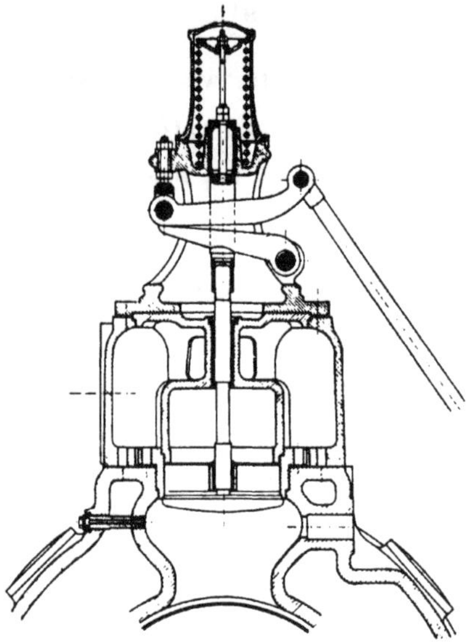

Abb. 70. Anordnung der Einlaß-Ventile — M.-G. **Nürnberg.**

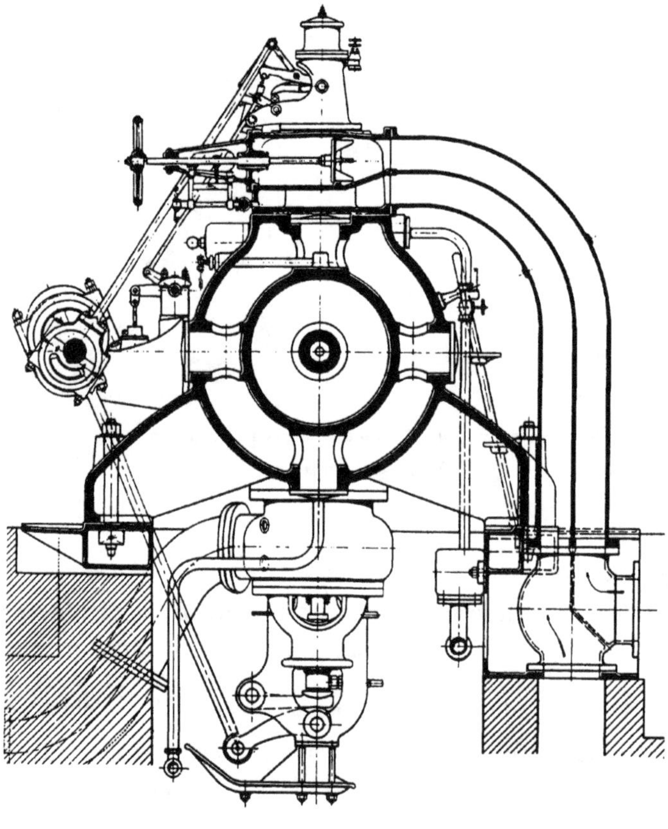

Abb. 71. Steuerung und Zylinder-Querschnitt der Viertakt-Gasmaschine — M.-G. **Nürnberg.**

einen Gummischlauch oder dergleichen erfordert. Bei den neueren Ausführungen erfolgt hingegen die Zuleitung ohne bewegliche Rohrverbindung nur durch das Ventilgehäuse und durch Schlitze in der Ventilspindel.

Alle Einzelheiten der Kühlung sind von großer Wichtigkeit. Unvollkommenheit und Versagen der Kühlung gibt Betriebsstörungen und Betriebsgefahren. Die Einzelheiten der Wasserführung erfordern, wie bei rasch laufenden Pumpen, genaue Berücksichtigung der dynamischen Verhältnisse.

Die Steuerung der Nürnberger Gasmaschine zeigen die Abb. 71 bis 76. Die wesentlichsten Gesichtspunkte sind:

Abb. 72. 1800 PS-Gasmaschine des **Schalker** Gruben- und Hüttenvereins in **Gelsenkirchen**, für Gleichstrom- und Drehstrombetrieb — M.-G. **Nürnberg**.

Ventilsteuerung mit durchlaufender Steuerwelle (die wegen der Schmierpumpen usw. auch bei Gasmaschinen ohne Ventilsteuerung erforderlich ist); Steuerungs-Exzenter mit großen Auflageflächen, statt der unzweckmäßigen, nur geringe Auflage- und Abnutzungsflächen bietenden Daumen (Nocken); Exzenterstangen, statt langer, schwerer Übertragungshebel; Einschaltung von Wälzungshebeln (Abb. 67) zum sanften Anheben der nicht entlasteten Ventile und zur Übersetzung der Anhubkraft auf eine geringe Steuerungskraft; Verringerung der bei der Steuerung zu beschleunigenden Massen auf das erreichbare Minimum: auf die Massen von Ventil und Spindel, daher Verwendung schwacher Federn für den Kraftschluß; einheitliche Ausbildung solcher Steuerung bei bester Zugänglichkeit.

Alle diese Grundsätze stehen in Widerspruch mit der vorangegangenen Praxis des „Motorenbaus", aber im vollen Einklang mit den Erfahrungen des modernen Dampfmaschinenbaus. Bei den früheren Gasmaschinen finden sich insbesondere die unvollkommenen Steuerungsnocken, die langen schweren Steuerungshebel mit großen Massen und schweren Federn, mit mangelhaften Einzelheiten, an denen, unbekümmert um

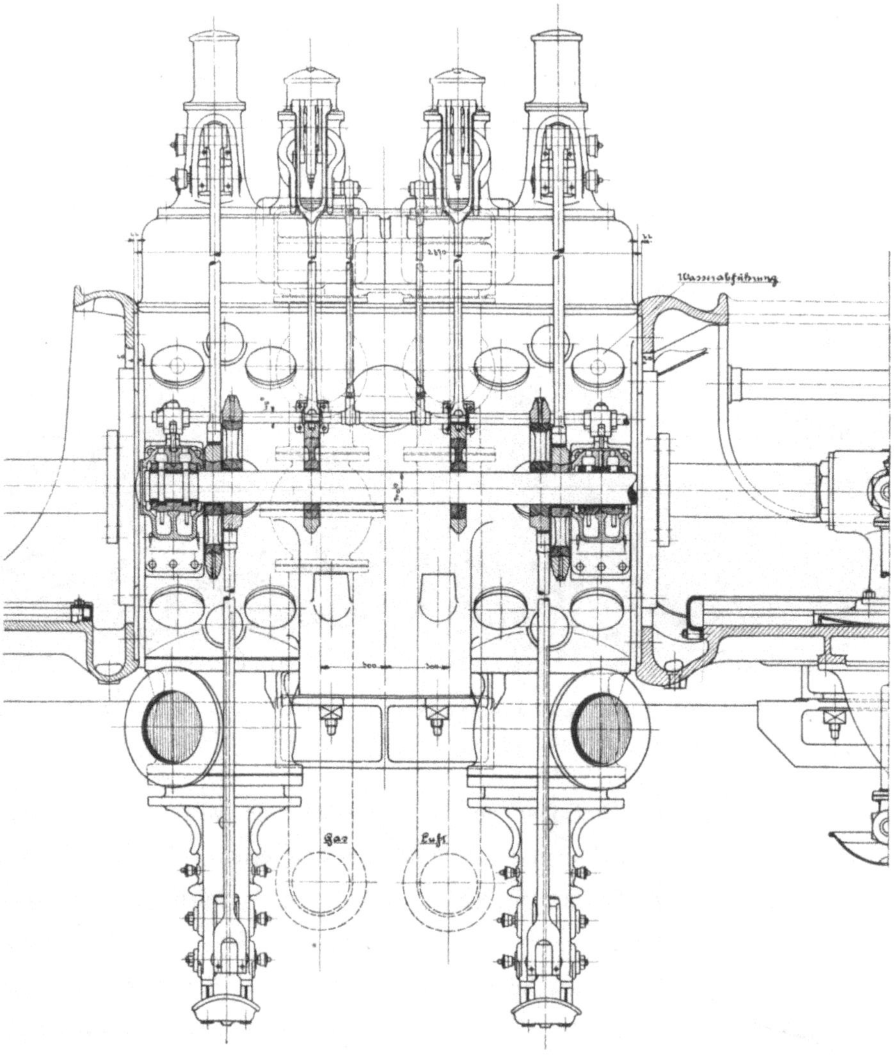

Abb. 73. Steuerungs- und Regulierungs-Antrieb — M.-G. **Nürnberg.**

die Erfahrungen des modernen Dampfmaschinenbaus, im „Motorenbau“ festgehalten wurde, während diese hier voll ausgenutzt sind.

Abb. 72 gibt ein Bild der Gesamtanordnung einer Tandem-Gasmaschine von 1800 PS bei n = 94 (Schalker Gruben- und Hüttenverein in Gelsenkirchen).

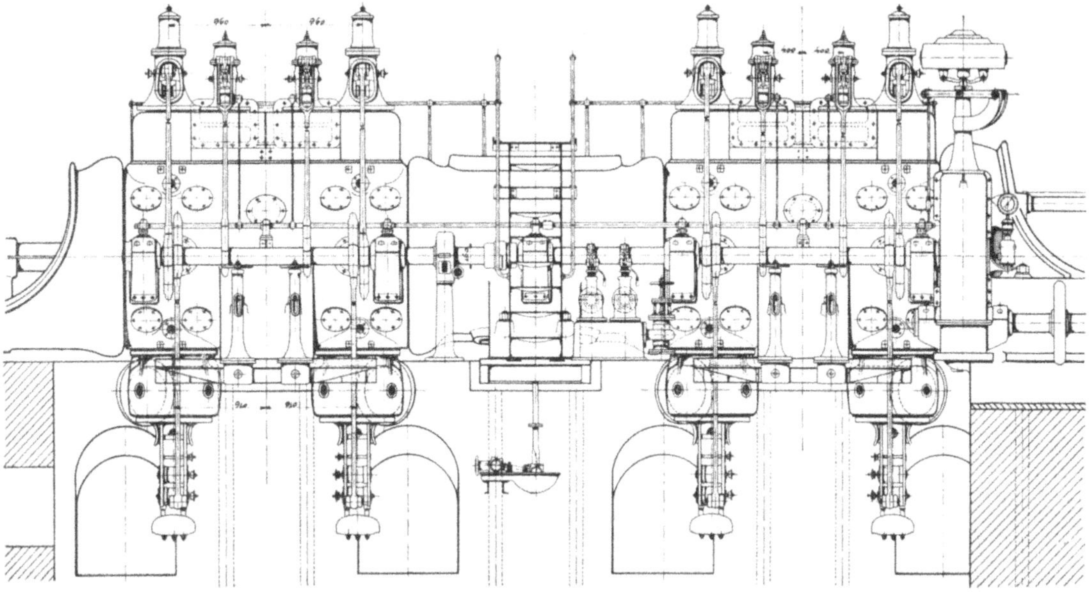

Abb. 74. Seitenansicht der doppeltwirkenden Tandem-Viertakt-Zylinder mit Steuerungs-Antrieb — M.-G. **Nürnberg.**

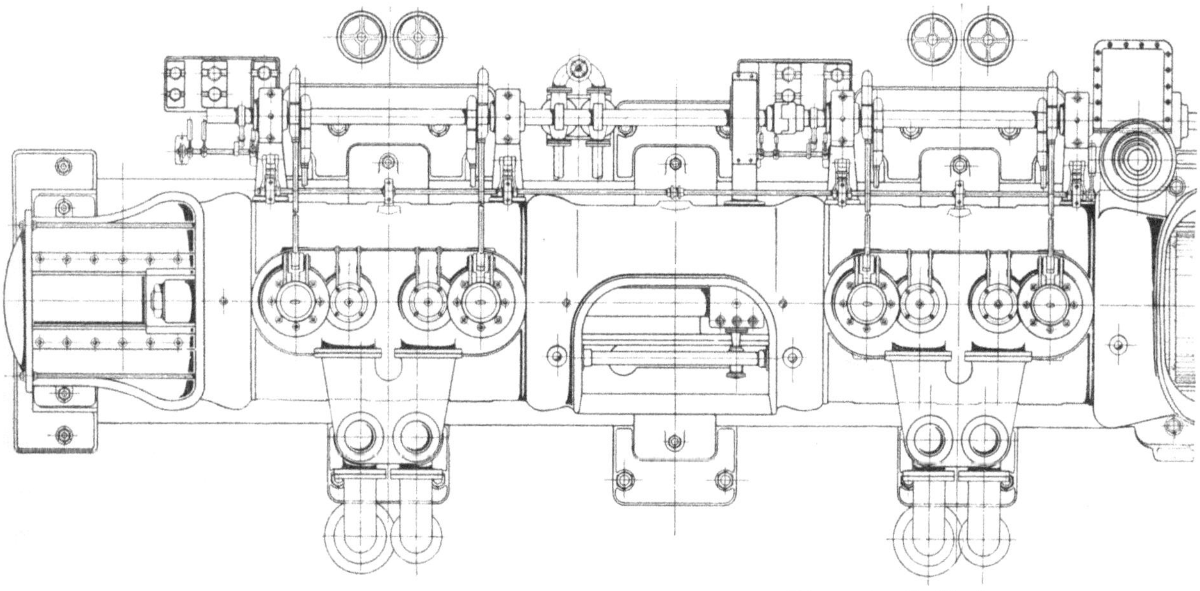

Abb. 75. Grundriß der doppeltwirkenden Tandem-Viertakt-Zylinder mit Steuerungs-Antrieb — M.-G. **Nürnberg.**

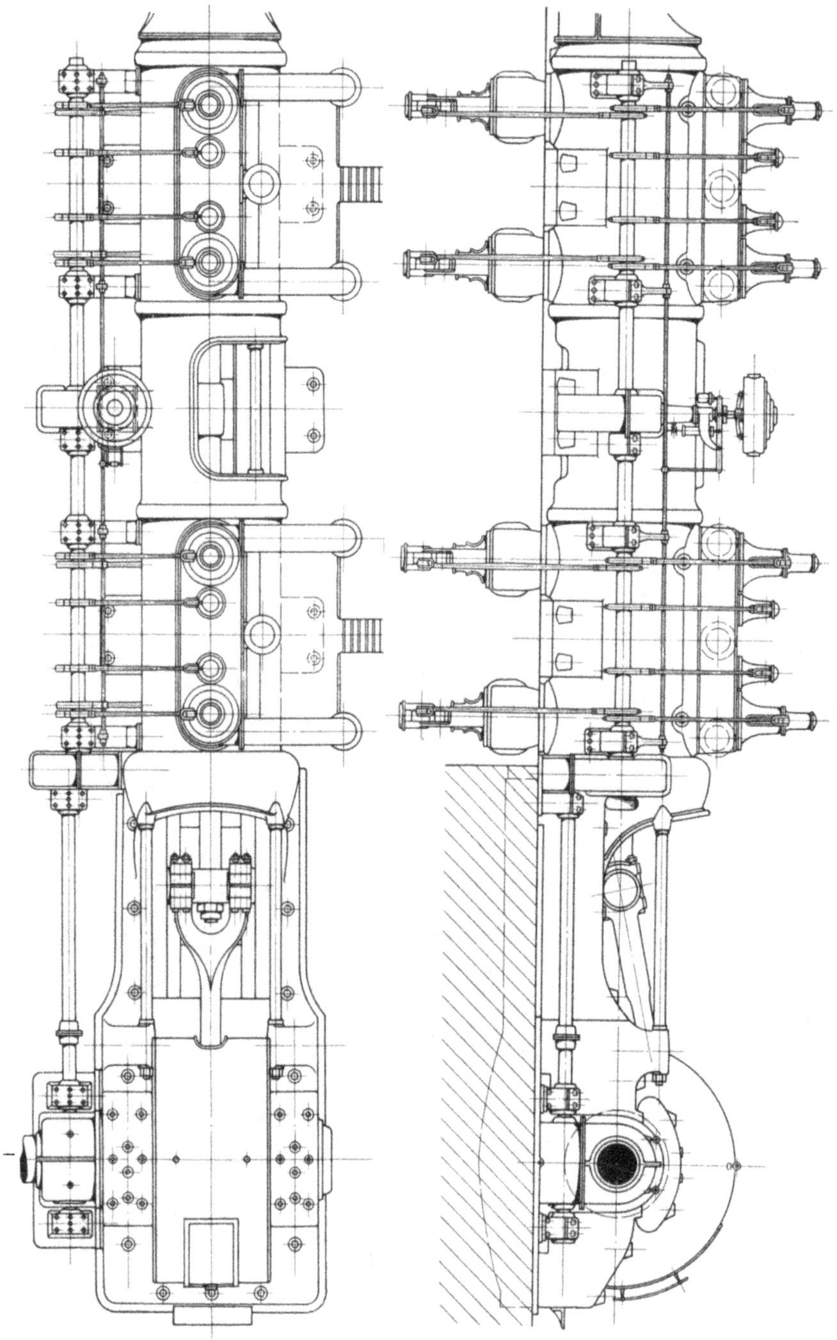

Abb. 76. Antrieb der Steuerung einer doppeltwirkenden Tandem-Viertakt-Gasmaschine — M.-G. **Nürnberg.**

Auf der Kurbelwelle ist eine 800 PS-Gleichstrom- und eine 1500 PS-Drehstromdynamo angebracht; der Gleichstrombetrieb dient für den eigenen Bedarf der Hütte, der Drehstrom zur Fernleitung zur Zeche „Pluto".

Abb. 77. 1000 PS-Tandem-Gasmaschine auf **Phönix** in Ruhrort. — M.-G. **Nürnberg**.

Abb. 78. 1000 PS-Tandem-Gasmaschine auf **Phönix** in Ruhrort — M.-G. **Nürnberg**.

Die Anordnung der Steuerwelle und des Steuerungs- und Regulatorantriebs zeigen die Abb. 73 und 74, den Zusammenhang mit den Rohrleitungen, den Steuerungs- und Regulierungsantrieb die Abb. 75, 76 u. f.

Der Erfolg der Nürnberger Gasmaschine war auch hinsichtlich der Steuerung und Regulierung ein durchschlagender. Die vorher bei Gasmaschinen üblichen lästigen und kostspieligen Nacharbeiten an den Steuerungsteilen sind vollständig weggefallen, während sie früher dem „Motorenbau“, seinen Konstrukteuren und Monteuren unentbehrlich waren.

Da Steuerungen von Großmaschinen in den Werkstätten nicht ausprobiert werden können, wurden in der Regel nur rohe Daumen geliefert, diese nach der Aufstellung der Maschine am Betriebsorte ausprobiert, nachgefeilt zurückgeschickt und durch harte Daumen ersetzt. Stahldaumen wurden deshalb auch mit Schrauben an der Steuerwelle

Abb. 79. Walzenzugs-Gasmaschine auf **Burbacher Hütte** — M.-G. **Nürnberg**.

befestigt, wobei die Schraubenköpfe und die Höhlungen in den Laufflächen der Daumen lagen; äußerst schwierig war es, solche Daumen so genau einzupassen, daß die Steuerungsflächen und auch die Schrauben passten. Große Abweichungen in der Steuerung, die bei Dampfmaschinen niemand dulden würde, waren deshalb bei Gasmaschinen ein gewöhnliches Vorkommnis. Die Genauigkeit des Dampfmaschinenbaues und die hierzu erforderlichen Konstruktionen und Arbeitsverfahren waren eben dem früheren „Motorenbau“ unbekannt.

Äußerlich sehen die Nürnberger Maschinen den modernen Dampfmaschinen durchaus gleich (Abb. 77—79) und, was die Hauptsache ist, sie laufen auch in der Steuerung und im Triebwerk so geräuschlos wie moderne Dampfmaschinen. Nach dem Aussehen und dem Gange der Maschinen würde selbst ein Fachmann einen Unterschied gegenüber Dampfmaschinen erst bei näherer Besichtigung finden.

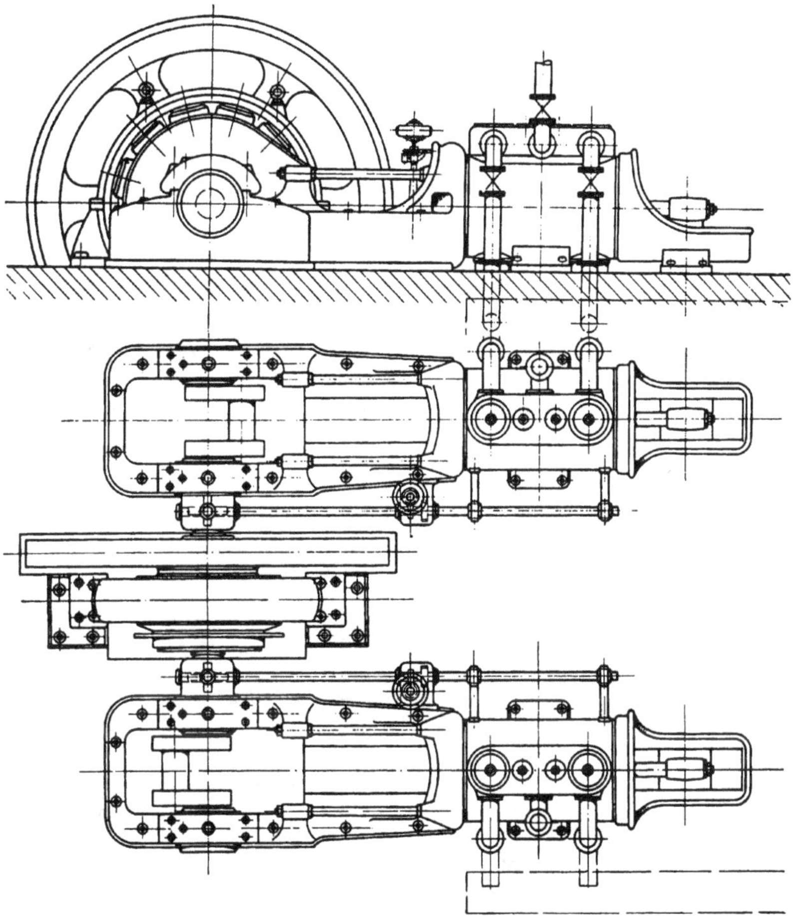

Abb. 80. Zwillings-Anordnung einer doppeltwirkenden Gasmaschine — M.-G. **Nürnberg.**

Abb. 77 und 78 zeigen die 1000 PS-Tandem-Gasmaschinen (Steuerungsseite) auf dem Hüttenwerk „Phönix" bei Ruhrort für Dynamoantrieb.

Abb. 79 eine 1500 PS-Walzenzugs-Gasmaschine der „Burbacher Hütte" für n = 90—100 zum Antrieb einer Draht-Walzenstrasse (die erste Maschine dieser Bauart).

Die Baulänge wird wie bei allen Maschinen mit Reihenanordnung der Zylinder groß. Sie darf nicht auf Kosten der Qualität der Maschine und ihres Triebwerks etwa — nach dem Vorbilde unvollkommner Dampfmaschinen — dadurch verringert werden, daß zwischen den einzelnen Zylindern keine Kupplung und keine Tragführung angeordnet oder an Führungslänge gespart wird. Steht die Baulänge

Abb. 81. Gebläsemaschine der **Rombacher** Hüttenwerke — M.-G. **Nürnberg.**

Abb. 82. Gebläsemaschine der **Rombacher** Hüttenwerke — M.-G. **Nürnberg.**

nicht zur Verfügung, so muß die Maschine in Zwillingsanordnung (Abb. 80) ausgeführt werden. Die Baulänge ist bei normalen hintereinander liegenden Zylindern (Abb. 83) jedoch keineswegs größer als bei Zweitaktmaschinen mit gegenläufigen Kolben, wenn die Ladepumpen unmittelbar angetrieben und zugänglich angebracht werden.

Überhaupt ist der Unterschied in der Baulänge der verschiedenen hier in Betracht kommenden Maschinenanordnungen von Oechelhaeuser, Körting und

Nürnberg gering, wenn die unerläßliche Bedingung gestellt wird, daß doppeltwirkende Kolben auch durch rückwärtige Tragführungen getragen werden und alle Teile, insbesondere auch die Ladepumpen, gut zugänglich über Flur aufgestellt werden. Wesentlich geringere Baulänge wird nur durch minderwertige Anordnungen erreicht, wie Kolben ohne durchlaufende Kolbenstange, ohne Tragführung, ohne Kupplung der Kolbenstange bei hintereinander liegenden Zylindern, und sonstige die Zugänglichkeit schädigende Anordnungen.

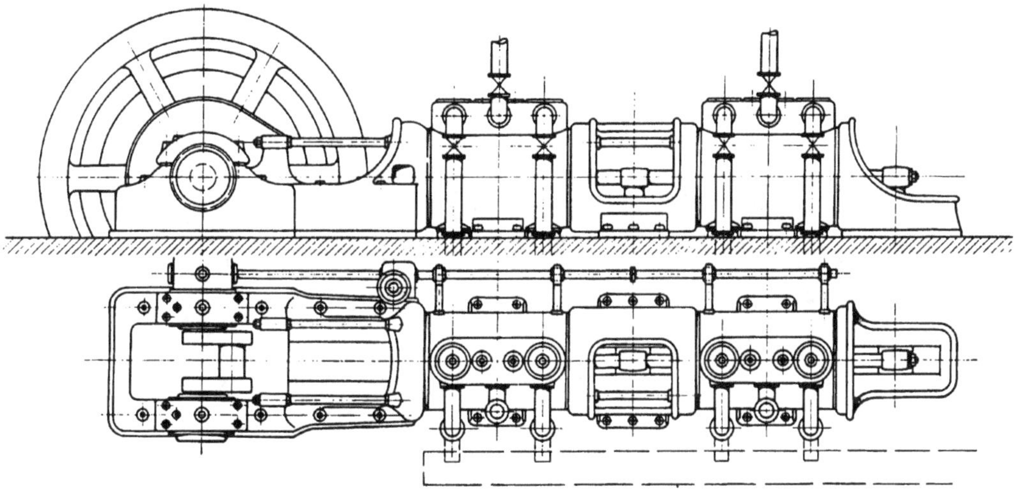

Abb. 83. Doppeltwirkende Zweizylinder-Gasmaschine in Reihen-Anordnung — M.-G. **Nürnberg**.

Die Baulänge kann dann unbequem werden, wenn hinter der Zweizylinder-Gasmaschine eine Gebläsemaschine unmittelbar angetrieben werden muß. Abb. 81, 82 und 84 stellen das Hochofengebläse auf der Rombacher Hütte dar, eine etwa 1000 pferdige Maschine für 860 cbm minutliche Ansaugeleistung bei 80 Umdrehungen und 0,5 Atm. Winddruck, an der Maschine gemessen. Ist die Baulänge zu beschränken, dann könnte der Gebläsezylinder stehend senkrecht über der Maschinenkurbel angeordnet werden (Abb. 86). Solcher Antrieb erfordert keine Veränderung der Maschinenkurbel, da diese, sowie der Schubstangenkopf der Gasmaschine für die großen Triebwerkskräfte ohnedies so stark ausgeführt werden muß, daß das verhältnismäßig gering beanspruchte Triebwerk des Gebläses nicht an den Kurbelzapfen, sondern ohne Schwierigkeit an den Schubstangenkopf angelenkt werden kann.

Die Ausbildung der Einzelheiten der Nürnberger doppeltwirkenden Viertaktmaschine zeigen die Abbildungen 87 u. f.

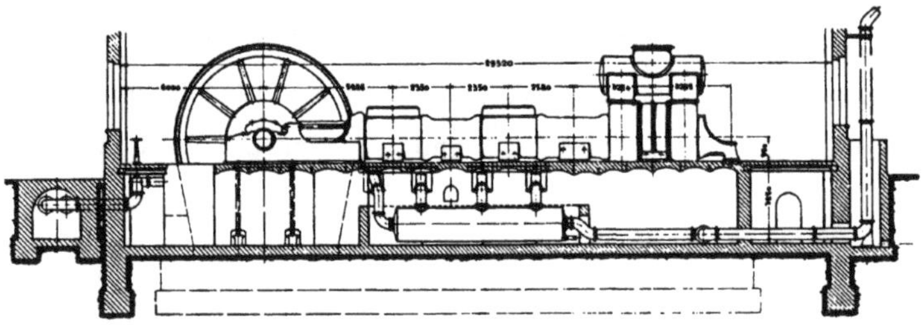

Abb. 84. Gebläse mit doppeltwirkender Tandem-Gasmaschine auf Hüttenwerk **Rombach** — M.-G. **Nürnberg.**

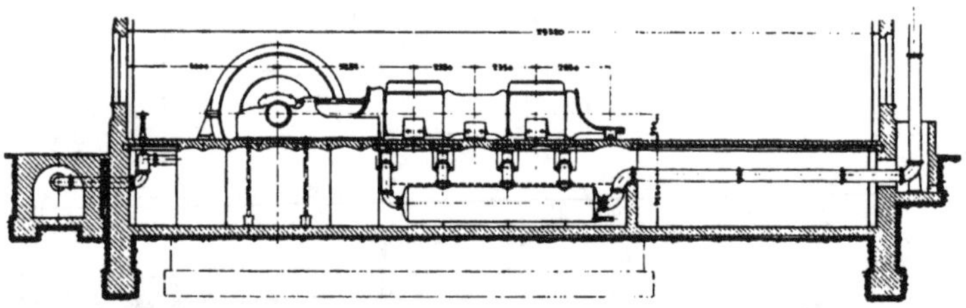

Abb. 85. Doppeltwirkende Tandem-Gasmaschine auf Hüttenwerk **Rombach** — M.-G. **Nürnberg.**

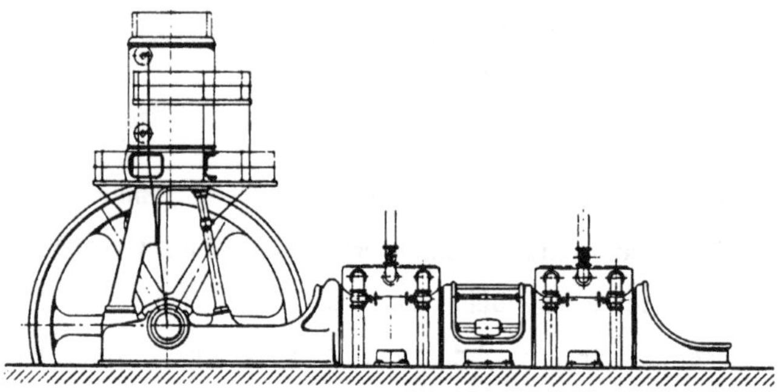

Abb. 86. Stehendes Gebläse, angetrieben durch liegende Tandem-Gasmaschine.

Abb. 87: Einzylindrige Maschine, Einlaß- und Gasventil in einem gemeinsamen Ventilkasten der älteren Anordnung, das Auslaßventil mit besonderem Ventileinsatz, sodaß Ventil und Sitz ohne Wegnahme des Auspuffrohrs herausgenommen werden können. Die Zündung erfolgt im Zylinder an zwei Stellen, oben unmittelbar unter dem Einlaßventil und unten über dem Auslaßventil. Die Verbrennungsrückstände, falls sie an dieser einen Stelle allein verdichtet würden, besitzen ein so geringes Volumen, daß sie, vom Auslaßventil an gerechnet, noch nicht bis an die untere Zündstelle reichen.

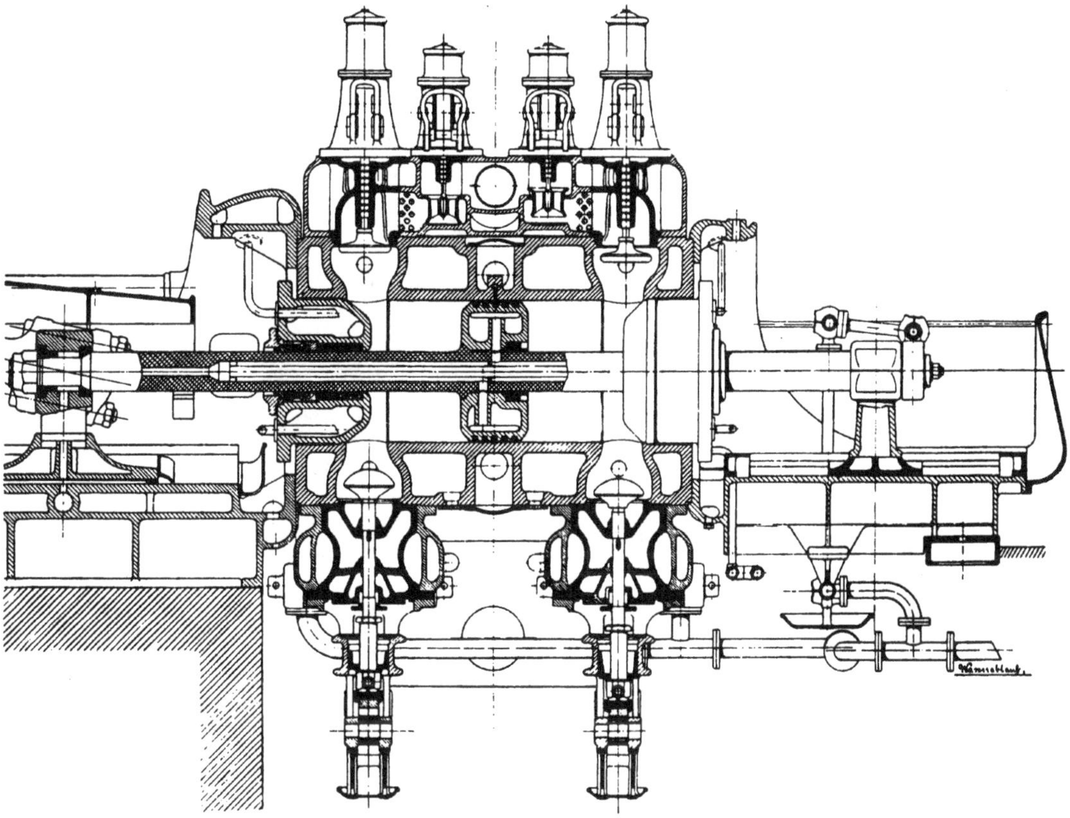

Abb. 87. Doppeltwirkende Einzylinder-Viertaktgasmaschine.
Längsschnitt durch den Zylinder mit Steuerung und Kühlwasserleitung.
M.-G. **Nürnberg**.

Abb. 88 zeigt die Anordnung der Rohrleitungen, der Steuerung, der Zündstellen, die Anlaßvorrichtung und die Stützung der Zylinder auf den Fundamentplatten.

Abb. 89 und 90 zeigen die Anordnung mit getrenntem Ventilkasten für die Einströmung, mit Kühlwasserzuführung in der Mitte der Kolbenstangenkupplung, von wo aus das Kühlwasser symmetrisch nach beiden Seiten zu den Kolben strömt, die Strömungsrichtung nicht ändert, sondern an den entgegengesetzten Enden, am Kreuzkopf und am rückwärtigen Kolbenstangenende, ausströmt (Abb. 91).

Aus diesen Abbildungen ergibt sich auch ein Überblick über die vorzügliche Zugänglichkeit aller Betriebsteile.

Der zentrische Zusammenbau der Maschine, ohne durchlaufenden schweren Maschinenrahmen, bietet selbstverständlich große Vorteile bei der Aufstellung und im

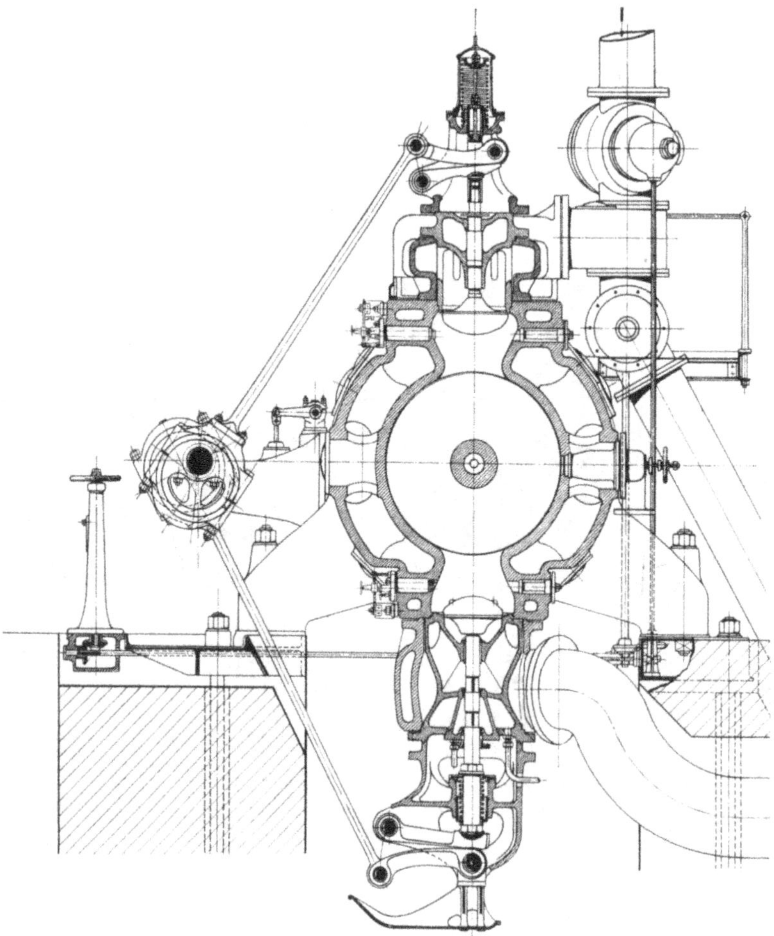

Abb. 88. Doppeltwirkende Viertaktgasmaschine.
Querschnitt durch den Zylinder mit Steuerung.
M.-G. **Nürnberg.**

Betrieb der Maschinen, allerdings nur bei genauer Werkstättenausführung, die aber unerläßliche Voraussetzung gerade der Großmaschinen ist. Im Dampfmaschinenbau sind diese Vorteile längst bekannt.

So hat die Maschinenbau-Gesellschaft Nürnberg eine der 1000pferdigen Maschinen in Rombach in 21 Tagen betriebsfertig aufgestellt. Am 21. Tage wurde die Maschine zum erstenmal gedreht. 7 Tage nachher lief sie mit voller Belastung und nahm den ununterbrochenen Tag- und Nachtbetrieb auf. An dieser Maschine wurden

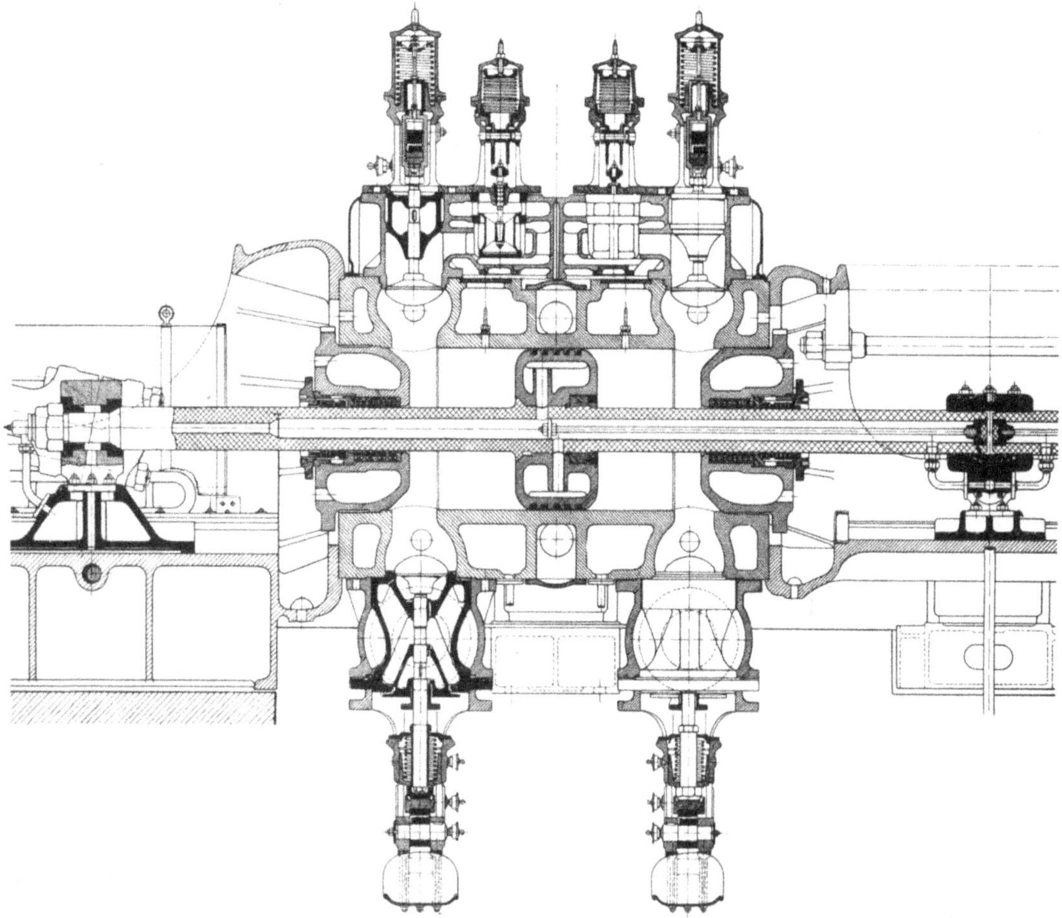

Abb. 89. Doppeltwirkende Zweizylinder-Tandem-Viertaktgasmaschine. Längsschnitt durch den Zylinder mit Steuerung und Kühlwasserleitung. M.-G. **Nürnberg**.

die im Folgenden mitgeteilten Versuche inmitten des regelmäßigen Betriebes durchgeführt. Solche Arbeitsbeschleunigung ist unmöglich, wenn dem Monteur an Ort und Stelle der Aufstellung noch Anpassungsarbeiten zugemutet werden müssen, ja selbst dann nicht möglich, wenn er nur Steuerungsteile an der Betriebsstelle zusammenzupassen hat.

Die übliche Auffassung, mit welcher die Ausführung von durchlaufenden Maschinenrahmen verteidigt wird, ist: der Rahmen soll die Gegenkräfte in der Maschine aufnehmen, und soll zugleich den Zusammenbau erleichtern. Bei offenen Zylindern mit gegenläufigen Kolben sind aber die Kräfte schon im Triebwerk ausgeglichen und sind keine

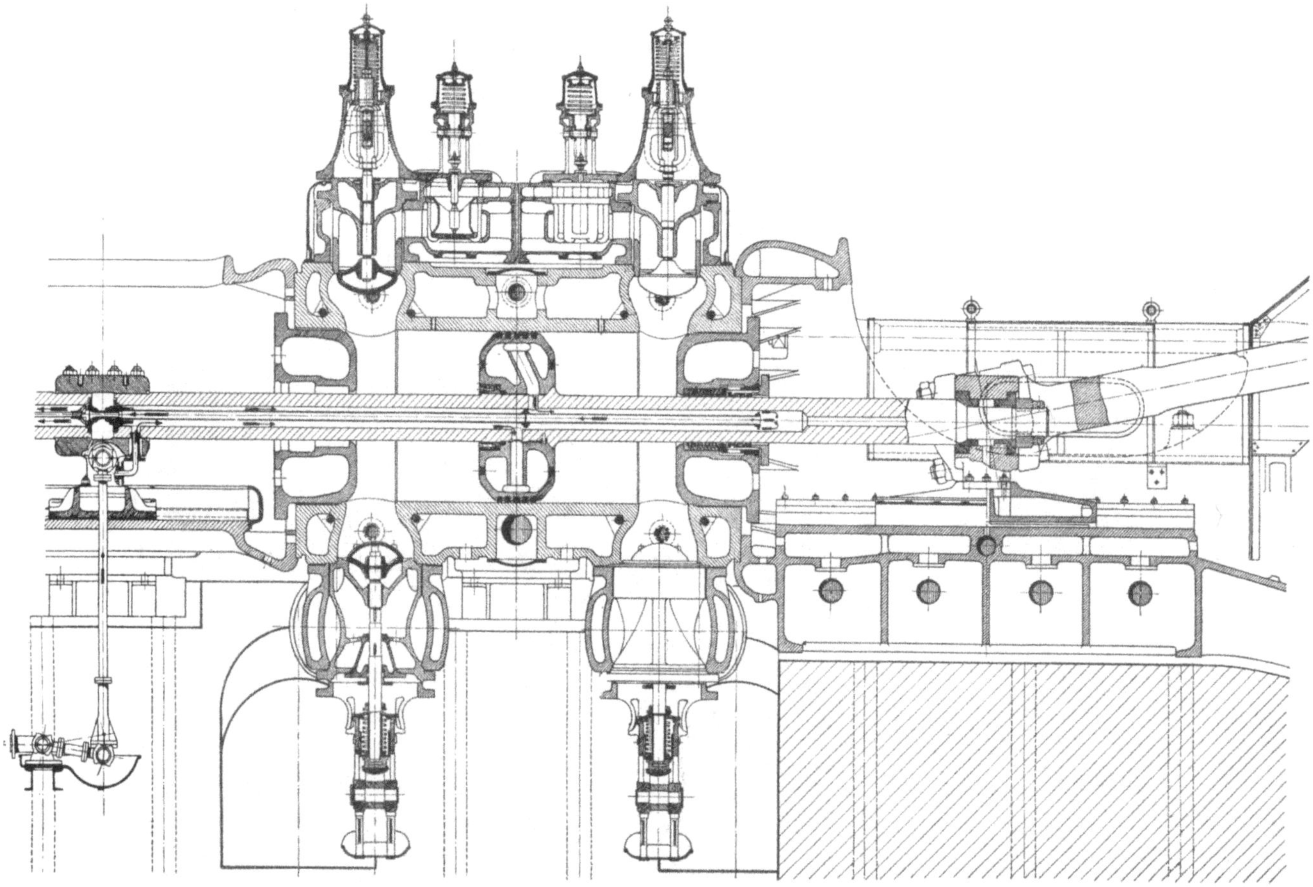

Abb. 90. Doppeltwirkende Zweizylinder-Tandem-Viertaktgasmaschine. M.-G. **Nürnberg.**

Horizontalkräfte zwischen Zylinder und Maschinenbett vorhanden. Für diese Maschinen sind durchlaufende schwere Maschinenrahmen ganz zwecklos, sie stören nur die Zugänglichkeit und erhöhen die Kosten (vergl. Abb. 42, Zweitaktmaschine mit durchlaufendem Rahmen, und die richtige Bauart, Abb. 43). Bei doppeltwirkenden Zylindern von Zweitakt- oder Viertaktmaschinen hingegen sind stets alle Horizontalkräfte, überhaupt alle Gegenkräfte, welche sich aus dem Druck auf die

Zylinderdeckel ergeben, durch den Maschinenrahmen aufzunehmen; diese Kräfte können aber viel einfacher durch die zentrische Verbindung aller Teile aufgenommen werden (vergl. Abb. 59 u. f.).

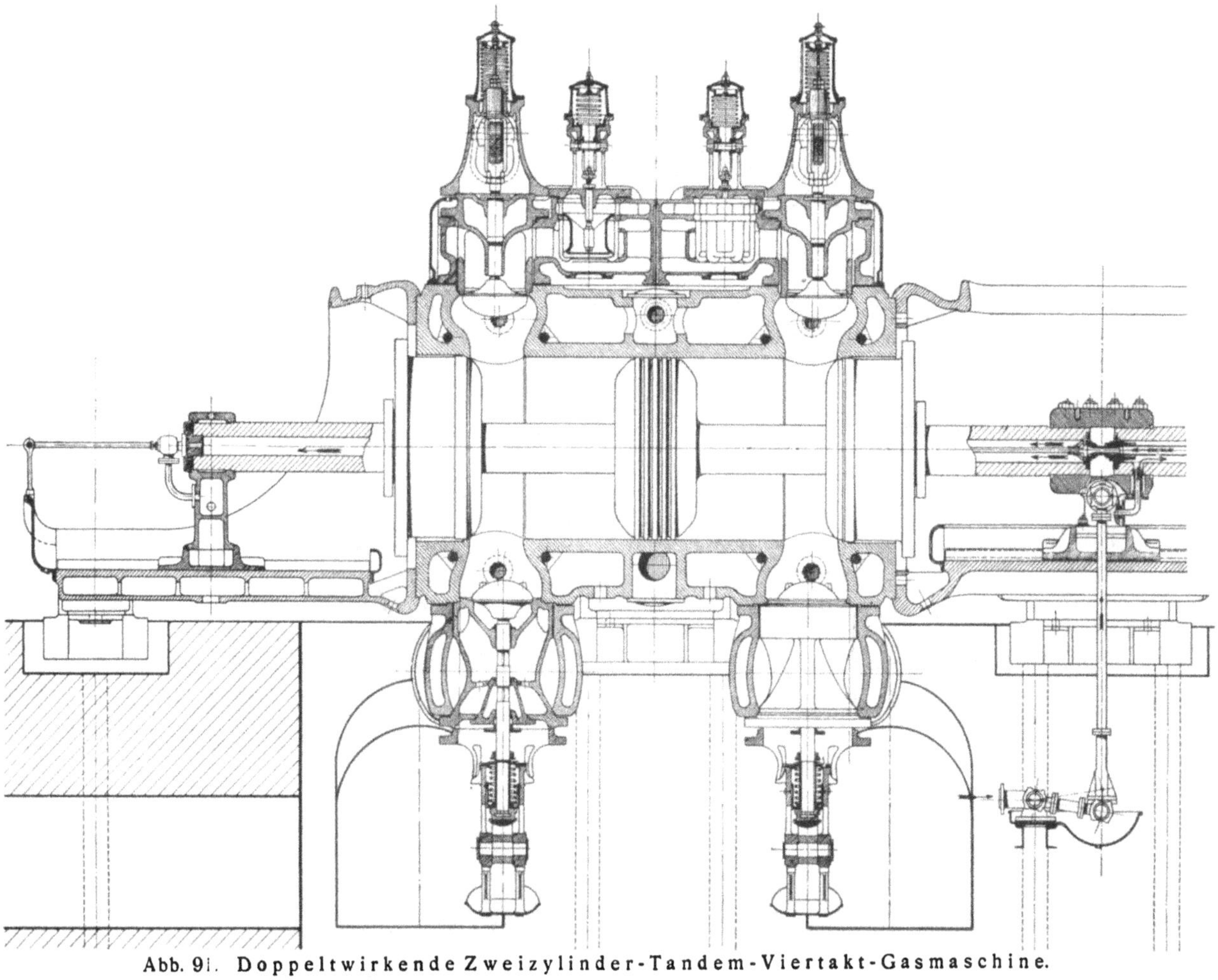

Abb. 91. Doppeltwirkende Zweizylinder-Tandem-Viertakt-Gasmaschine. Längsschnitt durch den Zylinder mit Steuerung und Kühlwasserleitung. M.-G. **Nürnberg**.

Die Annahme, ein durchlaufender Rahmen biete einen „Monticrungsbehelf", ist auch unhaltbar, denn er gewährt keine Sicherheit bei der Aufstellung der Maschine; wegen seiner Länge ist er gegen Biegungsmomente nicht widerstandsfähig. Seine Lage hängt völlig von seiner Aufstellung ab, durch ungleiches Aufliegen, durch Anspannen der Fundamentschrauben kann er aus seiner richtigen Lage gebracht werden; die Genauigkeit der Aufstellung wird somit dem Monteur überantwortet. Durch Rahmen, auf denen die Zylinder nur seitwärts gestützt werden können, werden die Kräfte auf einem Umwege und weniger sicher beherrscht als bei zentrischer Anordnung. Sie sind schwere Maschinenteile an unrichtiger Stelle, wo entweder Kräfte gar nicht oder unvorteilhaft wirken.

Die zentrische Anordnung aller Teile ist schon werkstättentechnisch die allein richtige, weil sie genaue Dreharbeit zuläßt, während der durchlaufende Rahmen die stets ungenaue und unbequeme Hobelarbeit verlangt; auch tritt die Durchbiegung der langen Rahmen schon bei deren Bearbeitung störend auf; sie kann genaue Herstellung erschweren und ganz von der Sorgfalt der Arbeiter abhängig machen. Fräsarbeit ist noch ungenauer, weil mit dem Fräskopf bei so langen Stücken nicht durchlaufend gearbeitet werden kann, sondern absatzweise gefräst werden muss.

Die durchlaufenden Rahmen können bei einer Baulänge von 10—15 m bei großen Maschinen unmöglich so stark ausgeführt werden, daß sie sich nicht schon durch ihr Eigengewicht durchbiegen. Gründlich aber kann die Verbiegung durch das Anziehen der Fundamentschrauben bewirkt werden, und schließlich ist doch alles vom Monteur abhängig.

Wird die Gasmaschine mit zentrischem Zusammenbau der Teile richtig durchgeführt, dann liegen alle Verhältnisse genau so, wie im Dampfmaschinenbau, der bekanntlich in seiner hohen Entwicklung der neueren Zeit zu Einheitstypen geführt hat, die alle Anordnungen mit durchlaufendem Rahmen verdrängt haben.

Die Bauart und die Einzelheiten der neuen Nürnberger Viertaktmaschine haben sich im Betriebe in einer bisher bei Gasmaschinen nicht erreichten vollständigen Weise bewährt. Der große Erfolg ist umso beachtenswerter, als seit dem Entstehen und den ersten Bestellungen der Maschinen nach dieser neuen Bauart noch nicht zwei Jahre verflossen sind und bis jetzt 105 neue Nürnberger Maschinen mit über 100 000 PS Leistung ausgeführt, bezw. in Ausführung begriffen sind. Eine gewaltige Leistung und ein glänzender Sieg des modernen, wissenschaftlich vorgehenden, praktisch erfahrenen Maschinenbaus, der wichtige Erfahrungen anderer Gebiete, insbesondere des Dampfmaschinenbaus, mit den Vorzügen bester Werkstättenarbeit verbindet; ein Erfolg, der dem Direktor der Fabrik, Baurat Dr. Rieppel, und dem leitenden Ingenieur und Konstrukteur der Maschinen, Direktor Hans Richter, zu danken ist und einen entscheidenden Wendepunkt in der Entwicklung der Groß-Gasmaschinen bildet!

Dem kühnen Entschluß der Fabrikleitung, solche Maschinen von völlig neuer Konstruktion zu bauen und große Bestellungen im Vertrauen auf die Richtigkeit der vorangegangenen Überlegung und Rechnung verantwortlich zu übernehmen, bevor die Betriebsergebnisse einer Maschine vorlagen, stand die Entschlossenheit und Tatkraft der Leiter und Betriebsführer der Hüttenwerke zur Seite, da sie nur auf die einleuchtenden konstruktiven Vorzüge der neuen Maschine, auf ihre größere Betriebssicherheit und Zugänglichkeit hin ihre Bestellungen machten, ohne zunächst die Betriebsergebnisse ausgeführter Maschinen zu kennen.

Daß dieser große Erfolg nur gegenüber der Konkurrenz anderer Gasmaschinen und gegenüber schweren Bedenken und Einwendungen von Gegnern errungen werden mußte, ist selbstverständlich. Hierbei hat sich aber wieder glänzend bewährt, daß die verantwortlichen Leiter unserer Industrie, insbesondere im Berg- und Hüttenwesen, Neuerungen stets zugänglich sind, wenn nachgewiesen werden kann, daß es sich nicht um bloße Konstruktionsneuerungen, sondern um die Erzielung einfachen, sicheren Betriebes handelt. Diese Herren haben die neue Maschine trotz ihrer eigenen Verantwortung und der Schädigung, die sie im Falle eines Mißerfolges getroffen hätte, angenommen, weil die maschinen- und betriebstechnischen Vorteile gegenüber den früheren Großmaschinen augenscheinlich waren. Inzwischen sind Betriebserfahrungen an vielen Maschinen gewonnen worden; die Bauart und alle Einzelheiten sind im Betriebe bewährt und haben den Groß-Gasmaschinen den Ruf gebracht, daß sie ebenso leicht und sicher zu behandeln sind wie die Dampfmaschinen, das bisherige Muster störungsfreier Kraftmaschinen.

Der in den einleitenden Abschnitten erörterte, wenig erfreuliche Übergangszustand in der Entwicklung der Viertakt-Kleinmaschine zur Großmaschine ist damit abgeschlossen und das Feld für die weitere Vervollkommnung auf sicherem Boden frei geworden. —

Jetzt, nachdem der große Erfolg der Nürnberger Maschine erzielt ist, wird vielfach gesagt, diese Konstruktion sei nichts Neues, und es melden sich immer mehr Interessenten mit der Behauptung, daß sie auch schon doppeltwirkende Viertaktmaschinen gebaut hätten. Diese Maschinen haben sich aber wegen verschiedener Mängel nicht als entwicklungsfähig erwiesen. Es muß daher nochmals darauf hingewiesen werden, daß die Viertaktmaschinen früherer Bauart hinsichtlich der Anordnung richtiger Einzelheiten, der Zugänglichkeit, insbesondere des vorderen Auslaßventils, mangelhaft waren und es auch bei neueren Ausführungen (vergl. Abb. 34 u. 35) noch sind. Dieser Hinweis auf andere doppeltwirkende Viertaktmaschinen schmälert in keiner Weise das große Verdienst der M.-G. Nürnberg: die Viertaktmaschine entgegen den Meinungen aller „Motorenbauer" und inmitten erfolgreicher Zweitaktbestrebungen für den Großbetrieb mustergültig entwickelt zu haben.

VIII. Groß-Gasmaschinen-Anlagen der M.-G. Nürnberg.

Groß-Gasmaschinen können nur in der Gesamtheit der Anlage und des Betriebes beurteilt werden. Hierbei kommen wesentliche Fragen der Gaserzeugung und Gasreinigung und die verschiedenartigen Betriebsverhältnisse in Betracht.

Allgemein läßt sich feststellen, daß das zukunftreiche Verwendungsgebiet der Groß-Gasmaschine nicht auf die Ausnutzung von **Hochofengasen** allein beschränkt ist. Die unmittelbare Verwendung der Hochofengase in Gasmaschinen zum Betriebe von Gebläsemaschinen ist der einfachste Kraftbetrieb, zugleich der erfolgreichste für Gasmaschinen. Durch jedes Gasmaschinengebläse wird gegenüber Dampfgebläsen bester Bauart, infolge der besseren Wärmeausnutzung, eine etwa gleich große Betriebskraft für andere Betriebszwecke verfügbar. Der Wettbewerb der Kolbendampfmaschine scheidet für dieses Verwendungsgebiet aus, von dem die Entwicklung der Groß-Gasmaschine ihren Ausgang genommen hat.

Auch für andere Zwecke ergibt die Verwendung von Hochofengas die einfachsten Gasmaschinenbetriebe. Von der Reinigung des Hochofengases von Gichtstaub abgesehen, bleibt nur die reine Kraftzentrale. Der Verwendungszweck ist Kraftlieferung für elektrische Betriebe des Hochofenwerks und benachbarter Werke. So wird das Ziel erreicht, Hochofen- und Stahlwerk nur durch die Kraftquelle des Hochofens als Generator zu betreiben und noch überschüssige Energie zu erhalten. Über die Betriebsverhältnisse und über Anlagen mit Hochofengas ist durch neuere Veröffentlichungen vieles bekannt geworden.

Ein weiterer Fortschritt in diesem Zusammenhange ist durch den Bau und Betrieb von Gasmaschinen für Walzenstraßen gemacht worden.

Kraftanlagen, durch **Koksofengase** betrieben, sind das nächste große Verwendungsgebiet für Groß-Gasmaschinen, wesentlich nur im Zusammenhange mit elektrischen

Zentralen zur Kraftversorgung des eigenen Werks und benachbarter Betriebe, überwiegend für Bergbauzwecke (Ventilation, Wasserhaltung, Fördermaschinen, Luftkompressoren usw.). Die Durchführung wird eine umfangreichere, weil die Energiegewinnung einheitlich mit der Verwertung der Nebenprodukte zu einer Gesamtanlage verbunden werden muß, und weil die gute Reinigung des Kraftgases vor der Verbrennung in der Gasmaschine viel mehr als bei Gichtgas notwendige Voraussetzung des ungestörten Betriebes ist, die Verwertungs- und Reinigungsanlage somit ein sehr wichtiger Teil der Gesamtanlage wird.

Im Zusammenhange mit der vollständigen Verwertung der Hochofen- und Koksofengase gewinnt die elektrische Energieverteilung das größte Arbeitsfeld. Es ist sehr wahrscheinlich, daß alle größeren Hütten- und Grubenbetriebe, welche solche Gaskraftquellen ausnutzen können, ihre Betriebe auf einheitliche Kraftversorgung und Verteilung umgestalten und dadurch einen großen Fortschritt und große Kostenersparnisse erzielen werden.

Ebenso bedeutend sind aber auch die **städtischen** Kraftanlagen für Gasmaschinenbetriebe, und zwar handelt es sich hierbei:

um mittlere und große Kraftanlagen, wesentlich für elektrische Betriebe, meist mit Sauggasbetrieb, unter Verwendung von Generatoren für die Gaserzeugung, die mit Koks oder Anthrazit betrieben und mit verhältnismäßig einfacher Reinigung ausgestattet werden, oder

um große städtische Anlagen für den Betrieb mit gewöhnlicher, auch minderwertiger Kohle, gegebenenfalls unter Gewinnung der Nebenprodukte und gleichzeitig damit erzielter Gasreinigung. In dieser Hinsicht ist bisher bei uns wenig geleistet worden. Im Auslande dagegen sind schon größere Anlagen, insbesondere für Betriebe mit Mondgas, ausgeführt oder im Bau.

In Abb. 92 u. 93 ist als Beispiel eine moderne Kokerei mit Nebenproduktengewinnung und Gaskraftzentrale dargestellt, wie sie gegenwärtig auf Grube Anna II des Eschweiler Bergwerks-Vereins in Alsdorf für die Kraftversorgung von Anna I und II (Adolfschacht und Wilhelmschacht), sowie für Fernleitungen nach Nothberg usw. unter meiner Mitarbeit zur Ausführung gelangt. Das Leitungsnetz soll später an die Kraftleitungen der Ruhr-Talsperren-Gesellschaft angeschlossen werden, zum Zwecke gegenseitiger Stromlieferung als Reserve.

An die Koksöfen ist die Kondensationsanlage für die Salzgewinnung angeschlossen; das überschüssige Gas wird in der Gasmaschinen-Zentrale ausgenutzt (Abb. 93).

Im vorliegenden Falle ist mit Rücksicht auf Verunreinigung des Gases durch Schwefel noch eine Schwefelreinigungsanlage vorgesehen.

Wesentlich war die Rücksichtnahme auf die größte Betriebssicherheit, weil die Energie zunächst zum Grubenbetriebe verteilt werden muß und auch bei Stillstand der Öfen wenigstens die nötigsten Betriebe auf den Gruben (Wasserhaltung, Ventilation

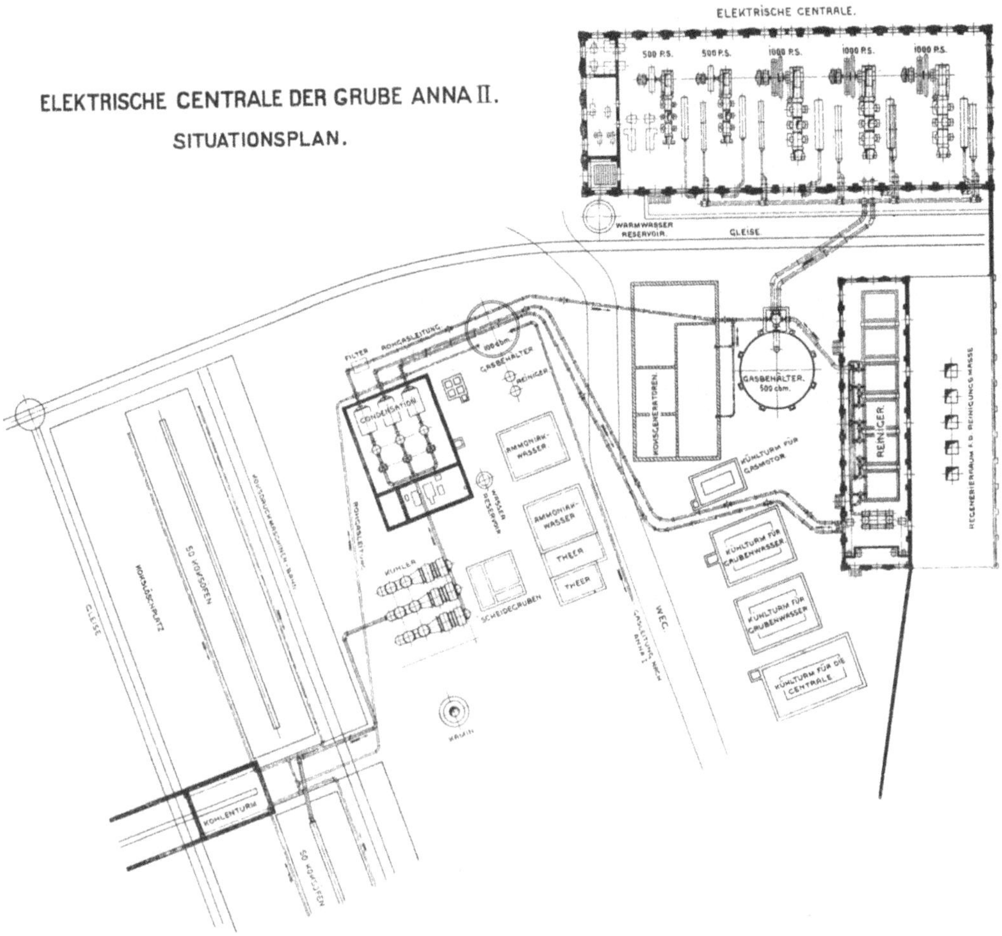

Abb. 92. Grundriß der neuen Kokerei und Kraft-Zentrale des **Eschweiler Bergwerks-Vereins** in Alsdorf.

und Teile der Förderung) aufrechterhalten werden müssen. Deshalb wird eine Generatoranlage als Reserve aufgestellt; die wichtigsten Rohrleitungen werden doppelt ausgeführt, sodaß verschiedene Betriebsmöglichkeiten für die Gaszentrale hergestellt werden können: Betrieb mit gereinigtem oder ungereinigtem Koksgas, mit

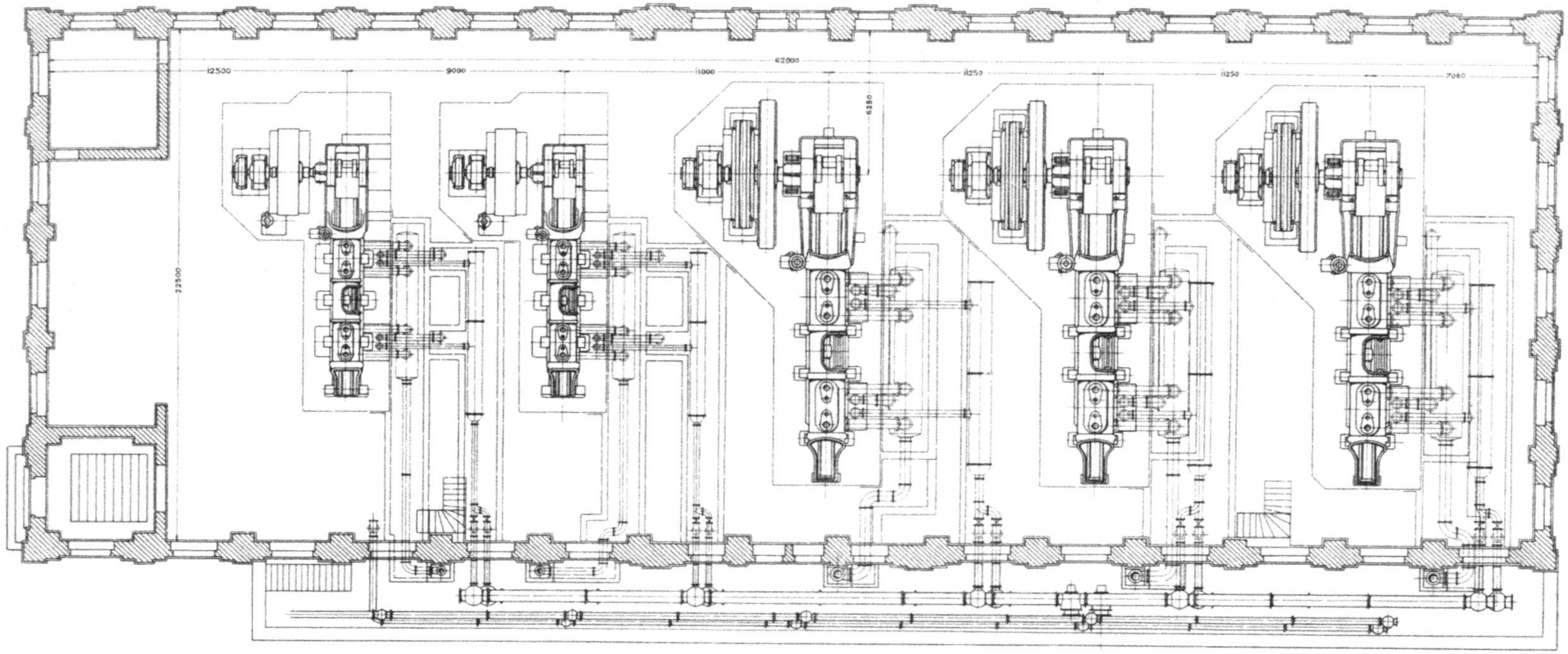

Abb. 93. Kraft-Zentrale der Grube **Anna II** des **Eschweiler Bergwerks-Vereins** in Alsdorf. Grundriß.
M.-G. **Nürnberg.**

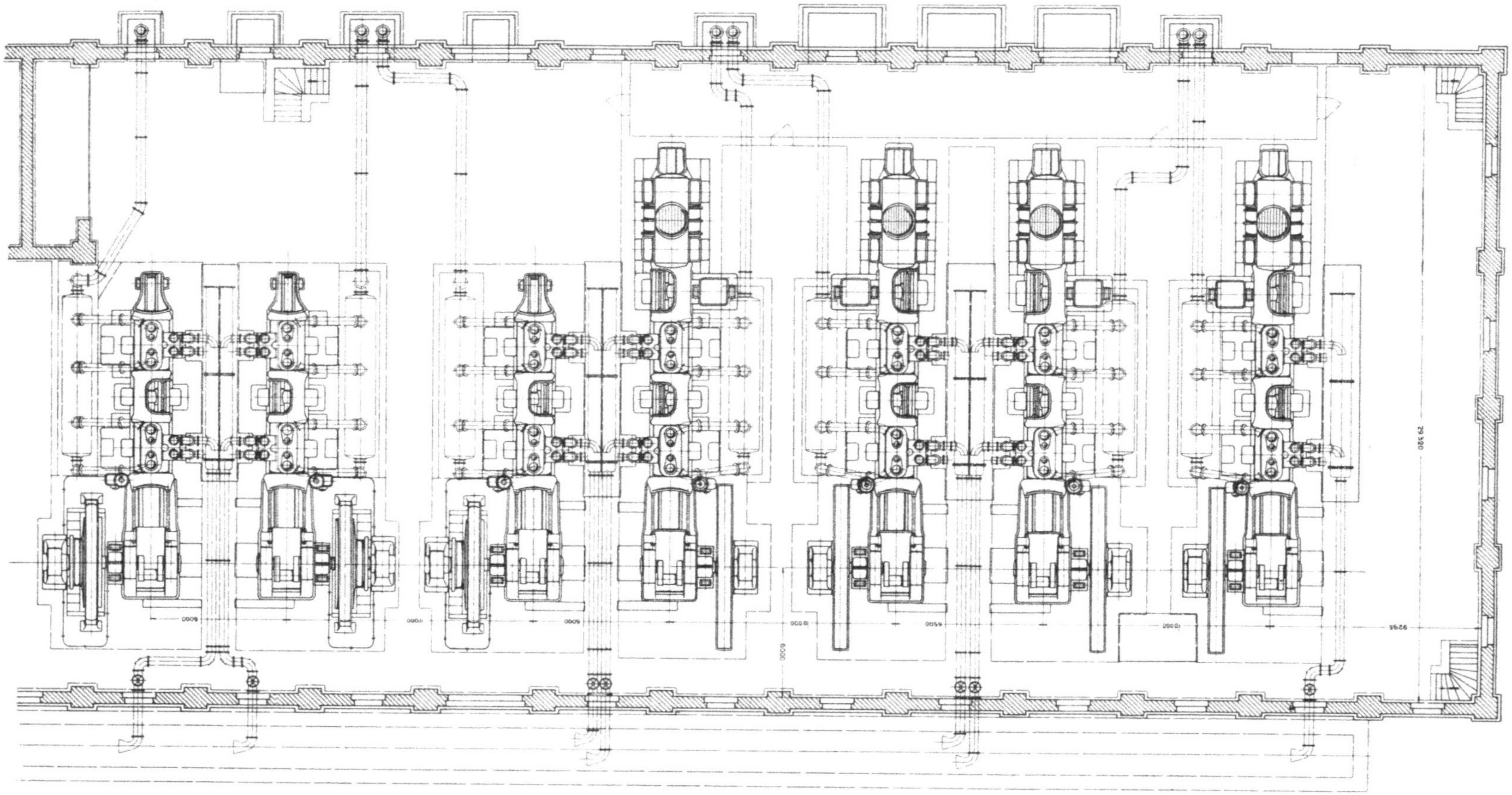

Abb. 94. Kraft-Zentrale der **Rombacher Hüttenwerke.** Grundriß. M.-G. **Nürnberg.**

Generatorgas oder nach Bedarf mit einer Mischung beider. Ein Gasometer von 500 cbm kann im Nebenschluß zur Ausgleichung zugeschaltet werden.

Die Gewinnung der Nebenprodukte, insbesondere des Ammoniumsulfats, stellt der Kraftzentrale das Gas fast kostenlos zur Verfügung. Es ergibt sich für Kokerei und Salzfabrik eine Bilanz, welche einen sehr erheblichen Gewinn nachweist, wesentlich

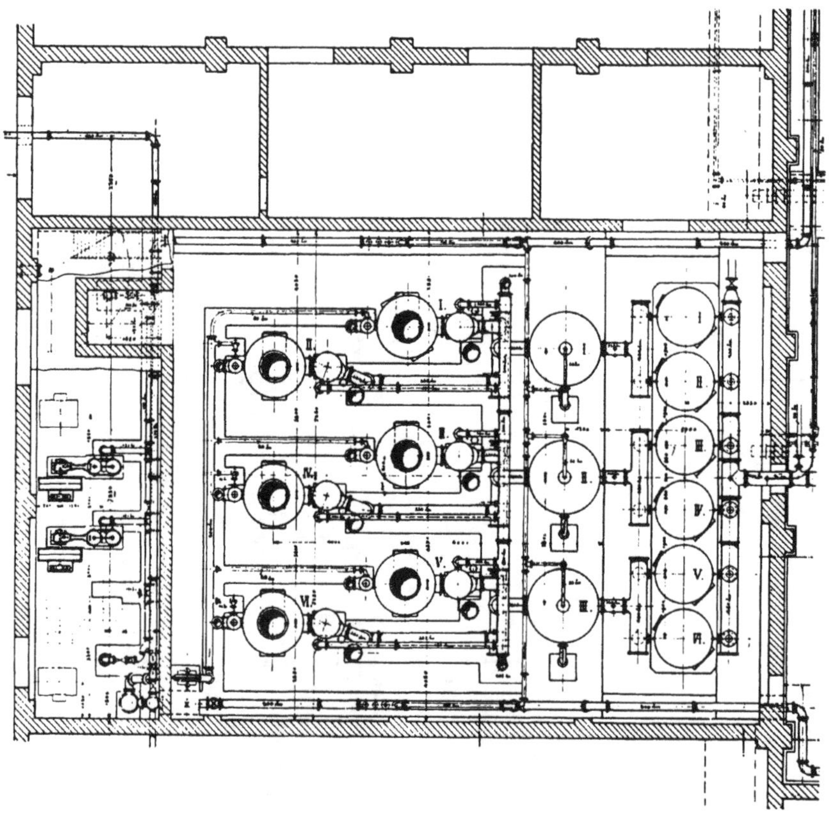

Abb. 95. Kraftanlage **Scheveningen.** Grundriß der Gaserzeugungs- und Reinigungsanlage. M.-G. **Nürnberg.**

durch die Gewinnung der Sulfate und durch die Energieverteilung. Hierbei ist der Teer als Verkaufsprodukt angenommen. Abschreibungen sind dabei fast nur auf die Maschinen zu machen; die übrigen Einrichtungen unterliegen nur sehr geringer Abnutzung und erfordern dementsprechend geringe Abschreibung.

Die neue Gasmaschinen-Zentrale der Rombacher Hüttenwerke ist in Abb. 94 dargestellt. Sie umfaßt 4 Gebläsemaschinen (Abb. 81, 84) für je 860 cbm minutliche Ansaugeleistung bei 80 Umdrehungen, angetrieben durch doppeltwirkende Tandem-Viertaktgasmaschinen (Abb. 85, 94), und 3 Dynamomaschinen mit doppeltwirkenden Tandem-Viertaktgasmaschinen von 1400 PS indizierter Leistung, 850 mm Durchmesser, 1100 mm Hub, 106 Umdrehungen min.

Ein kennzeichnendes Beispiel einer städtischen Kraftgasanlage ist die von der M.-G. Nürnberg gebaute Kraftanlage von Scheveningen für Kraft- und Lichtversorgung (Abb. 95—98), bestehend aus der Gaserzeugungsanlage (Abb. 95: Grundriß, Abb. 96: Querschnitt) mit 6 Generatoren für Anthrazit, deren

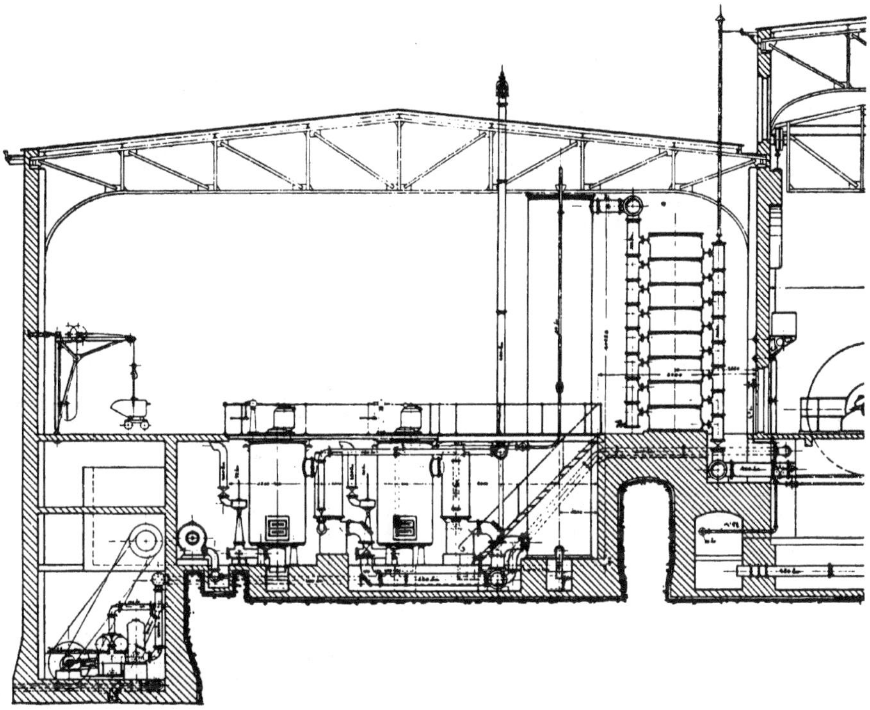

Abb. 96. Kraftanlage **Scheveningen.** Querschnitt durch die Gaserzeugungs- und Reinigungsanlage. M.-G. **Nürnberg.**

Fülltrichter in gleicher Höhe mit dem Maschinenhausflur liegen, sodaß die Zugänglichkeit während des Betriebes in der besten Weise erreicht ist, und der daran anschließenden Gasreinigung mit 3 Skrubbern und 6 Etagenreinigern. Zur Bedienung der Generatoren und der Gasreinigung sind nur 2 Mann erforderlich. Seitwärts im Fundament ist die Wasserversorgungsanlage untergebracht.

Im Maschinenhause (Abb. 97: Grundriss, Abb. 98: Querschnitt) sind sechs Maschinen von je 350 PS mit ihren Zylinderseiten symmetrisch zur Mitte und gegeneinander gekehrt angeordnet. Das Gas wird von der Gasreinigung durch ein Rohr nach dem in der Mitte des Maschinenhauses liegenden Hauptsammelrohr geführt,

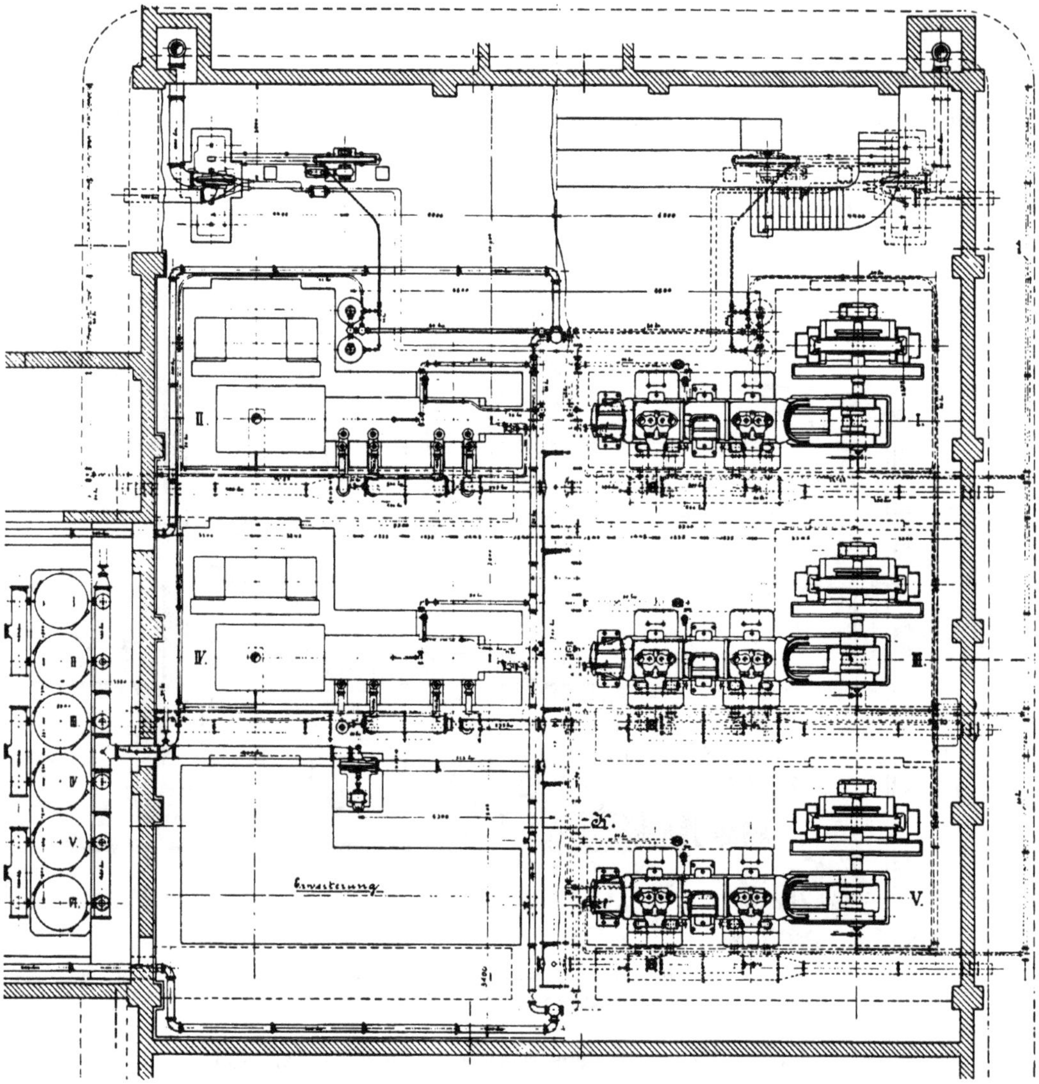

Abb. 97. Kraftanlage **Scheveningen.** Grundriß der Maschinenanlage. M.-G. **Nürnberg.**

an welches die Gasleitungen zu den einzelnen Arbeitszylindern angeschlossen sind. Die Leitung wird jedoch später zur Sicherstellung der Energiezuführung in eine Ringleitung umgewandelt werden. Dies ist wie bei Dampfanlagen wünschenswert, da

Beschädigungen der Zuleitung zwar unter normalen Betriebsverhältnissen nicht vorkommen werden, aber doch möglich sind.

Mit Rücksicht auf den Badeort wurden die Auspuffröhren in einen großen gemauerten Auspuffkanal geleitet, der das ganze Maschinenhaus umzieht, und in ihm vollzieht sich die Druckverminderung; aus diesem Kanal werden die Abgase durch Ventilatoren am Ende des Maschinenhauses abgesaugt und durch zwei Auspuffröhren an der Stirnseite des Gebäudes weggeleitet.

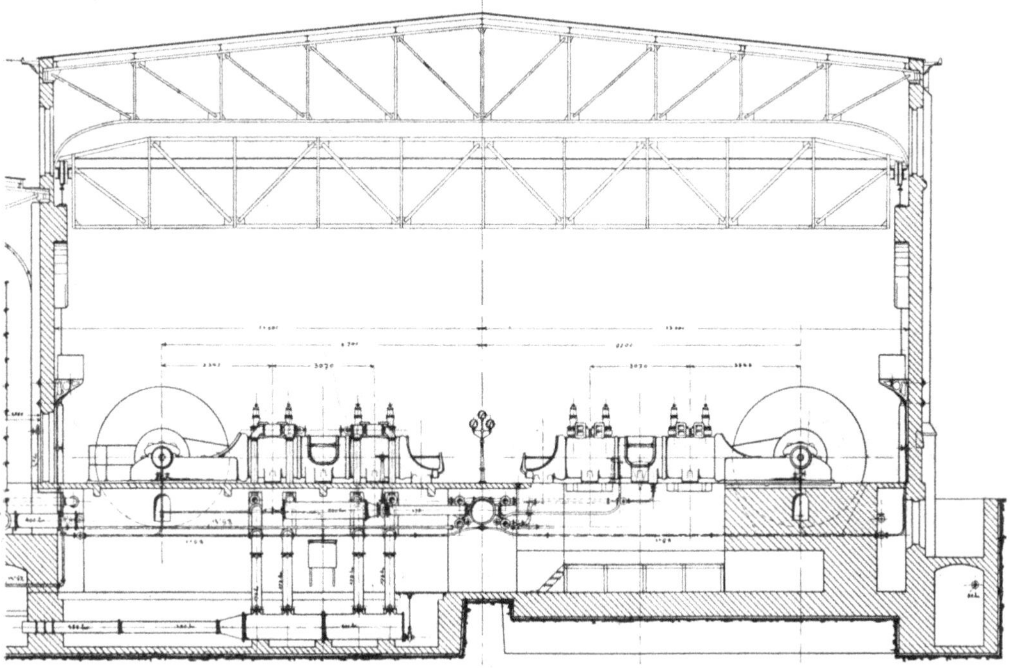

Abb. 98. Kraftanlage **Scheveningen.** Querschnitt durch das Maschinenhaus. M.-G. **Nürnberg.**

Das wirtschaftliche Betriebsergebnis dieser Anlage ist sehr günstig. Unter den ungünstigen Betriebsverhältnissen eines Seebadeortes, die nur während 2—3 Stunden genügende Belastung der Anlage ergeben, stellt sich die Wärmeausnutzung fast gleich wie bei vollkommensten Dampfanlagen unter den günstigsten Betriebsverhältnissen entsprechend (4 kg Dampfverbrauch für die Stundenpferdekraft bei Vollbelastung aller Maschinen).

Den gegebenen Verhältnissen entsprechend wurde die Bedingung gestellt, daß jede Maschine im Bedarfsfalle auch mit Leuchtgas betrieben werden kann. Die Bauart der Einlaßventile gestattet die leichte Auswechslung der Steuerungsteile für den geänderten Betrieb. Um der für Leuchtgasbetrieb erforderlichen geringeren Gemengeverdichtung Rechnung zu tragen und umständliche Veränderung des Verdichtungsraumes zu vermeiden, sind die Maschinen nur für eine mittlere Verdichtung gebaut, die für Leuchtgasbetrieb noch zulässig ist, für Generatorgas allerdings etwas höheren Gasverbrauch ergibt.

Abb. 99. 1800 PS-Gasmaschine der Kraft-Zentrale in **Madrid.**

M.-G. **Nürnberg.**

Ein hervorragendes Beispiel eines Kraftwerkes für städtische Kraftversorgung ist auch die Kraftanlage für Madrid (Abb. 99 bis 102).

Die Anlage ist für Betrieb mit minderwertiger Kohle gebaut, die in der Nähe von Madrid vorkommt und wegen ihres geringen Heizwertes unmittelbar schlecht verwendbar ist. Aus dieser Kohle wird Mondgas erzeugt und damit 6 Gasmaschinen von 1500—2000 Pferdekräften betrieben; der Strom wird in die Stadt geleitet, um dort den wesentlich teureren Strom der städtischen Betriebe zu ersetzen und neue Ver-

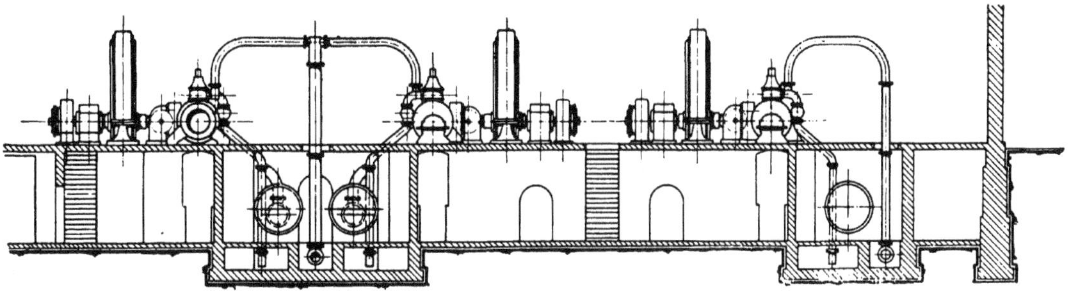

Abb. 100. Kraftanlage **Madrid.** Querschnitt durch das Maschinenfundament.
M.-G. **Nürnberg.**

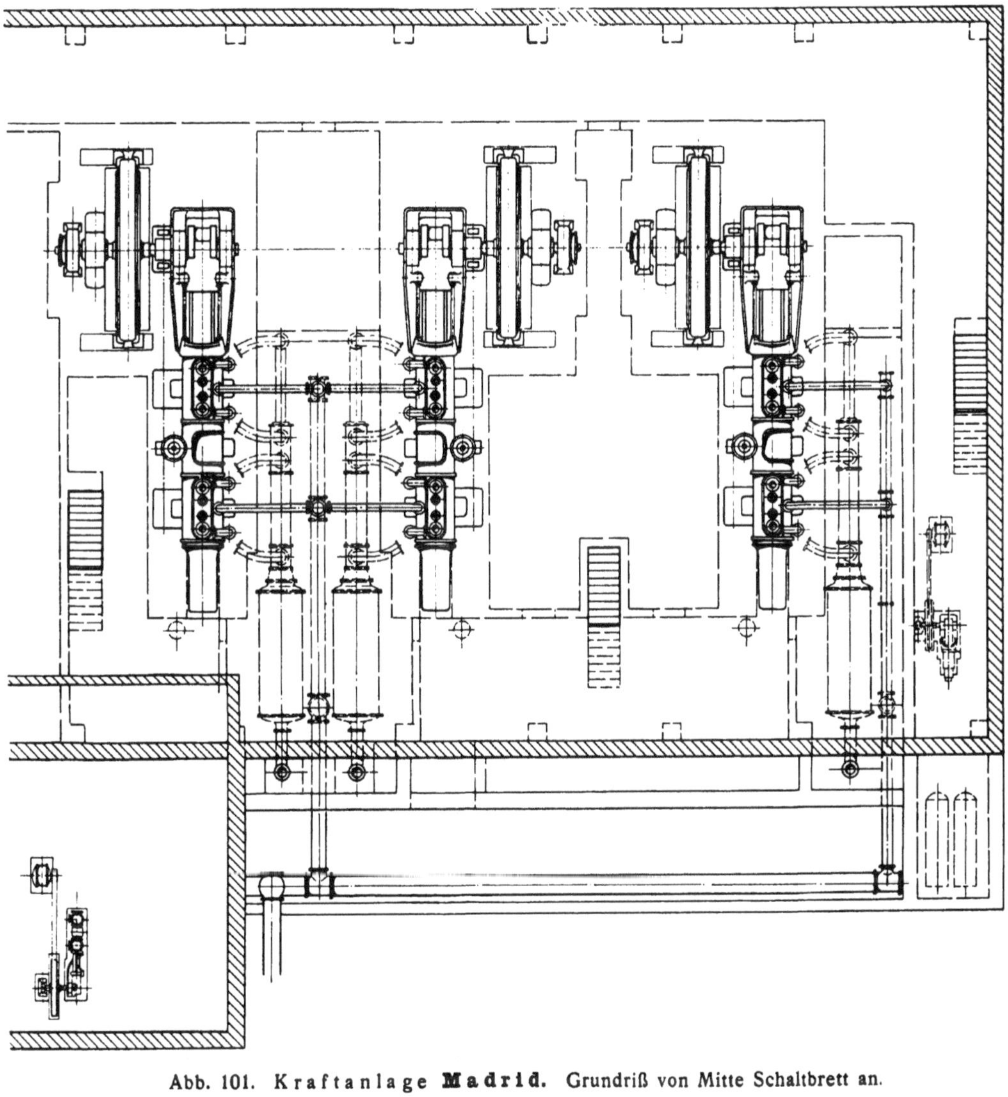

Abb. 101. Kraftanlage **Madrid.** Grundriß von Mitte Schaltbrett an.
M.-G. **Nürnberg.**

wendungsgebiete zu gewinnen. Diese Gasmaschinen (Abb. 99) sind gleicher Bauart wie die Maschinen Abb. 72. Abb. 101 zeigt den halben Grundriß der Maschinenanlage.

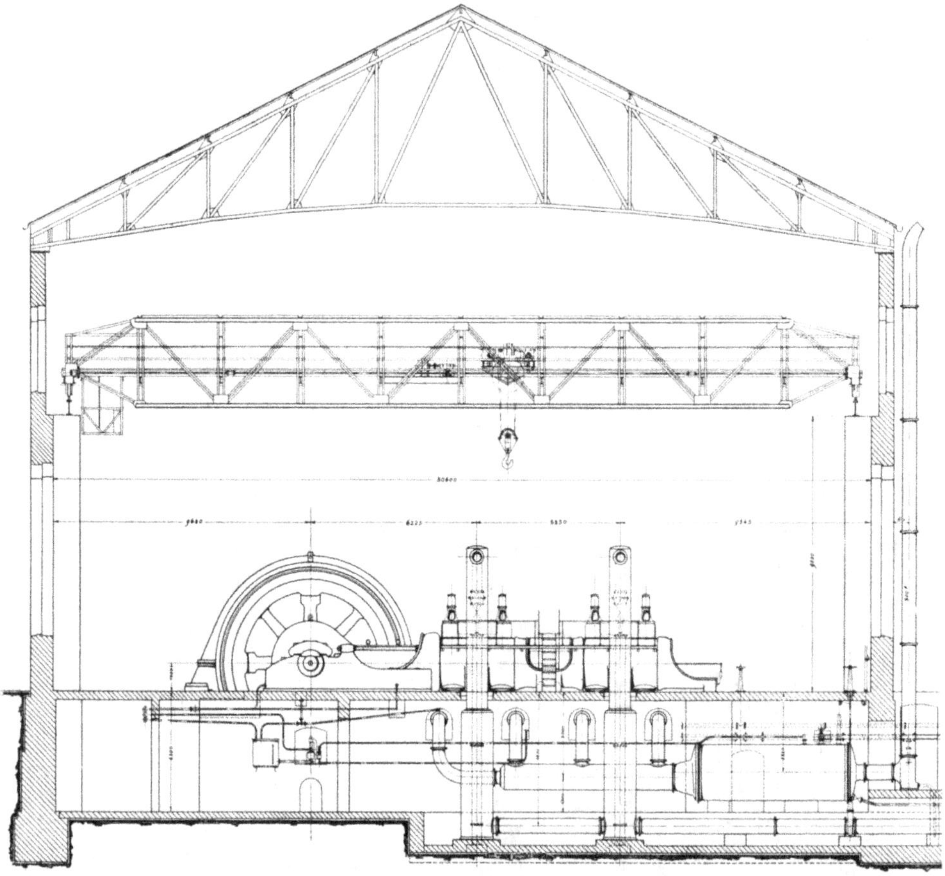

Abb. 102. Kraftanlage **Madrid.** Querschnitt durch das **Maschinenhaus.**
M.-G. **Nürnberg.**

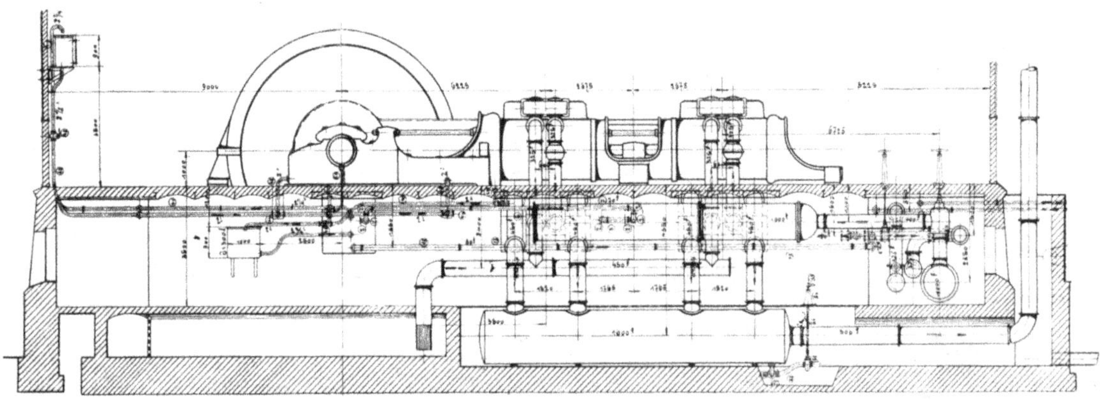

Abb. 103. Rohrleitungen zur Gasmaschine in **Alsdorf.**

Im Anschluß an die Beispiele der von der M.-G. Nürnberg ausgeführten Maschinen und Maschinenanlagen sind im Nachfolgenden die Unfälle angegeben, die an diesen Maschinen vorgekommen sind. Es ist besonders dankbar anzuerkennen, daß die genannte Fabrik diese Unfälle rückhaltslos mitgeteilt hat, während solche Vorkommnisse sonst in der Regel leider mit großer Geheimtuerei behandelt werden und gerade infolgedessen zu unrichtigen Gerüchten und zur Ausbeutung durch die Konkurrenz Anlaß geben. Die offene Darlegung des Sachverhalts läßt in den vorliegenden Fällen jeden Sachverständigen erkennen, daß keiner der Unfälle mit der Bauart dieser Maschinen oder mit dem Wesen des Gasmaschinenbetriebs zusammenhängt; sie hat auch den außerordentlich großen Wert, daß jeder sachverständige Konstrukteur und Betriebsleiter aus diesen Unfällen sofort ersehen kann, wie ähnliche Unfälle sicher zu vermeiden sind.

Über die Wichtigkeit gerade solcher Mitteilung von Vorkommnissen, welche außerhalb des normalen Betriebs liegen, sind die Äußerungen beachtenswert, welche der Vorsitzende des Berliner Bezirksvereins deutscher Ingenieure, Prof. Kammerer zum Schlusse meines Vortrages über diese Unfälle gemacht hat. Sie lauteten:

„Leider ist im Maschinenbau sehr selten Gelegenheit, öffentlich von einem Maschinenbruch etwas zu hören. In weitaus den meisten Fällen wird ein Maschinenbruch als Geheimnis gehütet, soweit man es nur irgend kann. Ob dieser Standpunkt, der bei oberflächlicher Betrachtung ja begreiflich ist, in Wirklichkeit der richtige ist, scheint mir zweifelhaft. Denn besprochen wird ein Zusammenbruch schließlich doch und, wenn er hintenherum bekannt wird, alsdann meist durch ein Vergrößerungsglas betrachtet. Man kann auch sehr leicht beobachten, daß, wenn irgendwo ein Maschinenbruch erfolgt, alles, was an der Maschine einigermaßen zu tadeln ist, sofort aufs heftigste angegriffen wird, auch solche Einzelheiten, die mit dem Bruch garnichts zu tun haben . . . Wenn es gelingen würde, derartige Brüche öfter zur allgemeinen Kenntnis zu bringen, dann würde erstens eine schiefe Beurteilung vermieden werden, und außerdem lernt man natürlich aus solchen Fällen mehr als aus der vollkommensten Maschine. Schon von diesem Standpunkt aus wäre es durchaus richtig, wenn man solche Brüche zur Kenntnis bringen würde. Man würde damit der Technik im ganzen einen außerordentlichen Dienst leisten, und ich glaube nicht, daß es immer zum Schaden desjenigen Werkes wäre, das zufälligerweise das ausführende war; denn es würde sich dann bei gerechter Beurteilung, die in der Öffentlichkeit immer mehr eintritt als in der Heimlichkeit, herausstellen, was schließlich schuld war, und es können ganz geringfügige Umstände die Ursache von umfangreichen Zusammenbrüchen sein. Von diesem Gesichtspunkt aus betrachtet, dürfen wir sehr dankbar sein, daß uns diese beiden Brüche zur Kenntnis gebracht wurden."

Ein eigenartiger Unfall ereignete sich an einer der 1000 pferdigen Gasmaschinen auf „Phönix" in Ruhrort (Abb. 104).

Die Auspuffröhren gehen in der üblichen Weise durch einen Auspuffkessel im Fundament (Abb. 103), der bei der Aufstellung irrtümlich mit einem 30 mm- statt 80 mm-Entwässerungsrohr versehen wurde. Durch Verunreinigungen wurde die enge Entwässerung verstopft. Vor dem Anlassen der Maschine, nach einem 24 stündigen Stillstande, hat der Maschinist die Entwässerung geöffnet und, da kein Wasser ausfloß, angenommen, es sei alles in Ordnung.

Die Wasserleitung für die Einspritzung in den Auspuff war durch einen Schieber an die Wasserleitung der Hütte angeschlossen. Dieser Schieber war undicht und zu-

Abb. 104. 1000pferd. Gasmaschinen auf **Phönix** in Ruhrort. M.-G. **Nürnberg.**

fällig die Wassereinspritzung in den Auspuff unmittelbar an der Maschine nicht abgesperrt; somit konnte sich wegen der Undichtheit während des Stillstandes durch die Einspritzung und das Auspuffrohr hindurch der ganze Auspuffkessel mit Wasser füllen.

Die Maschine wurde mit dem Schaltwerke gedreht; hierbei hat sich nichts gezeigt und konnte sich auch nichts zeigen, weil das Wasser sich wohl im Auspuffkessel, nicht aber in den Zylindern befand. Dann erfolgte das Anlassen der Maschine in der üblichen Weise mit Druckluft von 20 Atm. Pressung, die an den Innenseiten der Zylinder zugeführt wird. Zuerst hat der vordere Kolben auf der rückwärtigen Zylinderseite Druckluft erhalten; der Kolben wurde vorgeschoben, und beim Rücklauf hätte die Druckluft des vorderen Zylinders durch den Auspuffkessel hindurch ins Freie auspuffen sollen. Da der Kessel aber mit Wasser gefüllt war, mußte die auspuffende

Druckluft das Wasser verdrängen, und zwar hoch hinauf ins senkrechte Auspuffrohr, gleichzeitig aber auch durch die Auspuffröhren und die Steuerungsventile, die von außen durch den Wasserdruck angehoben werden können, in den Arbeitszylinder. So gelangte Wasser in die vorderste Zylinderseite und in die hintere Zylinderseite des Außenzylinders. Nun war die Gelegenheit zu Brüchen gegeben, selbst wenn die Pressung der Druckluft in den Arbeitszylindern sofort aufgehört hätte, da die leer angelassene Maschine durch die beiden ersten Hübe schon große Geschwindigkeit angenommen hatte und nunmehr die Wirkung der Schwungmassen auftreten mußte.

Zunächst kam der vordere Kolben gegen die vordere Wasserfüllung, nun mußte der schwächste Teil nachgeben. Der Kolben wurde etwa 30 mm vor dem Hubende durch das Wasser aufgehalten; der Zylinder hat dem Druck widerstanden, die Kurbel hat sich aber trotzdem durch den toten Punkt gedreht, weil die Schwungmassen imstande waren, die Schrauben an beiden Schubstangenköpfen auszudehnen. Diese haben als schwächster Teil nachgegeben und sich insgesamt um 30 mm ausgedehnt. Davon entfielen 10 mm auf die Kreuzkopfbolzen und 20 mm auf die Schrauben am Kurbelkopf. Diese Dehnungen sind infolge Überschreitung der Elastizitätsgrenze dauernd geblieben und konnten gemessen werden.

In solcher Weise wurde der Hubwechsel unter Formveränderung der Schrauben, aber ohne Bruch durchlaufen. Der Kolben mußte dann auf dem Rücklauf, durch die Schwungmasse getrieben, die Wassermasse in der hintersten Zylinderseite treffen. Im gedrückten Gestänge gab es keine so schwachen Teile wie die Schrauben; es wurde daher der Zylinder zersprengt.

Im vorderen Hubwechsel trat eine Kraft auf, welche die Schrauben über die Elastizitätsgrenze beanspruchte; ihr entsprechend beträgt die Pressung, welche der Zylinder, ohne zersprengt zu werden, m i n d e s t e n s ausgehalten hat, etwa 128 Atm. Es ist auf Grund anderer Umstände anzunehmen, daß die Pressung im rückwärtigen Zylinder, welche den Bruch bewirkte, etwa 180 Atm. betragen hat.

Der vordere Arbeitszylinder war vollkommen unbeschädigt und ist wieder in Betrieb. Es wurde die Entwässerung richtiggestellt und der rückwärtige Zylinder durch einen neuen ersetzt. Um dies rasch zu bewirken, wurde der Arbeitszylinder der benachbarten, noch in Montierung begriffenen Maschine genommen und i n d r e i A r b e i t s t a g e n b e t r i e b s f e r t i g a u f g e s t e l l t, die Steuerung angebracht, die Rohrleitungen angeschlossen und a m v i e r t e n T a g e d e r r e g e l m ä ß i g e B e t r i e b m i t voller Belastung wieder aufgenommen; eine hervorragende Leistung, die aber nur möglich ist bei genauester Werkstättenarbeit und bei der vorliegenden Bauart der Maschine.

Das Verhalten der Zylinder ist ein glänzender Beweis für die Richtigkeit der Nürnberger Zylinderkonstruktion. Diese Bauart wurde von Gasmotorenbauern anfänglich viel kritisiert. Getadelt wurde insbesondere die Herstellung des Zylinders mit den Ventilkasten und dem äußeren Mantel in einem Gußstück und die Anbringung der

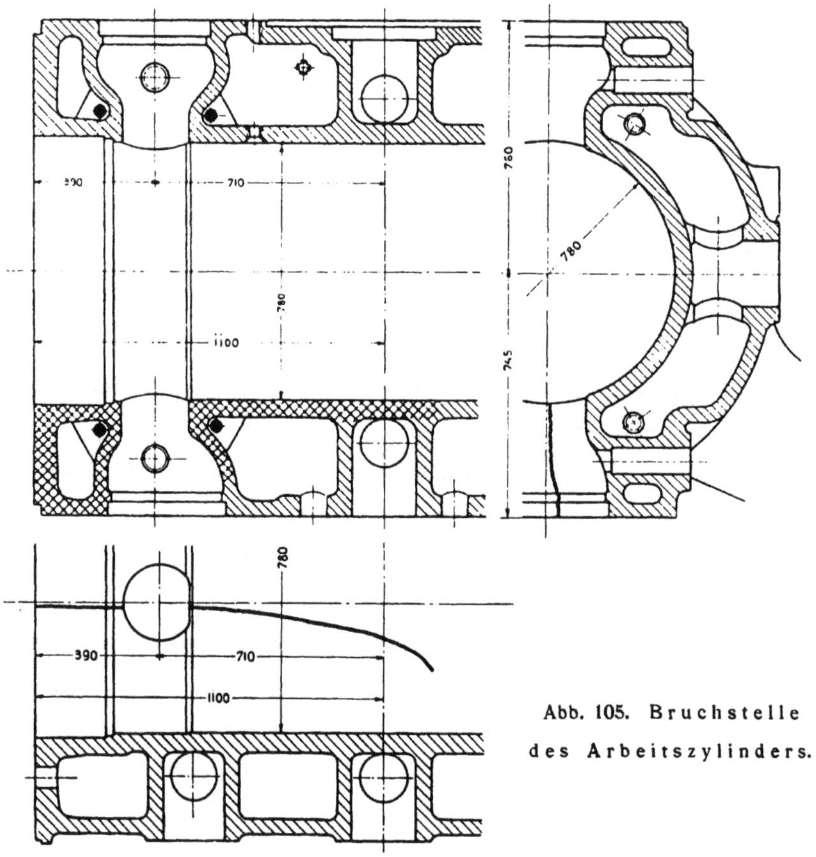

Abb. 105. Bruchstelle des Arbeitszylinders.

breiten Stirnwände. Aber gerade darin liegt der Wert der Konstruktion. Nur durch diese Anordnung wird spannungsfreier Guß erzielt, und sie gestattet, die Kräfte auf Zylinder, Mantel und Stirnwand gleichmäßig zu übertragen, sodaß alle Teile mittragen.

Abb. 105 zeigt die Bruchstelle des Zylinders. Der Riß erfolgte in der Längsachse; es sind jedoch mit dem Innenzylinder die Stirnwand und die Außenwände mitgerissen, weil diese Teile gleichmäßig mitbeansprucht worden sind und mitgetragen haben.

Die Beanspruchung, welche der vordere, nicht gerissene Zylinder ausgehalten hat, ist übrigens eine so hohe (mindestens 128 Atm.), daß ihr keine andere Konstruktion von Gasmaschinenzylindern oder Zylinderköpfen hätte widerstehen können. Auch bei den schlimmsten Frühzündungen und daraus folgenden Überlastungen können gleich große Beanspruchungen wie bei diesem Unfall nie vorkommen. —

Bei einer der 1200 pferdigen Maschinen in Rombach (Abb. 94) ereignete sich inmitten des besten Betriebszustandes bei minutlich 106 Umdrehungen, nachdem die Maschine seit dem Anlassen im ganzen etwa 24 Stunden unter voller Belastung

Abb. 106. Triebwerk und Maschinenrahmen.

gearbeitet hatte, nachts ein folgenschwerer Kolbenstangenbruch. Der Maschinist bemerkte plötzlich, zufällig in Gegenwart des Betriebsingenieurs der Hütte, daß mitten aus der Kolbenstange Wasser ausspritzte. Er rückte sofort die Zündung aus und war eben im Begriff, das Gasventil zu schließen, als hintereinander verheerende Zertrümmerungen der Maschinenteile erfolgten. Nach Angabe der Anwesenden machte die Maschine bis zum völligen Stillstand etwa 5 Umdrehungen, wobei der elektrische Widerstand sich erst mit der abnehmenden Geschwindigkeit selbsttätig ausschaltete. Das Schwungmoment im Augenblicke des Bruchs, das durch die Brüche während der 5 Umdrehungen vernichtet wurde, betrug etwa $G v^2 = 10\,800\,000$.

Die Untersuchung ergab:

Bruch der Kolbenstange, Abscherung der ganzen Trag- und Lauffläche des Kreuzkopfes, vollständige Zertrümmerung des vordersten Zylinderdeckels und der Stopfbüchseneinsätze, Verbiegung der Schubstange (Abb. 106), Bruch der Krone in der Laterne beim Anschluß des vorderen Zylinders an die Geradführung. Das Bruchstück wurde nach oben herausgebrochen und zwischen die Dynamomaschine und die Absperrventile, also über den Regulator hinweg geschleudert (Abb. 107). Sonstige Beschädigungen waren dort nicht zu erkennen, nur die zweite Exzenterstange war verbogen. Außerdem waren beide rückwärtigen Zylinderdeckel angerissen (Abb. 108), Flanschen und Schrauben waren aber größtenteils unbeschädigt. Beide Zylinder blieben vollständig unbeschädigt,

Abb. 107. Krone des Maschinenrahmens.

auch die Laufflächen und die Kolbenringe; nur einige Stiftschrauben der Deckelverschraubungen waren abgerissen. Risse zeigten sich noch in der Ecke eines Lagerdeckels und in der Krone der Geradführung unterhalb der Zugstange und in den Keilnuten des Dynamoankers. Die Wellenkröpfung war etwas verbogen. Unbeschädigt blieben somit nur die Zylinder, die Steuerungen, die Lager und die Nebenteile der Maschine.

Die nächste Veranlassung dieser umfangreichen Zerstörungen war unzweifelhaft der Bruch der Kolbenstange, der in der Mitte zwischen Kolben und Kreuzkopf erfolgte. Diese Bruchstelle liegt nur beim innern Hubwechsel 35 mm tief im Zylinder (Abb. 112), sonst ganz außerhalb des Zylinders; der mit dem Kreuzkopf verbundene Stummel der Kolbenstange mußte daher nach dem Bruch seine Führung in der Stopfbüchse verlieren. Der erfolgte Querriß der Kolbenstange war der Ausgangspunkt von Zerstörungen, die wahrscheinlich in folgender Reihenfolge vor sich gingen:

Die beiden Arbeitskolben wurden durch diesen Kolbenstangenriß während des Rückganges vom Triebwerke frei. Die Kolben setzten unter dem bereits begonnenen Arbeitshube ihre Bewegung fort; sie mußten an die beiden rückwärtigen Zylinderdeckel anschlagen und haben diese zersprengt (Abb. 108). Die Zündung wurde zwar sofort abgestellt, aber wahrscheinlich sind die Kolben nochmals vorgeworfen worden, doch haben

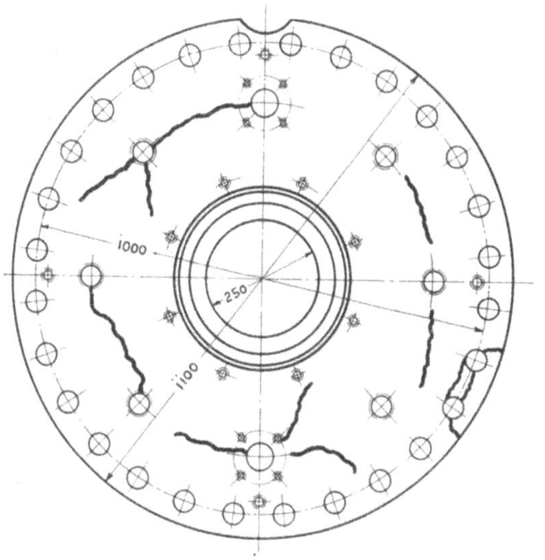

Abb. 108. Hinterer Zylinderdeckel.

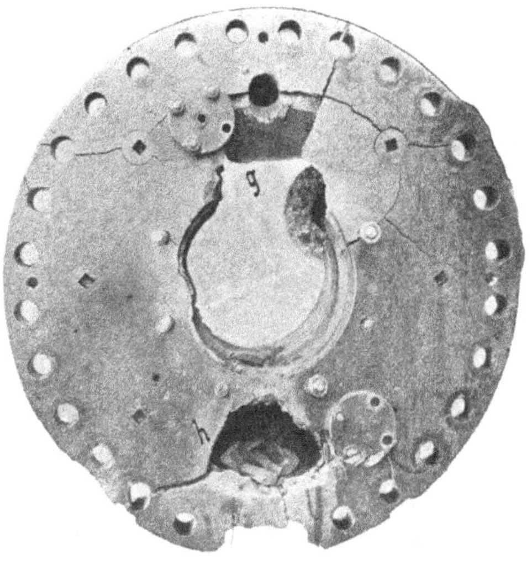

Abb. 109. Vorderster Zylinderdeckel.

sie die vorderen Zylinderdeckel anscheinend nicht mehr erreicht, sondern kamen in der Hubmitte zur Ruhe; jedoch wurde beim Vorfliegen der Bruchquerschnitt der Stange beschädigt, indem die beiden Stangenenden aufeinander stießen. Dieser Vorgang läßt sich nachträglich nicht mehr vollständig verfolgen, weil nach dem Riß die beiden Stangen zwei getrennten Triebwerkteilen angehörten, die verschiedenen, nunmehr völlig unabhängigen Kräften folgten (Gasdruck im Zylinder und Schwungmasse auf der Kurbelwelle). Jedenfalls müssen die beiden Bruchquerschnitte mit großem Stoß aufeinander geschlagen haben. Die weiteren Zerstörungen können dann nur noch durch das Kurbeltriebwerk erfolgt sein.

Der abgerissene Stangenstummel mit dem Kreuzkopf hat, von der Kurbel getrieben, seinen Weg fortgesetzt. Er mußte beim Rücklauf den vorderen Zylinderdeckel treffen, hatte seine Führung in der Stopfbüchse verloren, konnte die Stopfbüchsenöffnung nicht mehr zentrisch treffen und hat den Deckel in der Mitte beschädigt und die Stopfbüchseneinsätze und Dichtungsringe zerstört (Abb. 109). Durch diesen Stoß ist der Stangenstummel wahrscheinlich noch mehr aus seiner Mittellage herausgeraten; der nächste Stoß beim nächsten Hub traf daher den Deckel nicht mehr in der Mitte, sondern oberhalb der Mitte bei g und hat hierdurch eine umfangreichere Zerstörung des Deckels bewirkt. Dieser Stoß hat große Stücke herausgesprengt. Die Absprengung an der Innenseite dieses Deckels zeigt Abb. 110. Die nach innen in den Zylinder hineingestoßenen Bruchstücke haben keinen weiteren Schaden angerichtet, weil die ab-

Abb. 110. Innenseite des vordersten Zylinderdeckels.

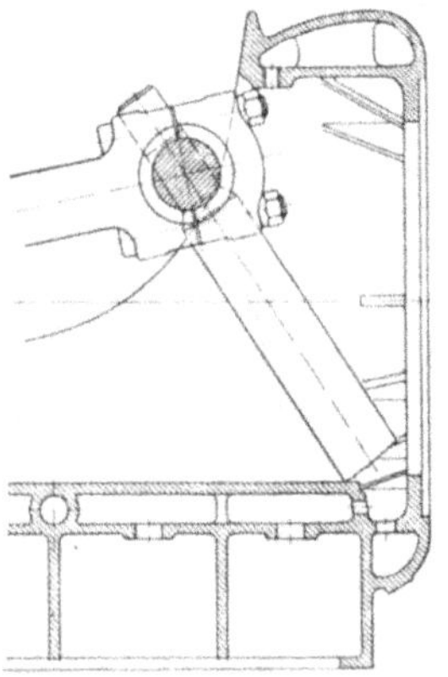

Abb. 111. Zusammenhang des Triebwerks mit der Krone.

gerissenen Kolben sich nicht mehr bewegen konnten. Eines der nach außen herausgefallenen Stücke ist jedoch zwischen Zylinderdeckel und Geradführung gefallen, und nun wurde beim nächsten Rücklauf vor dem Hubende der ganze Kreuzkopfschuh abgeschert. Infolgedessen mußten der Kreuzkopfzapfen, die Schubstange und der Stangenstummel auf die Geradführung herunterfallen, und der Stummel konnte beim nächsten Hub das dritte, tiefer gelegene Loch h in den Deckel stoßen. Nach diesem Stoß hat sich wahrscheinlich der Stummel beim nächsten Rücklauf gegen Teile der Geradführung gestemmt und dadurch den Kreuzkopf und die Schubstange aufwärts gehoben (Abb. 111). Erst hierdurch konnte aus der Laterne des Maschinenrahmens die obere Krone herausgebrochen und nach oben gedrückt werden. Durch die elastischen Kräfte in dem deformierten Triebwerke wurde das Bruchstück über den Regulator geworfen. Die Flanschen der Krone wurden abgerissen, die Verschraubungen sind auf dem Zylinder verblieben (Abb. 106). Nach diesem Bruche ist die Maschine zur Ruhe gekommen. Der Riß im unteren Teile der Krone ist wahrscheinlich zu gleicher Zeit mit dem Bruch der Krone erfolgt.

Für diesen Verlauf sprechen die vorgefundenen Bruchstellen ebensowohl wie die Formveränderungen, die dabei notwendigerweise insbesondere in der Geradführung und zwischen Kolbenstange und Schubstange bemerkbar blieben.

Die Zerstörungen der Zylinderdeckel und im Triebwerk wären trotz ihres Umfangs nicht von großer Bedeutung gewesen; da die Zylinder unbeschädigt blieben, so wäre Ersatz in kurzer Zeit und mit verhältnismäßig wenig Kosten möglich gewesen. Der letztgenannte Bruch der Krone war jedoch folgenschwer. Das Maschinenbett samt Lager zu ersetzen, erforderte längeren Stillstand und große Kosten. Die Schubstange war durch die Stöße stark, die Kurbelwelle nur 1—2 mm verbogen. Sie konnte nachgerichtet und abgedreht und wieder verwendet werden.

Die Arbeitszylinder und Kolben haben keine Beschädigung erfahren. Nur einige Stiftschrauben sind abgerissen, als die Deckel durchgeschlagen wurden. Die Zylinder sind wieder unverändert in Betrieb genommen worden.

Die Wiederherstellung der Maschine war umständlich, weil das Maschinenbett mit der Wellenlagerung erneuert werden mußte. Wäre die Kolbenstange nahe beim Kolben gerissen, wo alle Nebenbeanspruchungen wesentlich größer sind, dann wären die Folgen verhältnismäßig gering gewesen; die Kolbenstange hätte ihre Führung nicht verloren, es wären nur die Deckel von innen durchgeschlagen worden. Das folgenschwere Unheil hat der nicht geführte Kolbenstangenstummel und der aufwärts gerichtete Bruch im Maschinenbett angerichtet. Die Maschine mußte vollständig abgetragen und unter Benutzung der alten Zylinder neu aufgebaut werden. Trotzdem ist es gelungen, den Umbau verhältnismäßig rasch zu vollenden und den Dauerbetrieb wieder aufzunehmen, und seitdem ist keine Störung vorgekommen. —

Welches war nun die Ursache des verhängnisvollen Kolbenstangenbruches? Als Ursachen kommen in Betracht: das Material, die normalen Kräfte und Formveränderungen, außerdem die Wirkungen von Nebenkräften.

Das Material war Tiegelgußstahl von 6200 kg/qcm Bruchfestigkeit und 22 % Dehnung. Die Stange war unter Gewährleistung geringerer Festigkeit und

Dehnung geliefert. Daß nach chemischer Zusammensetzung, Festigkeit und Dehnung unzulässiges Material die Ursache des Bruches gewesen wäre, war von vornherein unwahrscheinlich. Analyse und Festigkeitsproben haben dies bestätigt.

Daß die Beanspruchung der hohlen Stange durch die normale Triebwerkskraft Ursache des Bruchs gewesen wäre, ist gleichfalls ausgeschlossen. Zug- und Druckkräfte ergeben eine Höchstbeanspruchung von 350 kg/qcm, selbst wenn die Massenwirkung nicht in Abzug gebracht wird, die diese Beanspruchung an der im Triebwerk weit vorn liegenden Bruchstelle noch erheblich vermindert. Die höchste Biegungsbeanspruchung durch Kolben- und Stangengewichte, für freies Auflager zwischen Kreuzkopf und Kupplung berechnet, ist an der Bruchstelle nur 130 kg/qcm. Die Knickfestigkeit der Stange, gleichfalls nur der Kreuzkopfzapfen und die Kupplung zwischen den beiden Zylindern als tragend angenommen, ergibt 11fache Sicherheit.

Die Formveränderungen durch Biegungs- und Knickungsfestigkeit sind daher gering und auch durch den geringen Kolbenspielraum begrenzt. Alle sonstigen Formveränderungen, auf die Bruchstelle bezogen, sind äußerst gering.

Der Übergang vom hohlen zum vollen Stangen-Querschnitt liegt 80 mm von der Bruchstelle entfernt. Der Wechsel der Beanspruchungen und Formveränderungen an dieser Übergangsstelle ist gleichfalls unwesentlich.

Wie von vornherein anzunehmen, konnte daher der Bruch nicht durch die Hauptkräfte und die hierdurch bewirkten Formveränderungen erfolgt sein. Es kommen daher die Nebenkräfte und ihre Zusatzbeanspruchungen in Betracht, insbesondere die Wärmeänderungen der Stange.

Die Stange wird von innen durch Kühlwasser gekühlt, das nur diesem Zwecke dient, sodaß im Betriebe der Abfluß des Kühlwassers so eingestellt werden kann, daß die Ablauftemperatur 43—45° beträgt. Hierbei stellt sich die Außentemperatur der Kolbenstange an der Bruchstelle auf ungefähr 50°.

Die Messung dieser Temperatur ist an der Kolbenstange der Maschine während des Ganges unmittelbar nicht möglich; sie wurde annähernd dadurch vorgenommen, daß mit der Hand die Stange befühlt und dann als anscheinend gleichwarmer Gegenstand ein Teil der Kurbelwelle ermittelt wurde. Die Fingerspitzen erwiesen sich hierbei genügend empfindlich. Drei Beobachter nahmen unabhängig voneinander dieselbe Ermittlung übereinstimmend vor. An der Lagerstelle wurde die gleichhohe Temperatur des Schmieröls zu 48° C gemessen.

Es kann somit aus der Erwärmung der Stange durch die Gase im Betrieb keine Ursache für den stattgehabten Bruch gefunden werden. Bei so geringen Temperaturen und Temperaturunterschieden kann die Stange an der Bruchstelle nicht durch Nebenspannungen erheblich beeinflußt worden sein.

Bei der geringen Zeit der Wärmezuführung kann auch eine ungleiche Wärmeverteilung keine wesentlichen Veränderungen in den Beanspruchungen des Bruchquerschnittes hervorrufen, und die Stange hat im tatsächlichen Bruchquerschnitt nennenswerte Zusatzspannungen nicht erfahren können. Die Erwärmung ist näher beim Kolben eine viel erheblichere, weil dort der Stangenquerschnitt überhaupt nicht aus dem Verbrennungsraume herauskommt, während der Bruchquerschnitt nur kurze Zeit, während des Hubwechsels, am Ende des Arbeitshubes und nur

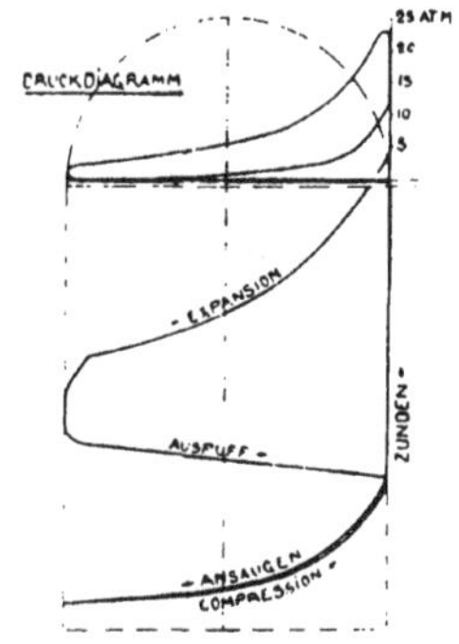

Abb. 113. Druck- und Temperatur-Diagramm.

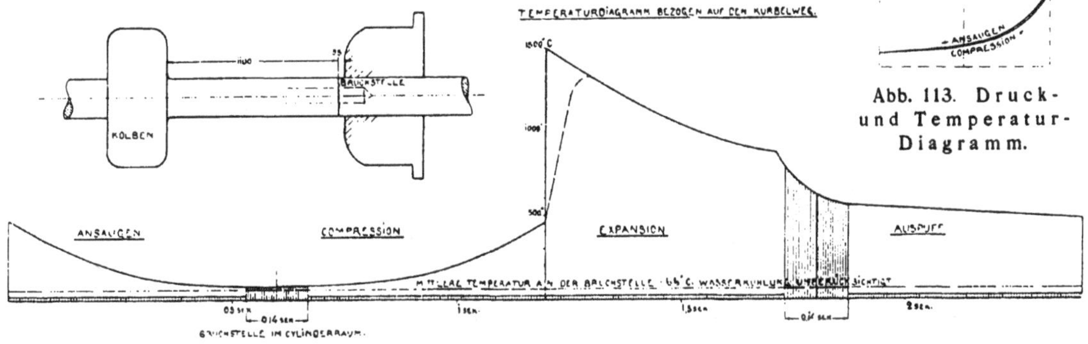

Abb. 112. Temperatur- und Zeit-Diagramm, bezogen auf eine Kurbeldrehung.

35 mm in den Zylinder hineinragt, also während des ganzen Hubs auch auf der Außenseite unter dem Einfluß der Deckelkühlung und der äußeren Luft steht; die wirksamste, die innere Kühlung ist dabei ganz außer acht gelassen. Selbst wenn eine Temperaturerhöhung vorhanden wäre, z. B. 100° Unterschied zwischen Außen- und Innentemperatur des Bruchquerschnittes, so entspräche dem eine Zusatzbeanspruchung, die noch keinen Bruch veranlassen könnte.

Im Diagramm Abb. 112 ist die Temperatur im Zylinderinnern als Ordinate, die Zeit als Abszisse ohne Berücksichtigung der inneren Kühlung, aufgetragen.

Oben links ist die Lage der Bruchstelle zwischen Kolben und Deckel (im linken Totpunkte) angegeben. Das Druck- und das ihm entsprechende Temperaturdiagramm zeigt Abb. 113. Im Zeit- und Temperaturdiagramm ist ermittelt, welche Temperatur auf die Bruchstelle einwirken kann. Die schraffierten Stellen entsprechen der Zeit, während welcher die Gaswärme auf die Stange übertragen wird. Die mittlere Temperatur der Stange an dieser Stelle ergibt sich daraus ohne Berücksichtigung der inneren Kühlung zu nur 66°.

Alle Vermutungen über einseitige Wärmewirkung an der Stange als Ursache von Zusatzspannungen werden durch diese Tatsachen hinfällig; auch allgemein sind diese Vermutungen nicht haltbar, weil zunehmende Wärme im Außenquerschnitt das Material auszudehnen sucht, somit das widerstehende Material in den Außenteilen eine Druckbeanspruchung erfahren muß, die den stattgefundenen Bruch nicht veranlassen könnte.

Auch ist die Stange vor dem Bruche aus zufälligen Ursachen nicht warm gelaufen; beide Zeugen des Unfalls haben dies bestätigt.

Wenn aber die Stange lange Zeit vorher vorübergehend unbemerkt warm gelaufen, nachher abgekühlt wäre, hierbei Schaden gelitten hätte und nun erst zu Bruch gekommen wäre, so würde ein solches Warmlaufen im Aussehen der Stange und ihrer Nachbarteile nachträglich bemerkbar geblieben sein: die Stange hätte Anlauffarben zeigen müssen, sie war aber ganz normal; die Weißmetallringe der Stopfbüchse hätten ihre graue Farbe verlieren und bläuliche Farbe zeigen müssen, davon war nichts zu entdecken. Die gußeisernen Ringe der Stopfbüchsen hätten gelblichen Ton zeigen müssen, weil bei der Erwärmung das Öl anbrennt, wie dies schon bei 80 ° C bei allen Hochdruck-Dampfkolbenstangen zu sehen ist. Auch der Einwand, daß solche Färbungen durch einige Hübe nach dem Erkalten wieder weggerieben werden können, stimmt nicht, da auch zwischen den Ringen, wo die Reibung die Färbung keinesfalls entfernen konnte, keinerlei Zeichen von Erwärmung gefunden wurde.

Zusatzspannungen infolge einseitiger Erwärmung müßten außerdem vor allem ein Krummwerden der Stange verursachen, dem dann ein Bruch nachfolgen kann. Die Bruchstücke der Kolbenstange waren aber nach dem Bruch vollkommen geradachsig, und zwar beide Stücke der Stange, auch der Stummel, der wegen seiner Kürze anscheinend auch beim wiederholten Durchstoßen des Zylinderdeckels nicht verbogen wurde. Bei allen Ursachen, Kraft- und Wärmewirkungen, welche den Kolbenstangen gefährlich werden können, ist die nächste unvermeidliche Wirkung stets das Krummwerden. Im vorliegenden Falle konnte nicht die geringste Formveränderung in dieser Hinsicht nachgewiesen werden.

Weiter wäre noch zu erwägen, ob nicht durch Versagen der Kühlung überhaupt oder örtlich eine einseitige Erwärmung und Zusatzspannung aufgetreten sein könnte. Allgemeines Versagen der Kühlung ist ausgeschlossen, denn die Stange war nach dem Bruch nicht warm und die Kühlung unmittelbar vor dem Bruch in normalem Zustande.

Das Kühlwasser fließt durch die Höhlung der Stange mit $^3/_4$ m Geschwindigkeit. Es müßte nun, um hieraus die Ursache des Bruches abzuleiten, die Annahme gemacht werden, daß das Kühlwasser in einem Teile des Querschnitts überhaupt nicht und im übrigen Teile mit der vielfachen Geschwindigkeit geflossen sei. Solches ist bei der einfachen Form des Leitungsquerschnittes und dem einfachen Wasserwege unmög-

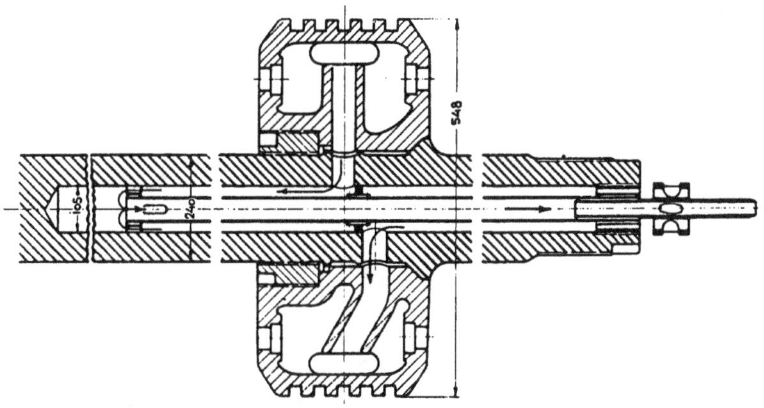

Abb. 114. Wasserführung in der gekühlten Kolbenstange.

lich. Es sind keine Widerstände vorhanden, die das Wasser mit erheblich größerer Geschwindigkeit auf einen Teil des Querschnittes ablenken könnten (Abb. 114).

Bei solchem Vorgange, seine Möglichkeit vorausgesetzt, würde auch eine beträchtliche Überhitzung der nicht gekühlten Stelle der Stange dem Bruche vorausgehen müssen. Dem widersprechen die Tatsachen. Ein Warmwerden wegen Versagens der Kühlung wäre auch bemerkt worden; die Stange hätte auch hierbei krumm werden müssen und nach dem Bruche krumm bleiben müssen. Außerdem hätten beim Auftreten einer großen einseitigen Erwärmung der Kolbenstange Frühzündungen eintreten müssen, was gleichfalls nicht der Fall war. Wenn die Kühlung nicht richtig wirkt, ist dies auch sofort am unruhigen Gange der Maschine bemerkbar, weil die Stange Neigung hat, krumm zu werden. Die Annahme eines teilweisen Versagens der Kühlung widerspricht nicht nur der Tatsache, daß keine teilweise Erhitzung, keine Formveränderung der betreffenden Teile festzustellen war, sondern auch der Tatsache, daß nach dem Bruche die Kühlwasserleitung im Innern der Kolbenstange vollständig in Ordnung war und selbst durch die Stöße während der Zertrümmerung nicht Schaden gelitten hat. Ein toter Wassersack konnte sich in der gesamten Erstreckung der inneren Kühlung nicht bilden, ebensowenig Luftabscheidung, insbesondere nicht an der Bruchstelle; eine tote Wasserecke konnte sich höchstens am äußersten Ende der Bohrung bilden, 80 mm von der Bruchstelle entfernt, also an einer Stelle, die überhaupt nicht mehr mit dem Verbrennungsraum in Berührung kommt, sondern nur mit der äußeren Luft und mit dem gekühlten Deckel (Abb. 112).

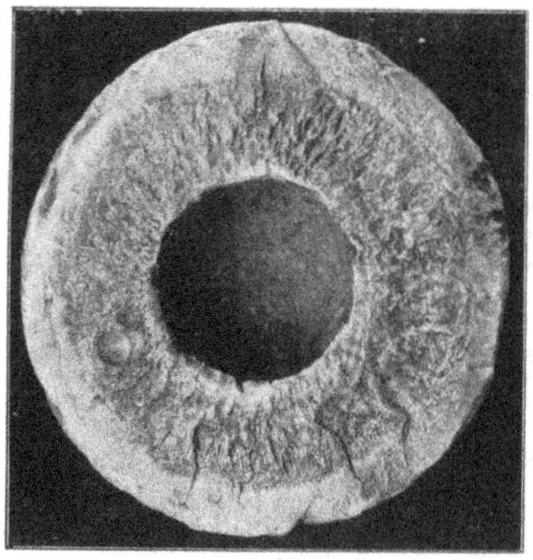

Abb. 115.

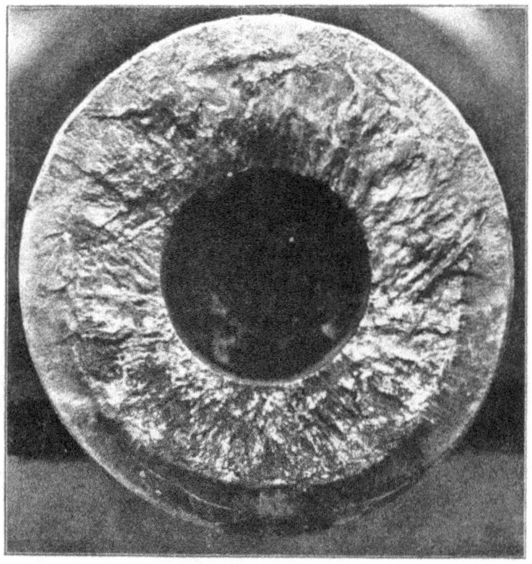

Abb. 116.

Bruchflächen der Kolbenstange.

Selbst wenn in dieser Ecke gar keine Wasserbewegung angenommen wird, ist es doch unmöglich, daß sich eine höhere Temperatur bilden kann, wenn wenige Zentimeter davon entfernt das Kühlwasser mit etwa 30° Temperatur beständig vorbei strömt. Der Wärmeaustausch müßte sich auch durch das Wasser hindurch vollziehen. Diese tote Wassersäule ist zu kurz, um sich der Strömung und Wärmeleitung entziehen zu können und eine wesentliche örtliche Überhitzung zu veranlassen.

Allen Vermutungen über die Wirkung von Zusatzspannungen widerspricht auch die Tatsache, daß Kolbenstangen gleicher Bauart unter gleichen Betriebsverhältnissen, aber wesentlich höheren Beanspruchungen nunmehr bei mehr als 20 Nürnberger Gasmaschinen anstandslos, einige davon schon über 4 Jahre laufen, ohne daß je eine Störung vorgekommen wäre.

Die Bruchflächen der Kolbenstange zeigen die Abb. 115 und 116. Leider wurden beide Bruchflächen durch die Stoßwirkung während der letzten Umdrehungen der Maschine zerdrückt, sodaß die ursprünglichen Bruchflächen nicht mehr genau zu erkennen sind. Es läßt sich nur vermuten, daß der Bruch an der Außenseite feinkörnig, innen aber gröber ist, daß die Bruchflächen außen vor dem vollständigen Riß wahrscheinlich schon geöffnet waren und aufeinander gearbeitet haben. Es wären mancherlei Schlußfolgerungen aus dem Aussehen dieser Bruchfläche möglich, sie entbehren aber jeder sicheren sachlichen Unterlage.

Es bleiben daher bei solcher Sachlage hinsichtlich der Bruchursache nur negative Folgerungen: daß der Bruch weder wegen des Materials als solchen erfolgt sein kann, soweit Zugfestigkeit und Dehnung in Frage kommen, noch durch die normalen Kräfte und Formveränderungen, noch durch die möglichen Zusatzspannungen infolge von Erwärmung und Formveränderung. Die Vermutung, ein Materialfehler könnte an der Bruchstelle unbemerkt geblieben sein, wäre gegenüber der Sorgfalt, die bei Herstellung und Übernahme solcher Maschinenteile aufgewendet wird, gleichfalls vollständig willkürlich.

Unabhängig von dem vorliegenden Falle mag noch bemerkt werden, daß häufig im Falle von Maschinenbrüchen, für welche eine stichhaltige Ursache im Material und im Betrieb nicht gefunden werden kann, die Anschauung ausgesprochen wird, daß auch bei tadellosem Material und reichlicher Festigkeit und Dehnung gegenüber normalen Kräften und Formveränderungen ein Bruch erfolgen könnte, wenn Wechselkräfte und Stoßwirkungen oder unwesentliche Nebenkräfte aufträten. Solche Auffassung ist, in dieser Form ausgesprochen, unbedingt abzulehnen, da wir die Kraftwirkungen auch für die ungünstigsten dynamischen Verhältnisse wissenschaftlich hinreichend sicher beurteilen können, um zuverlässige Grenzwerte für die zulässigen Beanspruchungen festlegen zu können.

Wohl aber muß gegenüber manchen Schwierigkeiten, welche der moderne Maschinenbau hinsichtlich des Konstruktionsmaterials gebracht hat, die Frage aufgeworfen werden, ob denn die Dehnungsziffer überhaupt die Eigenschaften des Materials ausreichend kennzeichne. Die immer weiter getriebene Erhöhung der Dehnung beruht doch nur auf der Annahme, daß weicheres Material dem härteren bei ungünstigen dynamischen Beanspruchungen vorzuziehen sei. Es kommt aber offenbar bei diesen ungünstigen Kraftwirkungen nicht auf die Dehnung allein an, sondern viel entscheidender auf die Zähigkeit. Weichheit und Zähigkeit sind aber durchaus nicht identische Begriffe, was sie nach jener Annahme doch sein sollten. Weder die „Dehnung“ noch das sogenannte „Arbeitsvermögen“ kann als zuverlässiger Maßstab für die Zähigkeit des Materials angesehen werden. Die Wertzahlen für Festigkeit und Dehnung zusammen mit der Materialanalyse geben daher noch keine Gewähr für ein hinsichtlich Zähigkeit hochwertiges Material, werden aber gegenwärtig allein zur Kennzeichnung der Materialien verwendet.

Die Erfahrungen des modernen Maschinenbaues bieten zahlreiche Anhaltspunkte für die Auffassung, daß die auf Bestimmung der reinen Zugfestigkeit und Dehnung gerichtete Materialprüfung nicht für alle Fälle ausreicht. Die wirksamste Materialprüfung: die Belastung in der Maschine selbst und unter den tatsächlich auftretenden Kräften ist ein zu kostspieliger, nicht gangbarer Weg. Somit ist die Forderung wohl berechtigt: es müssen Prüfungsmethoden gefunden werden, um auch für die Zähigkeit des Materials zuverlässige Werte zu erhalten. Die in der Praxis schon vielfach ausgeführten Schlag-Biege-Proben, insbesondere an eingekerbten Stäben, sind ein brauchbarer Anfang hierzu. Die Hüttentechnik ist durchaus in der Lage, ein Material zu liefern, das auch die Forderungen, die hinsichtlich Zähigkeit gestellt werden, vollständig zu erfüllen vermag.

IX. Verbrauch und Leistung der Gasmaschinen.

Eine vergleichende Beurteilung der thermischen und wirtschaftlichen Leistung von Dampf- und Gasmaschinenbetrieben ist selbstverständlich allgemein nicht möglich. Die maßgebenden Verhältnisse: Anlage- und Betriebskosten unter richtiger Bewertung der Abschreibungen usw. lassen sich stets nur für den gegebenen Fall einwandsfrei feststellen. Durch einseitige Vergleichung auf Grund der Wirkungsgrade und des Wärmeverbrauchs können nur einige

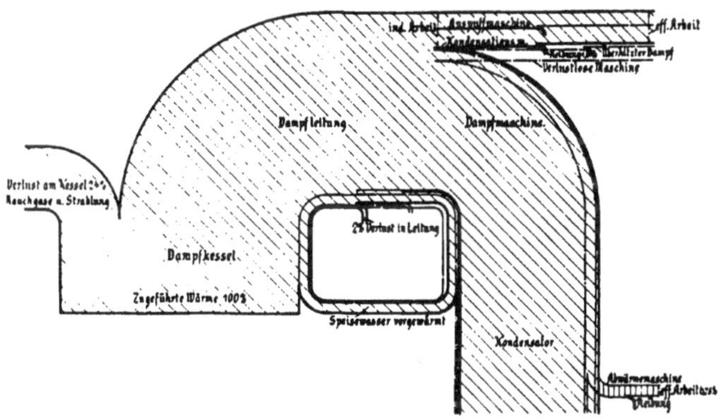

Abb. 117. Wärmebilanz einer Dampfmaschine.

Grenzen festgelegt werden. Die folgenden Diagramme geben Zahlenwerte für die allgemeine Wärmebilanz von Dampf- und Gas-Maschinen unter Zugrundelegung von Mittelwerten praktischer Betriebe, wobei als Grundlage der Gesamtwirkungsgrad der Anlage gewählt und darunter der Wirkungsgrad verstanden ist, mit dem die Brennstoffwärme durch die Anlage in Nutzarbeit umgesetzt wird.

Abb. 117 gibt das Schema der Wärmebilanz für die Dampfmaschine, gekennzeichnet insbesondere durch den erheblichen Verlust in der Kesselfeuerung (24%), die geringe Umsetzung in Nutzarbeit (6,0% bei Auspuffbetrieb, 12,7% mit Kondensation) und den sehr großen Wärmeverlust durch den Kondensator, wovon bei guter Luftleere nur ein geringer Teil durch Abwärmemaschinen wiedergewonnen werden kann.

Die Ausnutzung der Wärme, auf die Nutzleistung bezogen, ergibt sich somit, je nachdem sie auf die Dampfmaschine allein oder auf die ganze Dampfmaschinen- und Kessel-Anlage gerechnet wird, wie folgt:

Maschinenart	Betrieb	Wärmeausnutzung in %, bezogen auf die Maschine allein	auf die ganze Anlage
Kondensations-Verbund-Dampfmaschine . .	mit gesättigtem Dampf	17,7	12,7
Auspuffmaschine	mit gesättigtem Dampf	8,5	—
Kondensations-Verbund-Dampfmaschine . .	mit überhitztem Dampf	18,8	14,2
Abwärmemaschine	zusätzlich	6,75	—
Verlustlose Dampfmaschine	mit gesättigtem Dampf	26,6	—

Die Wärmebilanz für die Gasmaschine zeigt das Diagramm Abb. 118, gekennzeichnet durch den geringeren Verlust in der Gaserzeugung (16,5% gegen 24%

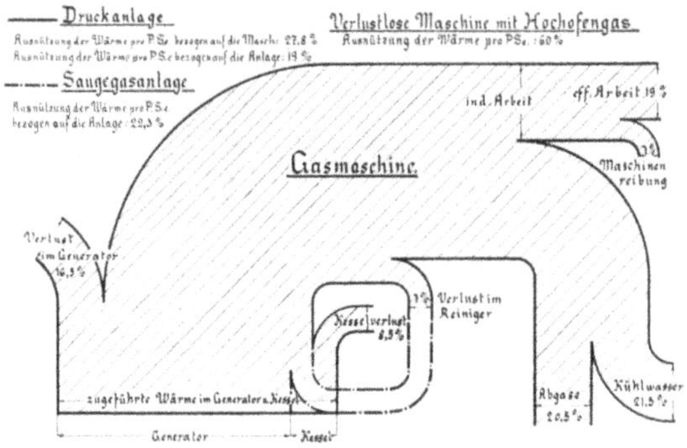

Abb. 118. Wärmebilanz einer Gasmaschine.

beim Dampfkessel), die verhältnismäßig viel größere Umsetzung in Nutzarbeit (19% gegen 12,7% bei der Dampfmaschine), die geringeren Verluste durch die Wärme in den Abgasen (20,5%) und im Kühlwasser (21,5%), zusammen 42%, gegen 58% Verlust durch den Kondensator. Die Wärmeausnutzung durch die Nutzleistung beträgt: bei der Druckgasanlage 2 7 , 8%, auf die Maschine allein, 19%, auf die ganze Anlage bezogen; bei der Sauggasanlage: 2 2 , 3%, auf die ganze Anlage bezogen; bei der verlustlosen Gasmaschine: 60%.

Die Brennstoffausnutzung ergibt sich bei:

Kondensations-Dampfmaschinenanlagen mit überhitztem Dampf zu . . . 14%,
Sauggas-Anlagen zu rund . . . . 22%.

Diese thermische Überlegenheit der Gasmaschine gegenüber der Dampfmaschine ist noch klarer ersichtlich aus den nachfolgenden graphischen Dar-

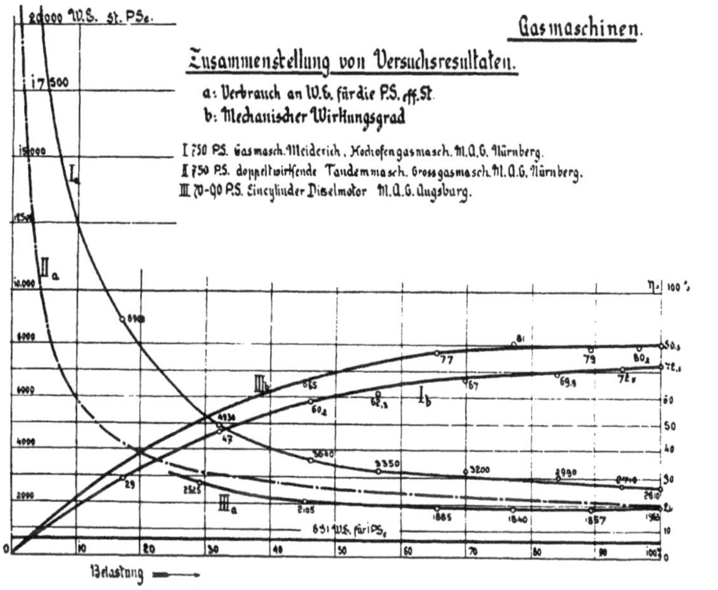

Abb. 119. Wärmeverbrauch und Wirkungsgrad von Gasmaschinen — M.-G. **Nürnberg.**

stellungen des Wirkungsgrades und des Wärmeverbrauchs für veränderliche Leistung, wobei die Kurvenwerte den durchschnittlichen Betriebsergebnissen ausgeführter Maschinen entnommen sind. Die Abszissen geben die Belastung, die Ordinaten den Verbrauch an Wärmeeinheiten für die Stunden-Pferdekraft und den mechanischen Wirkungsgrad.

Aus Diagramm Abb. 119 ergibt sich ein Vergleich des Wirkungsgrades und Wärmeverbrauchs von 3 Verbrennungsmaschinen, und zwar: einer Einzylinder-Viertakt-Hochofen-Gasmaschine von 750 PS, einer doppeltwirkenden Zweizylinder-Hochofen-Gasmaschine von 750 PS und einer Einzylinder-Viertakt-Dieselmaschine von 80 PS.

Diagramm Abb. 120 gibt die Durchschnitts-Betriebsergebnisse nach Versuchen mit neuen Nürnberger Gasmaschinen. Die ältere Einzylindermaschine und die Dieselmaschine sind jedoch für den Vergleich beibehalten, und für diese sind auch die Zahlenwerte für die veränderlichen Maschinenbelastungen vollständiger angegeben als im Diagramm Abb. 119.

Die Darstellung läßt erkennen, daß die doppeltwirkende Tandem-Viertaktmaschine die Wärmeausnutzung der thermisch besten Wärmekraftmaschine, der Dieselmaschine, bei voller Belastung fast erreicht (weniger als 2000 Wärmeeinheiten Verbrauch für die Stunden-Nutzpferdekraft); ihr mechanischer Wirkungsgrad ist hingegen dem der Dieselmaschine überlegen.

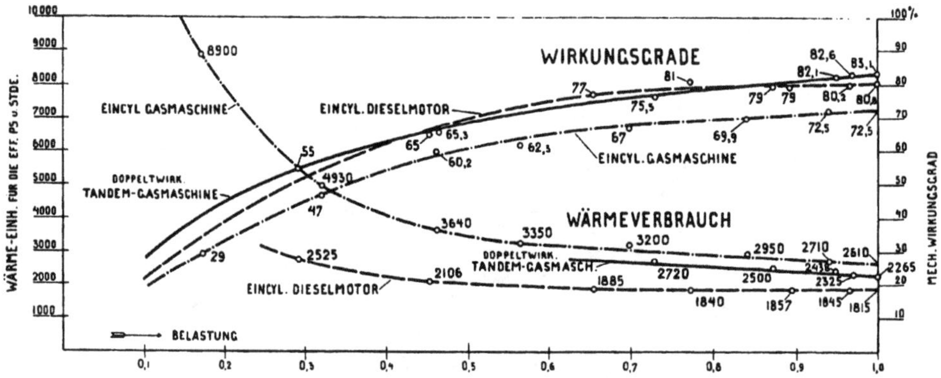

Abb. 120. Wärmeverbrauch und Wirkungsgrade neuer Gasmaschinen — M.-G. **Nürnberg.**

Diagramm Abb. 121 gibt die mechanischen Wirkungsgrade und den Wärmeverbrauch für verschiedene Gasmaschinen bei halber bis voller Belastung, und zwar für die zwei vorerwähnten Hochofengasmaschinen, eine Dieselmaschine, außerdem eine kleine Wassergas-, eine Leuchtgas- und eine Kraftgasmaschine. Der Wärmeverbrauch für die Nutzleistung der verlustlosen Dampfmaschine und Hochofengasmaschine ist als Grenzwert eingetragen. Der tatsächlich im Betriebe gemessene Wärmeverbrauch selbst der älteren Gasmaschinen für die Nutzleistung ist daher, mit Ausnahme der einzylindrigen Maschinen, schon geringer, als der Wärmeverbrauch einer verlustlosen Dampfmaschine sein würde.

Ähnliches zeigt die Abb. 122. In diesem Diagramm ist der Wärmeverbrauch von Gas- und Dampfmaschinen untereinander verglichen, und zwar bezeichnet:

Kurve I: 750 pferdige Einzylinder- (Hochofen-) Gasmaschine,

„ II: 3000 pferdige liegende Dreifach-Expansionsmaschine (13 Atm., 316°),

„ III: 1000 KW-Parsons-Dampfturbine (10 Atm., 230°),

„ IV: 100 pferdige Einzylinder-Kondensationsmaschine (9 Atm., 179°),

„ V: 80 pferdige Viertakt-Einzylinder-Dieselmaschine,

„ VI: 750 pferdige doppeltwirkende Zweizylinder - Gasmaschine.

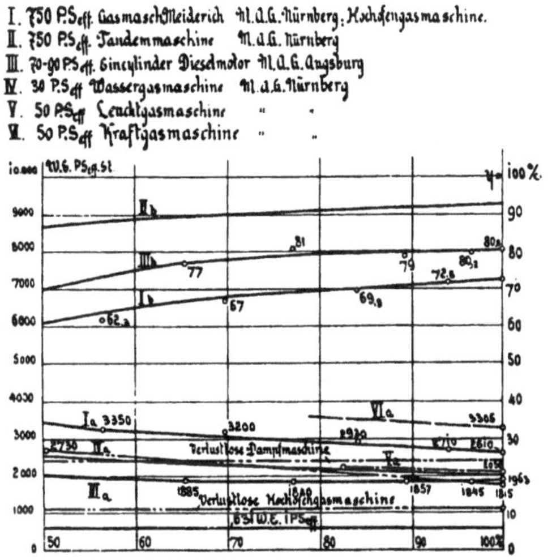

Abb. 121. Wärmeverbrauch auf die Nutzpferdekraft (a) und mechanischer Wirkungsgrad (b) von 6 Wärmekraftmaschinen — M.-G. **Nürnberg**.

Bei den Dampfmaschinenbetrieben ist die Kesselanlage mit einem Wirkungsgrad von 75 % gleichmäßig berücksichtigt. Die Abszissen sind wieder die Belastungen in Teilen der Höchstbelastung, die Ordinaten die verbrauchten Wärmeeinheiten. Aus dem Vergleich mit den theoretischen Grenzwerten der verlustlosen Dampfmaschinenanlage samt Kessel und der verlustlosen Gasmaschine ergibt sich wieder, daß die untersuchten Gasmaschinen mit Ausnahme der einfachwirkenden Einzylindermaschinen geringeren Wärmeverbrauch als die verlustlose Dampfmaschine geben. Der Wärmeverbrauch der Dampfturbine ist veröffentlichten Zahlen entnommen und nicht für Turbinen überhaupt, sondern nur für diese Ausführung maßgebend. Die seitherigen Ergebnisse mit Dampfturbinen sind wesentlich günstiger.

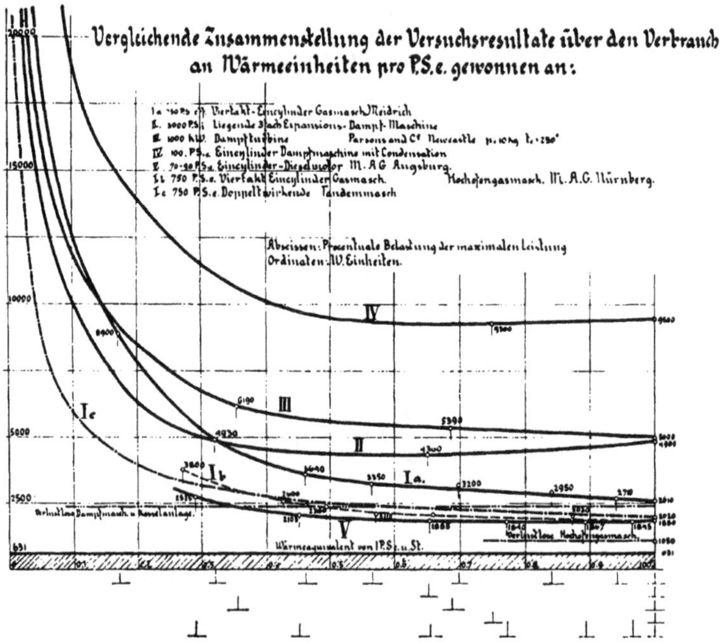

Abb. 122. Wärmeverbrauch von Gas- und Dampfmaschinen.

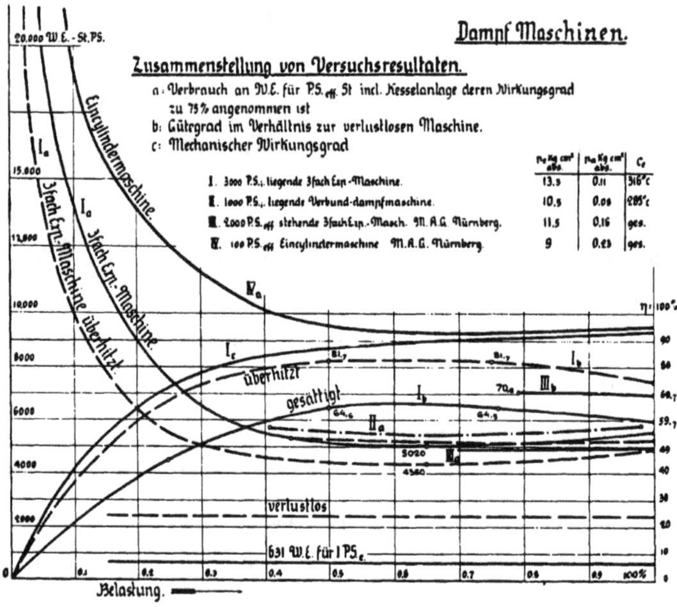

Abb. 123. Wärmeverbrauch und Wirkungsgrade von Dampfmaschinen.

Da die Einzelwerte für Dampfmaschinen in den Diagrammen Abb. 121 und 122 nicht genügend dargestellt werden konnten, ist noch das Diagramm Abb. 123 hinzugefügt, welches nur die Werte für Dampfmaschinen und den Grenzwert der verlustlosen Dampfmaschine angibt.

Aus diesen Vergleichen ist selbstverständlich nur der einseitige Schluß der rein thermischen Überlegenheit der Gasmaschine zu ziehen. Ihre wirtschaftliche Bewertung im Vergleich zur Dampfmaschine hängt von den übrigen maßgebenden Bedingungen ab. Die thermische Ausnutzung allein entscheidet nicht über die Wirtschaftlichkeit der Kraftbetriebe; diese kann nur nach den Bedingungen des besonderen Falles beurteilt werden. Hierbei ist auch heute nicht mehr die Kolbendampfmaschine, sondern, insbesondere im Zusammenhang mit elektrischer Energieverteilung, die in Anlage und Betrieb billigere Dampfturbine in Vergleich zu ziehen.

Es fehlte bisher an genügend zahlreichen übereinstimmenden und völlig einwandsfreien Versuchen über Groß-Gasmaschinen, insbesondere deshalb, weil bei den meisten Maschinen für Hochofen- oder Koksofengase die zugeführte Energiemenge, der Gasverbrauch, nicht unmittelbar und volumetrisch genau gemessen werden kann, alle mittelbaren Messungen oder Berechnungen aufgrund von Annahmen aber unzuverlässig sind. Einwandsfrei können die Gasmengen für Großmaschinen nur mit großen Gasometern gemessen werden, die lange Beobachtungszeit ermöglichen. Ebenso konnte bisher nur in wenigen Fällen der Widerstand der durch Gasmaschinen angetriebenen Arbeitsmaschinen unmittelbar und genau gemessen werden, wie z. B. bei elektrischen Betrieben. Auch fehlen zuverlässige Angaben über die wirtschaftlich maßgebenden Zahlen zur Beurteilung der bisherigen Groß-Gasbetriebe als Gesamtanlagen.

Infolgedessen zeigen die meisten bisher durchgeführten Untersuchungen von Großmaschinen und die gewonnenen Wertzahlen hinsichtlich des mechanischen Wirkungsgrades und der Wärmeausnutzung wenig Übereinstimmung und können selten als einwandsfrei gelten, insbesondere wenn die Versuchsdauer nicht ausreichend lang war. Viele der bekannt gewordenen Versuchsergebnisse bringen einzelne Wertzahlen, wie den mechanischen Wirkungsgrad, nicht nach unmittelbaren Messungen, sondern nach Annahmen berechnet und legen sie gleichwohl der Berechnung der thermischen und mechanischen Leistung zugrunde. Solche Zahlen können wohl einen Vergleichsmaßstab für gleichartig durchgeführte Versuche, aber nicht eine entscheidende Grundlage für wirtschaftliche Berechnungen oder Schlußfolgerungen bieten.

Übereinstimmend hat sich durch solche Versuche bisher nur ergeben: ein sehr günstiger thermischer Wirkungsgrad aller guten Gasmaschinen verschiedenster Bauart, auch der älteren einfach wirkenden Viertaktmaschinen, wenn die thermische Ausnutzung auf die indizierte Arbeitsleistung bezogen wird; ein schlechter Wirkungsgrad der einfachwirkenden Viertaktmaschinen (nicht über 72 %); großer Widerstand der Ladepumpen von Zweitaktmaschinen (meist über 15 % des Arbeitsaufwandes), der dann auch die Wertzahlen der Wärmeausnutzung und des Wirkungsgrades sehr herabdrückt, wenn die Rechnung, wie notwendig, auf den wirklichen Maschinenwiderstand und die Nutzleistung, nicht aber auf abstrakte, wirtschaftlich unhaltbare Annahmen von indizierten Leistungen bezogen wird. Der mechanische Wirkungsgrad von Zweitaktmaschinen hat sich nirgends höher ergeben als der von einfachwirkenden Viertaktmaschinen, während mit den neuen Nürnberger doppeltwirkenden mehrzylindrigen Viertaktmaschinen Wirkungsgrade von 85 % und darüber erzielt wurden.

In neuester Zeit wird es versucht, den entscheidenden Zusammenhang dadurch anders darzustellen, daß bei der Berechnung des mechanischen Wirkungsgrades von Zweitaktmaschinen der Arbeitsaufwand der Ladepumpen, also ihr Widerstand, von der indizierten Leistung in Abzug gebracht wird, und solche neue Rechnungsart wird durch neue wissenschaftliche Definitionen begründet. Das führt aber offenbar zu einer Selbsttäuschung.

Für Viertaktmaschinen hat sich das Meß- und Rechnungsverfahren zur Ermittelung des mechanischen Wirkungsgrades nach dem Vorbilde der Dampfmaschinenuntersuchungen eingebürgert.

Zur Ermittelung des Wirkungsgrades von Zweitaktmaschinen dagegen ist ein Rechnungsverfahren (von Professor Dr. Eugen Meyer) aufgestellt und durch die Literatur bekannt geworden („Glückauf“ No. 20, 14. 5. 1904), gegen welches entschieden Einspruch erhoben werden muß, weil es in wissenschaftlich und wirtschaftlich unzulässiger Weise den Aufwand für die Ladearbeit kurzerhand von der indizierten Leistung in Abzug bringt. Die Verhältnisse müssen hier genau geprüft werden, denn die der neuen Rechnungsart zugrunde liegenden Anschauungen sind irreführend, weil bisher andere Grundlagen stillschweigend Gültigkeit erlangt haben; diese Anschauungen laufen tatsächlich darauf hinaus, daß es auf die Ladearbeit gar nicht ankomme. Es wird nämlich gesagt:

„Die indizierte Leistung der Zweitaktmaschinen ist durch den Unterschied zwischen der Leistung des Arbeitszylinders und dem Arbeitsverbrauch der Ladepumpen gegeben.“

Diese völlig neue und willkürliche Definition führt zu einer Reihe von Widersprüchen mit dem bisherigen Rechnungsverfahren, denn sie besagt:

Die Ladearbeit, zwar ein Widerstand der Maschine, wird bei der Ermittlung des Arbeitsaufwandes gleichwohl nicht gerechnet.

Da dieser Widerstand aber im günstigsten Falle nach bisherigen zuverlässigen Messungen etwa 15%, bei ungünstigen Belastungsverhältnissen bis zu 50% der aufgewendeten Arbeit beträgt, so wird ein Fehler von 15—50% gemacht, ein tatsächlicher Arbeitsaufwand von solcher Größe einfach weggestrichen.

Die neue Definition steht im Widerspruch mit dem maßgebenden Begriffe „Maschinen-Widerstand“. Daran hat ihr Erfinder wohl gedacht und deshalb auch sofort gesagt: daß der mechanische Wirkungsgrad ein Maß für die „Eigenreibung“ der Maschine sein solle.

Das widerspricht grundlegenden Anschauungen, denn es kommt offenbar nicht auf die Eigen-Reibung der Maschine an, sondern auf ihren Eigen-Widerstand, von dem die Eigen-Reibung nur einen Teil bildet. Die Arbeit der Spül- und Ladepumpen ist unzweifelhaft ein Widerstand, der durch Mehraufwand von positiver indizierter Arbeit im Arbeitszylinder zu überwinden ist. Dieser Pumpenwiderstand würde aber nach der neuen Definition und der auf ihr beruhenden Rechnungsart im Wirkungsgrade nicht berücksichtigt werden; er gehört nicht zur Maschinen-Reibung, und vom gesamten Maschinen-Widerstand ist nicht mehr die Rede, sondern nur noch von einem Teile desselben, der Maschinen-Reibung.

Solche Einschränkung war bisher mit Recht nicht üblich, sondern sinngemäß versteht jeder Ingenieur und jeder Benutzer einer Maschine beim Vergleiche des Arbeitsaufwandes im Arbeitszylinder mit dem Arbeitsgewinn (Nutzarbeit) unter dem dazwischen liegenden Verluste nichts anderes als den Verlust durch Maschinen-Widerstände, nicht durch Reibung allein. Somit ist die bisherige Grundlage aller Berechnungen von Wirkungsgraden durch eine neue willkürliche Definition durchbrochen, und es ergibt sich sofort eine Reihe von unzulässigen Widersprüchen und Anlaß zu Mißverständnissen, sowohl bei der Bewertung von Gasmaschinen untereinander als auch bei dem unvermeidlichen Vergleiche derselben mit Dampfmaschinen.

Ähnlich könnte bei Dampfmaschinenbilanzen wohl der Nutzen der Luftleere: die weitgehende Expansion, als Gewinn gebucht, hingegen der Kraftaufwand für den Betrieb des Kondensators, womit der Gewinn erkauft werden muß, außer acht gelassen werden. Das wurde stets als unzulässig erkannt.

Dazu kommt, daß das Zweitaktverfahren nur durch die Anwendung der Ladepumpen gekennzeichnet ist; durch sie wird der Vorteil des Zweitaktes, daß 2 Hübe des Viertaktes erspart werden, erkauft. Der Arbeitsaufwand für die Ladepumpen ist der wesentlichste Ausgabeposten, für welchen der erwähnte große Gewinn eingeheimst wird. Das neue Rechnungsverfahren führt daher zu einer unrichtigen Arbeitsbilanz. Wenn in einer kaufmännischen Bilanz 15—50 % tatsächlicher und gerade dem Betriebe eigenartiger Ausgaben nicht in Rechnung gezogen würden, so würde sie jeder mit Recht als eine unrichtige Bilanz ansehen. Es müssen doch alle Ausgaben berücksichtigt, aller Widerstand in der Maschine als Verlust gerechnet werden, insbesondere also der Arbeitsaufwand für die Ladepumpen als wesentlichster Ausgabeposten des Zweitakt-Verfahrens. Mit diesem Pumpenwiderstand wird die Verdoppelung der Leistung gegenüber den Viertaktmaschinen zu erkaufen gesucht, freilich wegen der Unmöglichkeit der Vollfüllung der Arbeitszylinder und wegen der großen Pumpenwiderstände nicht vollständig erreicht. Durch die neue Art der Wirkungsgradsberechnung die darauf hinausläuft, einen großen Ausgabeposten beim Arbeitsaufwand überhaupt nicht zu berücksichtigen, kann die Lebensfähigkeit des Zweitaktes nicht geschaffen werden.

Der einzige Weg dazu ist, das Ladeverfahren des Zweitaktes soweit zu verbessern, daß die dem Zweitakt durchaus eigenartigen Pumpenwiderstände nicht mehr als die Ansaugwiderstände bei guten Viertaktmaschinen, etwa 4 %, betragen. Dann ist mit dem Zweitakt, bei richtiger Ausbildung der Maschine, derselbe Wirkungsgrad erreichbar, wie bei richtig gebauten Viertaktmaschinen. Andernfalls bleibt der Zweitakt wegen dieses Arbeitsaufwandes bei dem ihm eigenartigen Ladevorgange durch Pumpen gegenüber dem Viertakt im Nachteil.

Die Unzulässigkeit der Meyer'schen Berechnungsart ist schon daraus sofort erkennbar, daß zweierlei „indizierte" Leistungen zur Verfügung stehen: die indizierte Leistung schlechthin, N_{i+}, wobei die Pumpenwiderstände mit gerechnet werden, und eine andere, N_i, wobei sie abgezogen werden. Das ist an sich unhaltbar und wird höchst bedenklich dadurch, daß Herr Meyer selbst beide Größen zu Zahlenrechnungen, zur Bestimmung von Wertzahlen benutzt: die geringere indizierte Leistung, unter Abzug der

Pumpenarbeit, um den Wirkungsgrad zu berechnen, der sich dabei natürlich sehr hoch stellt, bis auf 84%; die größere indizierte Leistung, um den Gasverbrauch für die indizierte Pferdestärke auszurechnen, der sich dann niedrig ergibt.

Der günstige Wirkungsgrad von 84 % reduziert sich aber auf 76 %, wenn, wie notwendig, die Pumpenarbeit als Widerstand mitgezählt wird. Dieser Wirkungsgrad von 76 % ist nicht wesentlich höher als der Wirkungsgrad der ungünstigsten Viertaktmaschinen, der einfachwirkenden Einzylindermaschinen. Daraus sind die Irrtümer klar erkenntlich, welche die Rechnung des Herrn Meyer und seine nach unzulässigen, bisher nicht gangbaren und allgemein nicht anerkannten Annahmen berechneten Wertzahlen veranlassen.

Die Zweitaktmaschinen, die vom Publikum auf Grund der bisherigen Betriebserfahrungen bisher mit Recht als mit höherem Gasverbrauch und wegen der Pumpen mit geringerem mechanischen Wirkungsgrade arbeitend angesehen wurden, können auf Grund solcher Annahmen mit Wertzahlen ausgestattet werden, die einen Vorsprung gegenüber anderen Maschinen zeigen, der aber nur auf der Nichtberücksichtigung eines tatsächlichen Widerstandes dieser Maschinengattung beruht.

Deutsche Theoretiker und leider auch viele Maschineningenieure haben in der Entwicklungszeit der Dampfmaschinen und der verschiedenen Energieübertragungen nur zu sehr an der einseitigen Deutung von hohen Wertzahlen für „Wirkungsgrade“ festgehalten. Die Folge war, daß die Maschinenkonstruktionen und Betriebsverfahren einseitig nur nach dem Maßstabe der Wirkungsgrade, unter Vernachlässigung der sonstigen wirtschaftlichen Bedingungen, beurteilt wurden. Eine Folge waren auch die zahlreichen einseitigen Verbrauchsversuche und ihre theoretische Deutung, einseitige Paradeversuche zur Gewinnung von Wertzahlen, die für den praktischen Betrieb wenig Wert besaßen, aber gleichwohl vielen Erträgnisberechnungen und Vergleichen von Maschinensystemen zugrunde gelegt wurden. Auch bei Gasmaschinen beginnt immermehr diese einseitige Richtung zu herrschen, die zwecklose Jagd nach Wertzahlen ohne entscheidenden wirtschaftlichen und ohne jeden wissenschaftlichen Wert. Wenn nun vollends die Wertzahlen für den Wirkungsgrad, wie dies durch Herrn Meyer geschehen ist, durch eine willkürliche Annahme, durch den Abzug eines tatsächlichen und wesentlichen Widerstandes eine Deutung erhalten, die offenbar mit der wirtschaftlichen Bedeutung solcher Wertzahlen und mit dem Arbeitsverfahren selbst in Widerspruch steht, dann kann dies nur dazu führen, daß das Ansehen der theoretischen Deutungen, wie in der ersten Entwicklungszeit des modernen Maschinenbaus, Schaden erleidet, und daß sich wieder eine Kluft zwischen Theorie und Praxis auftut, die in der wissenschaftlichen Behandlung unserer Aufgaben in keiner Weise begründet ist.

Gegen die veröffentlichten Meyer'schen Versuche ist noch insbesondere einzuwenden die Art der Gasmessung, die einen Gasverbrauch von 1600 WE, auf die indizierte Leistung bezogen, ergeben hat. Das durchgeführte Verfahren ist aber nicht einwandsfrei. Der Gasverbrauch wurde mit einer Gasuhr gemessen, und diese wurde mit Hilfe eines Behälters von 10 cbm Inhalt, der einer Betriebszeit der untersuchten Maschine von 2 Minuten entspricht, „geeicht". Diese Zeit ist viel zu gering, um die Eichung auch nur annähernd zuverlässig zu machen.

Die Eichung einer solchen Gasuhr bei stillstehender Maschine und gleichbleibendem Gasdruck ist stets unzuverlässig, weil während der Eichung jeder Einfluß der wechselnden Drücke fehlt, die das Wesentliche der Gas-Strömung im Betriebe bilden. Nur ein empfindlicher Druckregler zwischen Maschine und Gasuhr würde erhebliche Fehler verhüten können. Daß ein solcher während der Messungen vorhanden gewesen wäre, ist im Bericht nicht gesagt.

Gasuhren sind bekanntlich grundsätzlich ungeeignet für die Messung von unregelmäßig strömendem Gas, sie messen nicht den stark schwankenden Druck; sehr große Schwankungen sind aber im Zusammenhange mit den Kolbenspielen der Gasmaschine während der Gasmessung unvermeidlich. Gasuhren zeigen in solchen Fällen stets viel zu kleine Werte an.

Beim Betriebe der untersuchten Maschine war ein Gasometer von nur 10 cbm Inhalt eingeschaltet, der selbstverständlich keine wirksame Druckausgleichung ergeben konnte. Wie unwirksam dieser Gasometer gewesen ist, geht aus dem Berichte hervor, nach welchem sich gleiche Resultate ergaben, gleichgültig, ob dieser Gasometer zwischen Maschine und Gasuhr oder hinter dieser eingebaut war.

Im Nachfolgenden sind die Ergebnisse von Versuchen an neuen Nürnberger Maschinen mitgeteilt, welche dem unvorbereiteten Durchschnitts-Betriebe entsprechen und durch einwandsfreie Messungen gewonnen wurden.

Versuche mit der Hochofen-Gasmaschine auf „Phönix“ in Ruhrort, gebaut von der M.-G. Nürnberg.

Die Versuche wurden bald nach der Inbetriebsetzung vorgenommen: zum Zwecke der Parallelschaltung der Maschinen, zur Ermittlung des Gasverbrauchs bei verschiedenen Belastungen und des mechanischen Wirkungsgrades.

Der Heizwert des verbrauchten Gases wurde fortlaufend durch Kalorimetrierung und durch Analyse festgestellt. Zur Ermittlung der verbrauchten Gasmenge diente ein großer Gasometer von 1000 cbm; während der volumetrischen Ablesungen am Gasometer wurden alle 4 Zylinderseiten der Maschine indiziert und die elektrische Leistung bestimmt.

Die verbrauchte Gasmenge wurde nur bei niedergehendem Gasometer gemessen; um die Genauigkeit zu sichern, wurden die Ventilatoren, die das Gas durch die Gasreiniger drücken, dauernd in Betrieb gehalten. Wenn der Gasometer aufgepumpt war und zur Messung niedergehen sollte, wurde ein Schieber zwischen Gasometer und Reiniger geschlossen, das Gas jedoch in die Luft abgelassen. War dann der Gasometer entsprechend tief gesunken, so wurde der Schieber wieder geöffnet, die Klappen geschlossen und der Gasometer wieder aufgepumpt. Durch diese Einrichtung wurde das Gas aus den Öfen in beständiger Strömung erhalten und Störungen in der Gaserzeugung und -Fortleitung und Ungenauigkeiten der Beobachtung ausgeschlossen. Die Stellung des Gasometers wurde gleichzeitig an 3 Stellen abgelesen. Da bei 1000 PS Belastung stündlich etwa 2500 cbm Gas verbraucht wurden, so betrug die Dauer der ungestörten Ablesungen etwa $1/2$ Stunde. Alle Versuchs- und Ablesestellen waren untereinander durch Signale in Verbindung, sodaß jede Verständigung rasch erfolgen konnte.

Die untersuchte Gasmaschine, unmittelbar mit der Drehstrom-Maschine gekuppelt, arbeitete während des Versuchs auf Wasserwiderstand. Die elektrischen Messungen wurden wegen der nicht besonders geeichten Meßinstrumente als nicht zuverlässig erachtet, infolgedessen wurden noch Auslaufversuche zur Feststellung der Wirkungsgrade angestellt; genaue Messungen zur Bestimmung des Wirkungsgrads wurden später gemacht.

Leider zeigten sich Mängel in der Gasleitung, da trotz ihres großen Durchmessers in der Maschine zu großer Unterdruck beim Ansaugen vorhanden war, somit eine

Verengung oder Verstopfung der Leitung vorliegen mußte. Der Übelstand konnte während des Versuchs nicht beseitigt werden. Es konnte daher auch die Höchstleistung der Maschine wegen ungenügender Gasfüllung nicht erreicht werden. Die Versuchsergebnisse sind somit ungünstiger, als sie bei höherer Belastung sich ergeben würden. Auf die Zuverlässigkeit der Versuche selbst hat dieser Umstand jedoch keinen störenden Einfluß. Die Indikatoren wurden sorgfältig geeicht, der Fehler im Indikatorantrieb berücksichtigt, alle Werte nach den geeichten Federmaßstäben richtiggestellt und die Versuche mit der größten Sorgfalt vorgenommen. Zunächst wurden zwei Versuchsreihen nur als Vorbereitungsversuche durchgeführt. Die Ergebnisse von der dritten Versuchsreihe an können als einwandsfrei gelten.

Versuch III mit 1020 PS_i Belastung ergab einen stündlichen Wärmeverbrauch von 213 cbm bei einem mittleren Heizwert von 934 WE für das cbm, entsprechend 1 9 5 0 W E für die Stunden-PS_i.

Versuch IV mit 1090 PS_i Belastung ergab einen stündlichen Gasverbrauch von 2 0 0 0 W E für die Stunden-PS_i. Bei diesem Versuch war die Streuung im Diagramm erheblich größer als beim Versuch III und betrug der Unterdruck in der Saugleitung 10 cm.

Die Ergebnisse sind durch die nachfolgenden Diagramme (Abb. 124) und die Zahlentafel I vervollständigt. Der Gasverbrauch der Maschine lag bei ausreichender Belastung (über 0, 6) zwischen 1 9 6 0 u n d 2 0 9 0 W E und betrug im Mittel rund 2 0 0 0 W E für die Stunden-PS_i.

Der mechanische Wirkungsgrad ergab sich i m M i t t e l zu 84 %, der Gasverbrauch für die Stunden-N u t z pferdekraft zu 2380 WE, wobei, wie erwähnt, die Höchstleistung der Maschine, wegen des Unterdrucks in der Gasleitung, nicht erzielt wurde.

Die Versuche bei k l e i n e r e r B e l a s t u n g ergaben:

Bei 830—780 indizierten Pferdekräften, verteilt auf alle 4 Zylinderseiten, betrug der Gasverbrauch 2 0 7 0 W E für die Stunden-PS_i. Das ist annähernd derselbe Verbrauch wie bei 1000—1100 PS_i Belastung.

Durch weitere Versuche sollte festgestellt werden, ob es zweckmäßiger sei, die halbe oder noch geringere Belastung gleichmäßig auf alle 4 Zylinderseiten zu verteilen oder Füllung und Zündung eines Zylinders ganz auszuschalten, nur mit e i n e m Zylinder zu arbeiten und den zweiten leer mitlaufen zu lassen. Versuch X ergab beim Betriebe mit n u r e i n e m Z y l i n d e r und nur 568 PS_i Belastung denselben

Tafel I.

Zusammenstellung der Versuchsergebnisse (Ruhrort).

Nr. des Versuchs	Dauer der Ablesung am Gasometer	Minutliche Umdrehungszahl	Mittl. Druck pm in kg/qcm: Vord. Zylinder vorn	Vord. Zylinder hinten	Hint. Zylinder vorn	Hint. Zylinder hinten	Durchschnittl. mittlerer Druck in kg/qcm (aus allen Zylinderseiten).	Leistung beider Zylinder in PSi	Gasverbrauch in cbm: in der Stunde	Gasverbrauch für 1 PSi/Std.	Heizwert des Gases in WE für 1 cbm	Verbrauchte W E für 1 PSi/Std.	Belastung der Maschine bez. auf d. Max.-Leistung
Druckverteilung auf beide Zylinder.													
VIII.	36	104,4	3,735	3,864	3,710	3,996	3,826	781	1775	2,275	912	2070	0,6
Verspätet gestellte Zündung.													
IX.	36,4	102,3	3,305	2,63	1,496	2,430	2,465	491	2095	4,27	931	3980	0,3
Nur mit einem Zylinder arbeitend.													
X.	50	103,1	5,620	5,655	5,187	6,088	5,64	568	1190	2,095	936	1960	0,4
Gewöhnlicher Betriebszustand.													
XI.	20	101,0	5,430	5,814	4,950	5,453	5,414	1068	2365	2,215	936	2070	0,9
XIII.	27	100,8	5,330	5,844	5,084	5,447	5,425	1070	2365	2,210	926	2090	0,9
XIV.	25	102,0	5,380	5,784	4,993	5,604	5,440	1085	2395	2,210	947	2090	0,9
XVI.	27	102,2	5,360	5,668	5,046	5,556	5,407	1080	2315	2,145	928	1990	0,9
Versuche während des Auffüllens des Gasometers.													
V.		c. 103,2	5,040	5,924	5,746	5,762	5,618	1130					
VII.		c. 104,2	5,140	5,953	5,993	5,80	5,721	1160					
XII.		c. 100,9	5,050	6,145	5,875	5,915	5,746	1130					
XV.		c. 102,1	5,170	6,070	5,562	5,69	5,623	1120					

Gasverbrauch wie bei der Höchstleistung. In Tafel I sind die Zahlenwerte der wesentlichen Versuche zusammengestellt.

0,9 der Höchstbelastung.

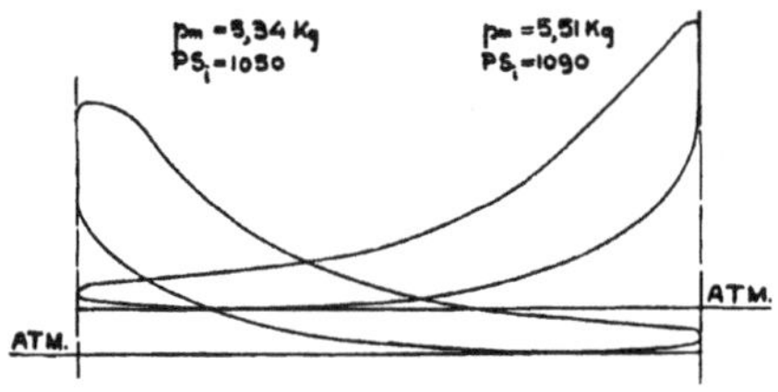

0,6 der Höchstbelastung.

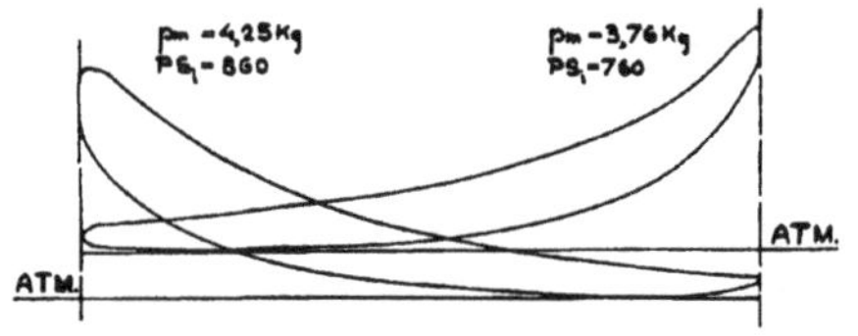

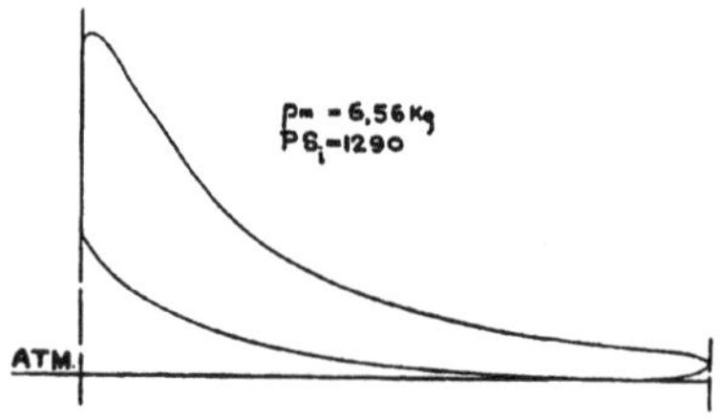

1,1 der Höchstbelastung.

Abb. 124. Diagramme der 1000 PS-Hochofen-Gasmaschine auf „**Phönix**" bei Ruhrort.

2 Zyl. 780/1000 mm, n = 100

Versuche mit der Hochofen-Gasmaschine der Rombacher Hüttenwerke, gebaut von der M.-G. **Nürnberg**.

Frei von den erwähnten Nebeneinflüssen und mit einwandsfreien elektrischen Messungen konnten die Versuche mit der doppeltwirkenden Zweizylinder-Tandem-Maschine No. IV (von 850 mm Durchmesser, 1100 Hub, n = 106) auf den Rombacher Hüttenwerken in Rombach durchgeführt werden. Auch bei diesen Versuchen wurde die verbrauchte Gasmenge nur durch den Gasometer gemessen; das Ergebnis ist daher nur auf den volumetrisch gemessenen Gasverbrauch und auf die elektrisch gegemessene tatsächliche Nutzleistung bezogen, also diejenigen Messungen von Energieaufwand und Kraftgewinn, die bei solchen Maschinen am zuverlässigsten durchgeführt werden können.

Die Anlage in Rombach ist so gebaut, daß das Hochofengas einen Vorreiniger, dann einen Theisen'schen Reinigungsapparat durchläuft, aus diesem in gereinigtem Zustande unter einem Druck von 6—8 cm austritt und in 2 Gasometer geleitet wird, darauf weiter durch einen gemauerten Gaskanal in die Rohrleitungen der Maschinen strömt. Die Temperatur des den Maschinen zuströmenden Gases betrug 25—30°.

Die Gasverluste durch Undichtheit der gemauerten Kanäle wurden durch Versuche zu rund 80 cbm stündlich ermittelt. Der kleinere Gasometer wurde ganz ausgeschaltet und nur mit dem großen Gasometer von 2500 cbm Inhalt gemessen. Alle Meßvorrichtungen und Einzelheiten wurden geprüft, die Gasglocke nachgemessen und Ablesungen nur bei niedergehendem Gasometer gemacht, gleichzeitig alle Zylinderseiten indiziert, die elektrische Leistung gemessen und die Gasproben genommen.

Die Maschine wurde während des Versuchs durch Wasserwiderstände belastet, welche während der eigentlichen Messungen und Indizierungen konstant gehalten wurden. Die Ablesungen des elektrischen Widerstandes, sowie die Indizierung der Maschine erfolgten alle 2 Minuten. Alle wesentlichen Messungen und Ablesungen wurden getrennt durch zwei Beobachter vorgenommen.

In solcher Weise wurden 9 Versuche durchgeführt, davon 2, um die Ladearbeit festzustellen. Ein Versuch wurde ausgeschieden, weil eine Ablesung am Gasometer zweifelhaft schien. Die übrigen Versuche ergaben zuverlässige Werte für den Gasverbrauch bei verschiedenen Belastungen, mechanischen Wirkungsgrad usw. Die Versuche wurden inmitten des Betriebes durchgeführt; die ermittelten Werte sind also auf den unvorbereiteten Durchschnittsbetrieb und auf eine in ungünstigem Zustande befindliche Maschine zu beziehen. Die Einzelheiten zeigen die Zahlentafeln und die graphischen Darstellungen.

Der mechanische Wirkungsgrad der Gasmaschine betrug bis 87 %, die Saugarbeit rund 4 % der Höchstleistung. Der Gasverbrauch der Maschine, auf die Stunden-PS_i bezogen, lag bei ausreichender Belastung ungefähr in denselben Grenzen wie bei der Maschine auf „Phönix“, zwischen 1900 und 2000 WE.

Die Maschine wurde am 2. August zum ersten Male gedreht. Am 8. August wurde mit ihr der ununterbrochene Tag- und Nachtbetrieb aufgenommen, und an den 5 Wochen lang ohne Stillstand durchgeführten Dauerbetrieb wurden die Versuche ohne jegliche Vorbereitung der Maschine unmittelbar angeschlossen; sie wurde auch nicht gereinigt, obwohl sie die vorhergegangenen Tage bei hoher Belastung Neigung zu Frühzündungen zeigte, ebenso wie während der Versuche bei Belastungen über 800 KW. Die Ursache hiervon waren unzweifelhaft Verunreinigungen im Zylinder und an den Ventilen.

Es wurde trotzdem jede Änderung der Maschine und der Dichtungen unterlassen und selbst die Steuerung nicht geprüft und eingestellt. Die Absicht war, nur mit Gasometer und elektrischer Messung den Durchschnittsverbrauch auch bei mangelhaftem Zustand der Maschine festzustellen. Bei entsprechender Vorbereitung der Maschine hätte größere Leistung, höherer Wirkungsgrad und geringerer Verbrauch erzielt werden können.

Da nur bei niedergehendem Gasometer gemessen wurde, ergab sich kein Gasüberdruck und wurden mittlere Arbeitsdrücke von nur rund 5,2 kg/qcm und dementsprechende Leistungen erzielt, während der Arbeitsdruck bei hochgehendem Gasometer 5,7 kg bei entsprechend höherer Leistung betrug.

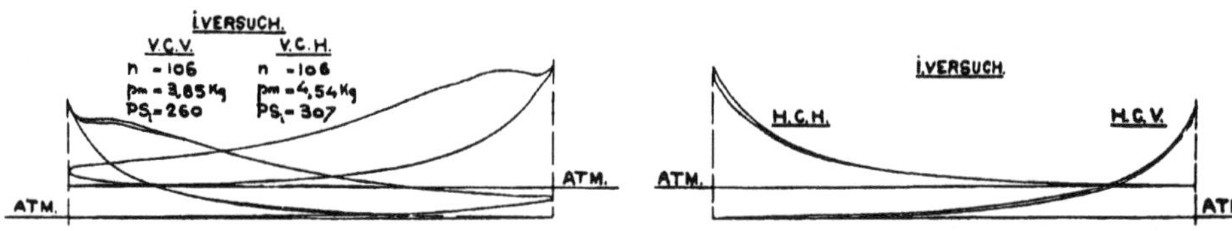

Abb. 125. Betrieb mit nur **einem** vorderen Zylinder, der zweite hintere Zylinder **leer**laufend. Einstellung auf Spät-Zündung.

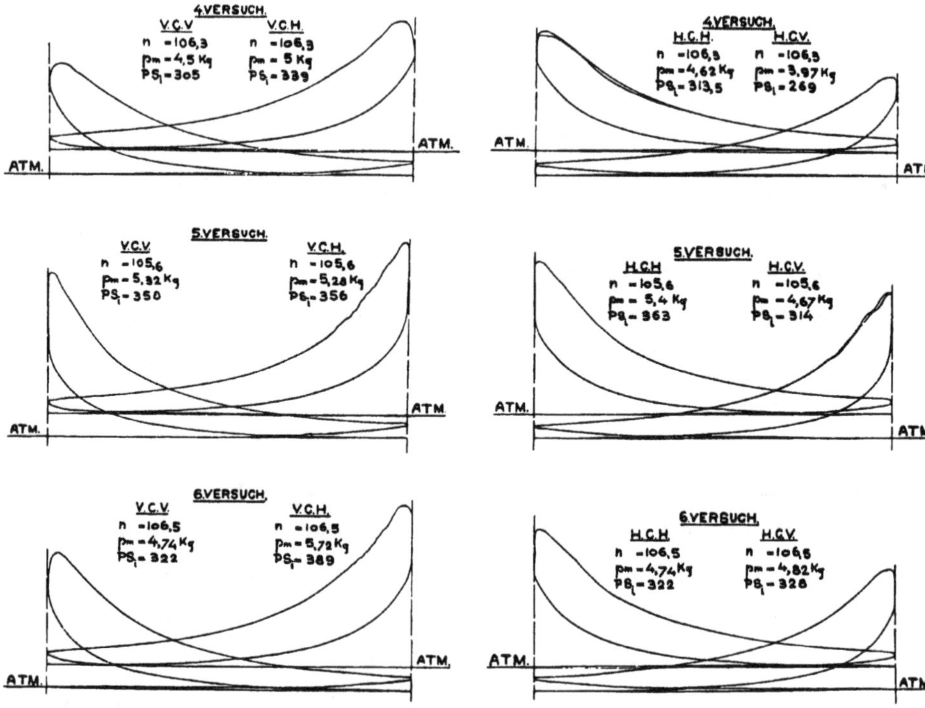

Abb. 126. Betrieb mit verschiedenen Belastungen (870—1200 Nutzpferdekräfte).

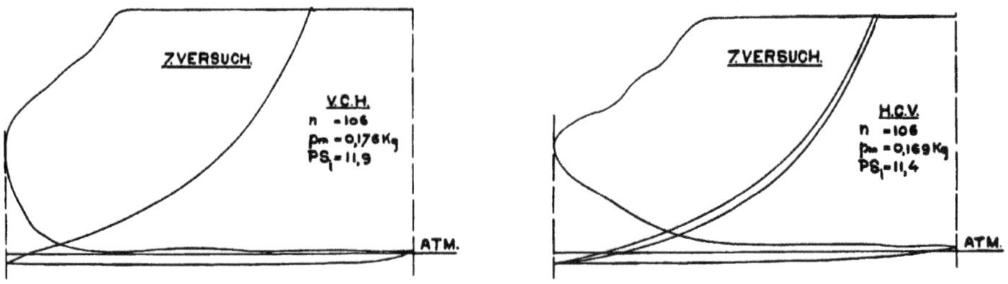

Abb. 127. Ansaugearbeit bei Vollbelastung der Maschine.

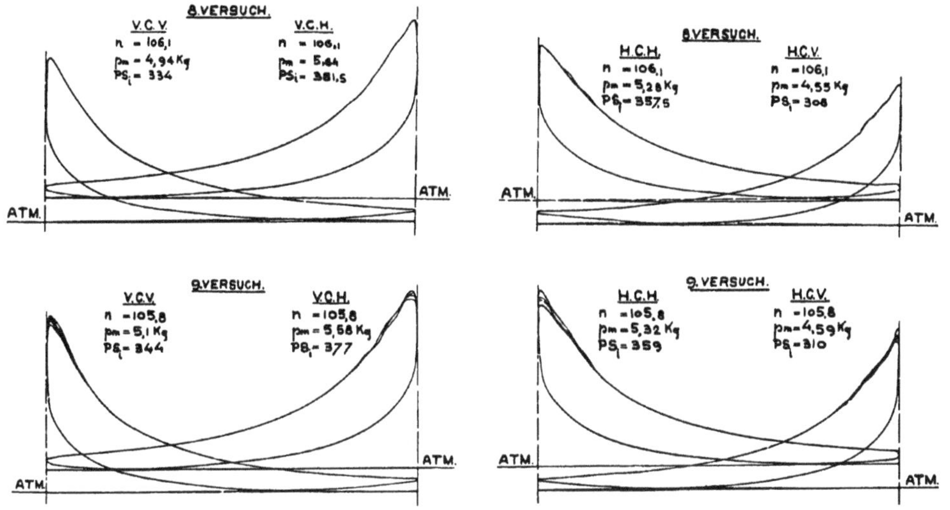

Abb. 128. Betrieb mit Voll-Belastung der Maschine.

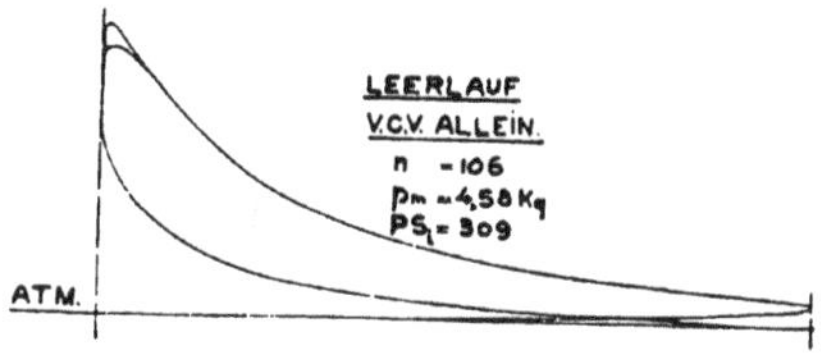

Abb. 129. Leerlauf-Diagramm: nur **eine** Zylinder**seite** in Betrieb.

Abb. 125 bis 129.
Diagramme der Hochofen-Gasmaschine der Rombacher Hüttenwerke in Rombach
(Doppeltwirkende Tandem-Viertaktmaschinen — M.-G. **Nürnberg**).

Die Heizwertbestimmungen wurden wieder gleichzeitig während der volumetrischen Ablesungen am Gasometer und während des Indizierens doppelt gemacht, kalorimetrisch und durch Analyse. Die Analyse ergab stets einen etwas größeren Wert, bis zu 30 WE Unterschied.

Tafel II gibt die übersichtliche Zusammenstellung der wesentlichen Versuche, Tafel III die zugehörigen Einzelwerte.

Der Leerlauf-Versuch (Diagramm Abb. 129) mit nur einer Zylinderseite im Betrieb wurde zu Beginn der Versuche durchgeführt; die Widerstände der noch nicht vollständig erwärmten Maschine waren infolgedessen zu groß. Solche Versuche sollten richtiger am Schlusse der Versuchsreihen durchgeführt werden.

Die Versuchsergebnisse sind in der graphischen Darstellung Abb. 130 übersichtlich zusammengestellt. Die Abszissen bezeichnen die Belastungen der Maschine in Dezimalteilen der Höchstbelastung (von 0,4 Belastung aufwärts), die Ordinaten den Wirkungsgrad, die Leistungen in PS und die verbrauchten Wärme-Einheiten.

Die Grenzwerte, von 0,8 Belastung aufwärts, sowie die Werte für halbe Belastung sind einwandsfrei und durch genügend lange und wiederholte Versuche ermittelt. Die

Zusammenstellung der Versuchsergebnisse (Rombach). Tafel II.

Nr. des Versuchs	Dauer der Ablesung am Gasometer	Minutl. Umdrehungszahl	Durchschnittl. mittlerer Druck für alle Zylinderseiten	Gesamtleistung beider Zylinder in PSi	Gasverbrauch in cbm		Heizwert des Gases in W E bei 30° C für 1 cbm	Stündlich verbrauchte WE		Leistung der Dynamo in K W	Belastung der Gasmaschine in PSe	Wirkungsgrad der Gasmaschine
					in der Stunde	für die PSi.Std.		für 1 PSi	für 1 PSe			
I.	33'	106	4, 279	580 (1 Zylinder)	1662	2, 86	790	2264	4670	158, 3	280	48, 5%
III.	28'	105, 8	2, 99	807	2170	2, 69	790	2130	3090	357, 1	557	69 %
IV.	29'	106, 3	4, 225	1146	2978	2, 59	798	2070	2720	583, 7	871, 5	76, 1%
VI.	26' 50"	106, 5	4, 83	1312	3224	2, 46	802	1973	2500	698	1037	79 %
VIII.	25' 51"	106, 1	5, 02	1359	3357	2, 47	810	2000	2438	755, 25	1115	82, 1%
IX.	25' 51"	105, 8	5, 14	1388	3357	2, 42	794	1920	2325	776	1147	82, 6%
V.	25' 20"	105, 6	5, 292	1427	3418	2, 395	785	1880	2262	803	1186	83, 1%

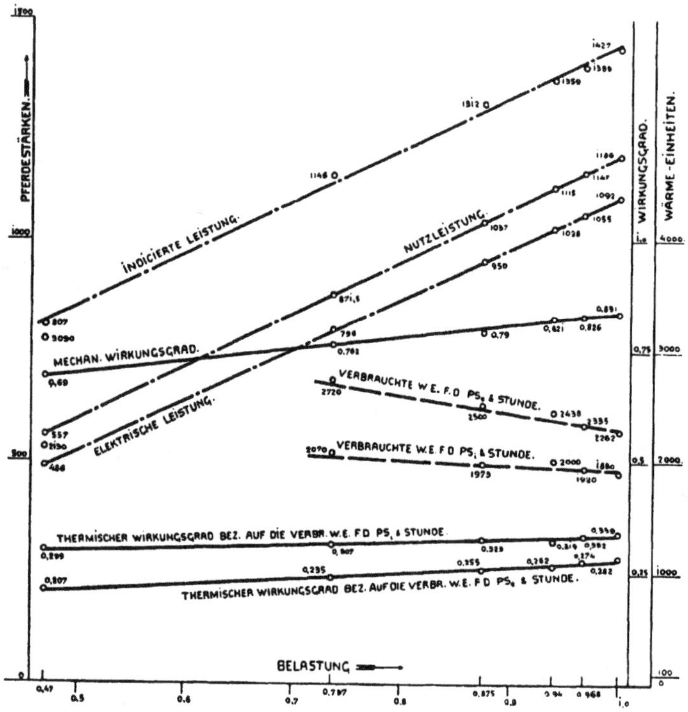

Abb. 130. Darstellung der Versuchsergebnisse.

Zwischenwerte sind nur angenähert. Der elektrische Wirkungsgrad wurde durch besondere Versuche ermittelt, der Widerstand der elektromotorisch angetriebenen Dynamomaschine im Leerlauf bei abgekuppelter Gasmaschine. Die Ergebnisse der Versuche bei Betrieb nur eines Gaszylinders sind in die graphische Darstellung nicht aufgenommen. Der thermische Wirkungsgrad betrug hierbei 0,147, auf PS$_e$ und Stunde, und 0,283, auf PS$_i$ und Stunde bezogen, die Nutzleistung 280 PS, die indizierte Leistung 580 PS, der Wärmeverbrauch 2264 W E f. d. PS$_i$ und Stunde.

Tafel III.

Einzelergebnisse der Versuche (Rombach).

Nr. des Versuchs	Nr. der Diagramme	Mittlerer Druck pm in kg/qcm				Stromstärke in Ampère	Spannung in Volt
		Vorderer Zylinder		Hinterer Zylinder			
		vorn	hinten	vorn	hinten		
I. (nur mit 1 Zylinder)	1	3,78	4,23			640	236
	2	4,27	4,42			660	235
	3	4,18	4,28			650	237
	4	4,14	4,17			650	237
	5	4,18	4,28			700	233
	6	4,18	4,22			665	234
	7	4,40	4,47			650	234
	8	4,28	4,18			650	235
	9	4,52	4,53			675	234
	10	4,11	4,57			675	234
	11	4,14	4,74			680	234
	12	3,78	4,57			700	235
	13	3,87	4,75			705	234
	14	3,92	4,72			670	236
	15	3,97	4,54			675	235
	16	3,85	4,54			680	235
	17	4,22	4,44			685	235
	18	4,16	4,47			690	235
						690	235
						695	235
		4,108	**4,45**			**674,2**	**234,9**
III.	23	3,50	3,41	2,15	2,90	1460	235
	24	—	3,38	2,53	2,67	1440	235
	25	3,04	3,77	2,61	3,04	1440	235
	26	3,50	3,44	2,48	2,58	1490	236
	27	3,55	3,54	2,49	2,79	1510	235
	28	3,64	3,44	2,60	2,64	1530	235
	29	3,20	3,66	2,14	2,81	1540	234
	30	3,28	3,48	2,37	2,81	1560	235
	31	2,90	3,46	2,63	2,82	1530	232
	32	2,90	3,51	2,20	2,88	1560	233
	33	3,01	3,43	2,37	2,87	1560	235
						1570	235
						1540	234
						1550	234
						1560	235
		3,25	**3,50**	**2,415**	**2,801**	**1522,6**	**234,53**

Fortsetzung von Tafel III.

Nr. des Versuchs	Nr. der Diagramme	Mittlerer Druck p_m in kg qcm				Stromstärke in Ampère	Spannung in Volt
		Vorderer Zylinder		Hinterer Zylinder			
		vorn	hinten	vorn	hinten		
IV.	34	4, 42	5, 25	3, 50	3, 86	2400	233
	35	4, 65	4, 92	2, 49	3, 80	2470	236
	36	4, 57	4, 76	3, 44	4, 28	2450	237
	37	4, 57	4, 62	3, 28	4, 12	2420	237
	38	4, 28	4, 92	3, 44	4, 22	2465	237
	39	4, 47	4, 96	3, 51	4, 18	2470	237
	40	4, 10	4, 74	3, 45	4, 20	2480	237
	41	4, 44	4, 87	3, 78	4, 04	2480	237
	42	4, 28	4, 77	3, 42	4, 22	2500	237
	43	4, 48	4, 65	3, 37	4, 33	2490	236
	44	4, 27	4, 66	3, 22	4, 32	2470	237
	45	4, 35	4, 95	3, 25	4, 46	2470	236
	46	4, 48	4, 70	4, 48	4, 54	2490	237
	47	4, 50	5, 00	3, 97	4, 62	2480	237
	48	4, 38	4, 90	3, 61	4, 18	2470	237
	49	4, 15	4, 48	3, 55	3, 97	2480	237
		4, 39	**4, 821**	**3, 481**	**4, 208**	**2467, 8**	**236, 56**
V.	50	5, 32	5, 28	4, 67	5, 40	3380	235
	51	5, 28	5, 73	4, 42	5, 62	3410	234
	52	5, 60	5, 78	4, 48	5, 33	3400	233, 5
	53	5, 21	5, 74	4, 84	5, 44	3435	236, 5
	54	5, 05	5, 80	4, 88	5, 33	3450	235
	55	5, 16	5, 78	5, 57	5, 30	3390	234
	56	5, 13	5, 47	4, 90	5, 68	3455	236
						3420	235
		5, 25	**5, 654**	**4, 823**	**5, 443**	**3417, 5**	**234, 87**
VI.	61	4, 85	5, 49	4, 12	5, 30	3025	236
	62	3, 12	5, 57	4, 32	4, 96	2955	238
	63	4, 76	5, 43	4, 41	4, 85	2955	237
	64	4, 90	5, 53	5, 00	4, 76	2965	237
	65	4, 87	5, 40	4, 32	4, 90	2930	237
	66	4, 80	5, 70	4, 25	4, 86	2955	237
	67	4, 86	5, 00	4, 32	4, 67	2975	238
	68	4, 96	5, 60	4, 56	4, 80	2930	237
	69	4, 74	5, 72	4, 82	4, 74	2960	236
	70	4, 37	5, 52	4, 50	4, 80	2920	235
	71	4, 73	5, 20	4, 12	4, 56	2975	235
	72	4, 76	5, 46	4, 46	4, 54	2955	236
	73	4, 60	5, 44	4, 55	4, 72	2930	235
	74	4, 84	5, 30	4, 36	4, 76		
		4, 65	**5, 45**	**4, 43**	**4, 80**	**2956, 1**	**236, 46**

Fortsetzung von Tafel III.

Nr. des Versuchs	Nr. der Diagramme	Mittlerer Druck pm in kg/qcm Vorderer Zylinder vorn	Vorderer Zylinder hinten	Hinterer Zylinder vorn	Hinterer Zylinder hinten	Stromstärke in Ampère	Spannung in Volt
VIII.	80	5,12	5,75	4,64	5,23	3255	234
	81	4,62	5,50	4,74	5,24	3225	234
	82	4,89	5,49	4,64	5,26	3230	235
	83	4,95	5,44	4,66	5,09	3240	237
	84	5,02	5,53	4,68	5,05	3220	235
	85	4,49	5,27	4,64	5,28	3190	234
	86	5,00	5,63	4,55	5,29	3230	235
	87	4,94	5,64	4,55	5,28	3185	235
	88	5,00	5,56	4,45	5,09	3205	234
	89	4,95	5,52	4,35	5,00	3200	235
	90	5,03	5,53	4,18	5,08	3210	235
	91	4,95	5,45	4,37	4,95	3200	236
	92	5,00	5,45	4,25	5,25	3190	235
	93	5,10	5,45	4,27	5,19		
	94	5,10	5,66	4,32	4,86		
		4,94	**5,52**	**4,48**	**5,14**	**3213,84**	**235**
IX.	95	5,23	5,63	4,91	5,57	3310	236
	96	5,25	5,78	4,78	5,35	3325	237
	97	5,22	5,14	4,59	5,23	3210	237
	98	5,18	5,70	4,76	5,55	3300	232
	99	4,91	5,39	4,41	5,10	3360	236
	100	5,10	5,58	4,59	5,32	3300	235
	101	5,12	5,60	4,63	5,28	3290	235
	102	5,10	5,66	4,71	5,28	3290	237
	103	5,00	5,62	4,62	5,32	3280	237
	104	5,04	5,47	4,55	5,34	3290	237
	105	4,96	5,45	4,44	5,05	3270	236
	106	4,91	5,64	4,56	5,07	3290	237
	107	5,03	5,60	4,78	5,24	3277	236
	108	5,10	5,45	4,57	5,32		
		5,08	**5,58**	**4,63**	**5,28**	**3291,5**	**236,07**

X. Betrieb von Gasmaschinen und Betriebs-Erfahrungen.

Gute Kleinmaschinen haben den Gasmaschinenbetrieben frühzeitig den Ruf großer Einfachheit gebracht, wesentlich aber nur als Leuchtgasmaschinen; er wurde geschädigt durch Kraftgasbetriebe mit unreinem Gas und durch unvollkommene Großmaschinen. Die rein maschinentechnischen Störungen, die mit dem Wesen der Gasmaschinen nichts zu tun haben und durch richtige Bauart vermieden werden können, waren bei allen solchen Großmaschinen die schwerwiegendsten. Immerhin hat sich in der Entwicklungszeit von der Kleinmaschine zur Großmaschine die Anschauung gebildet, daß der Kraftgasbetrieb dem Dampfmaschinenbetrieb an Zuverlässigkeit und Betriebssicherheit erheblich nachstehe. Es ist deshalb notwendig, auf die Betriebsverhältnisse, soweit sie mit der Betriebssicherheit und Zuverlässigkeit der Großmaschinen zusammenhängen, näher einzugehen.

Vergleiche können sich nur auf die heutigen vollkommenen, hochwertigen Dampfmaschinenanlagen mit Heißdampfbetrieb, Kondensation und vollständiger Wärme- und Wasserwirtschaft und auf Groß-Gasmaschinen vollkommener Bauart beziehen, auf Maschinen, die frei sind von Mängeln in der baulichen Ausbildung, sowie von betriebstechnischen Fehlern. Unvollkommene Dampfmaschinenanlagen sind wirtschaftlich nicht vergleichsfähig, wenn sie auch wegen ihrer Einfachheit hervorragend betriebssicher sind. Dampf-Turbinen bieten eben solche Betriebssicherheit, zugleich aber thermische und technische Vollkommenheit.

Bei Gasmaschinen-Betrieben sind insbesondere in Betracht zu ziehen: die Gasreinigung, um das ursprüngliche Kraftmittel für die ungestörte motorische Verbrennung brauchbar zu gestalten; die Instandhaltung und Reinigung der Maschine, weil auch gereinigtes Gas gegenüber dem Kraftmittel Dampf doch ein unreines Kraftmittel bleibt; ferner die Kühlung und Schmierung der inneren Maschinenteile und damit zusammenhängend die Abnutzung, die Betriebsstörungen, der Ölverbrauch im Betriebe; dann die Betriebsbereitschaft und Betriebsführung, die Betriebskosten, soweit diese vom Zustande der Maschine abhängen, und in jedem Zusammenhange: die Betriebssicherheit.

Gasreinigung.

Die Notwendigkeit genügender Gasreinigung war sofort mit dem Auftreten der Hochofen-Gasmaschinen vom Betriebsstandpunkte aus als Voraussetzung ihrer Lebensfähigkeit gegeben; diese richtige Auffassung ist aber durch die herandrängenden maschinentechnischen Fortschritte zeitweilig verschoben worden. Es wurde insbesondere auf Grund der Hochofen-Gasmaschinenbetriebe in Seraing behauptet, Maschinen könnten auch mit ungereinigtem Gas betrieben werden. Diese Anschauung ist wohl nur entstanden, weil es damals an Erfahrungen über Reinigung fehlte und verhältnismäßig kurze Betriebserfahrungen verallgemeinert wurden; sie hat sich an einigen Orten verhängnisvoll erwiesen.

Dann wurde die übertriebene Forderung erhoben, daß nur hochreines Gas für den Maschinenbetrieb verwendet werden dürfe. Inzwischen sind auch Reinigungsvorrichtungen erprobt worden, durch die, allerdings mit großem Kraftaufwand, das Gas auf hohe Reinheitsgrade (unter 0,01 g Staub auf das cbm) gebracht werden konnte.

Eine so weitgehende Gasreinigung ist aber für den Betrieb nicht notwendig, weil doch Verbrennungsluft von gewöhnlichem Staubgehalt verwendet wird, alle Verbrennungsluft auf den gleichen Reinheitsgrad zu bringen aber zu umständlich wäre. Die Gebläsemaschinen müssen auch stets mit gewöhnlicher, also staubhaltiger Luft betrieben werden und dennoch hohen Betriebsanforderungen entsprechen. Es kann daher auch für die Gasreinigung die Reinheit der Verbrennungsluft als Grenze festgelegt werden, da die Erfahrung bestätigt, daß die dann noch verbleibenden Verunreinigungen sich in Gasmaschinen nicht schädlicher verhalten als die Verunreinigungen der Luft.

So wird gegenwärtig die Reinigung von Hochofengas auf ein bestimmtes Maß beschränkt; alles Gas wird einer Vorreinigung bis auf etwa 0,5 g Staub im Kubikmeter unterzogen und solches vorgereinigte Gas zur unmittelbaren Verbrennung in den Winderhitzern verwendet, deren Leistung durch die Reinigung wesentlich erhöht wird; das überschüssige Gas wird dann für den motorischen Betrieb noch weiter bis zu 0,03 g Staubgehalt auf 1 cbm gereinigt.

Für alle anderen Gasarten, insbesondere Koksofengase und Generatorgas, ist nicht nur für den Großbetrieb, sondern auch für kleine und mittlere Anlagen die

Gasreinigung gleichfalls unerläßlich und stets ein unbequemer Punkt des Betriebes. Selbst bei Verwendung von gutem Koks und Anthrazit zur Gaserzeugung sind Reinigungsvorrichtungen notwendig, die von Zeit zu Zeit von Ablagerungen, Teer usw. befreit werden müssen. Das kann insbesondere in engen Räumen, im Innern von Gebäuden und in Städten lästig werden.

Vollkommene Reinigung solcher Gase ist umständlich und ohne Verwertung von Nebenprodukten kostspielig. Unvollkommene Reinigung läßt ungestörten Betrieb nicht zu. Deshalb gewinnen neuere Bestrebungen großen Wert, Generatoren für Kraftgaserzeugung so zu bauen, daß die flüssigen Destillationsprodukte im Generator vollständig verbrannt werden. Wenn dies trotz der hohen Verbrennungstemperatur des Teers vollständig gelingt, dann ist die Möglichkeit gegeben, Kraftgas auch aus minderwertigen Brennstoffen, Abfällen usw. herzustellen und sich der notwendigen umständlichen Reinigung dadurch zu entziehen, daß die Nebenprodukte im Generator wieder zersetzt werden.

In der gegenwärtigen Entwicklung ist der Dampfbetrieb dem Gasbetriebe oft dadurch allein überlegen, daß Dampfbetrieb jeder Art mit jedem Brennstoffe möglich ist. Es gibt sogar Feuerungen für Stroh, Sägespäne, Fettrückstände usw. Für die Dampfmaschine ist die Art der Dampferzeugung, abgesehen von der Dampfnässe, ganz gleichgültig und die Beschaffenheit des Kraftmittels immer dieselbe. Die Gasmaschine hingegen ist von der Gasbeschaffenheit empfindlich abhängig. Die Kraftgaserzeugung erfordert gegenwärtig besten Brennstoff von bestimmten Eigenschaften, nicht backend, nicht schlackend, sodaß bisher Koks und Anthrazit die Hauptrolle spielen, soweit Kraftgas und nicht Abgase in Frage kommen. Die Gaserzeugung aus minderwertigen Brennstoffen ist in voller Entwicklung, aber noch nicht befriedigend gelungen.

Auch Kraftgas, aus Torf erzeugt, kann für den Gasmaschinenbetrieb bei der großen Mächtigkeit der Torflager Bedeutung erlangen. Die Versuche, aus dem geringwertigen Torf mechanisch oder chemisch einen mit der Kohle wettbewerbsfähigen Brennstoff herzustellen, haben bisher zu keinem wirtschaftlich befriedigenden Ziele geführt. Somit liegt der Gedanke nahe, den geringen Heizwert in Gasmaschinen thermisch vorteilhaft auszunutzen und durch diese billig erzeugte Kraft die Grundlage für industrielle Betriebe oder für Fernleitung der Kraft zu schaffen, was umso zweckmäßiger sein wird, als die Verwertung des Torfs auf Destillationsprodukte allein nicht lohnend sein kann. Versuche mit Gasmaschinen für Torfgasbetrieb sind befriedigend ausgefallen. Die Auspuffgase der Gasmaschine könnten zum Trocknen des Torfes mitverwendet und somit die infolge des Feuchtigkeitsgehalts des Torfes schwierige Aufgabe der Trocknung erleichtert werden. Auch hierbei würde die Gasreinigung eine wichtige Rolle spielen.

Im Zusammenhange mit Anlagen zur Gewinnung und Verwertung von Nebenprodukten, wodurch sich zugleich vollkommene Gasreinigung erzielen läßt, wird der Betrieb von Gasmaschinen bei Verwertung von Koksofengasen ein ebenso sicherer wie bei Hochofengasen. Manche Vorurteile über Gasbetriebe sind durch schlechte Erfahrungen mit mangelhaft gereinigtem Koksofen- oder Kraftgas entstanden, ebenso wie anfänglich die ungünstigen Erfahrungen mit ungereinigtem Gichtgas einen Rückschlag verursacht haben. So ist bei den Koks-Gasmaschinen in Alsdorf (Abb. 93) ein ungestörter Dauerbetrieb erzielt worden, der dem von Dampfmaschinen gleichkommt. Die Maschinen laufen etwa ein halbes Jahr und können nach der Natur des Betriebes nicht stillgesetzt werden, da die Reservemaschinen noch nicht aufgestellt sind; es ist auch bisher noch keine Reinigung der Maschinen vorgenommen worden. In der Entwicklungszeit der Gasmaschinen zählten hingegen die Koksgasbetriebe zu den gefährlichsten und störungsvollsten. Der Fortschritt liegt in der richtigen Gasreinigung und der richtigen Bauart der Maschine.

Kühlung, Schmierung und Ölverbrauch.

Die Grundlage des Betriebes und der Beherrschung der inneren Maschinenteile ist die zuverlässige wirksame Kühlung. Die Kolben- und Stopfbüchsendichtungen müssen einen unveränderlichen Betriebszustand gewähren; das wird durch die Anordnung schwebender Kolben erleichtert und erfordert frei nachgiebige Metalldichtung der Stopfbüchsen und stets wirksame Kühlung.

Während bei der Dampfmaschine der Grundsatz herrscht, jede Abkühlung im Zylinderinnern zu vermeiden, ist bei Gasmaschinen die Kühlung aller Zylinder, Kolben und inneren Steuerungsteile Voraussetzung der Betriebsfähigkeit. Die Versuche, durch innere Kühlung, durch Wassereinspritzung in den Verbrennungsraum, zweckmäßige Betriebsbedingungen zu schaffen, haben bisher zu keinem durchschlagenden Erfolg geführt. Durch unmittelbare Berührung des Wassers mit den verbrannten Gasen, insbesondere bei Schwefelgehalt derselben, sind chemische Wirkungen zu befürchten, die sich mit den Forderungen der Instandhaltung der Maschine, des tadellosen Betriebszustandes der inneren Triebwerks- und Steuerungsteile nicht vereinbaren lassen. Die bedenklichen Erfahrungen, die z. B. mit Wasserstrahlkühlung bei den Auslaßventilen gemacht wurden, die Zerstörungen durch schwefelhaltige Gase, die Ablagerungen von Wasserstein usw., sind sehr bezeichnend.

Es bleibt nur die Kühlung durch umlaufendes Wasser in solcher Ausbildung, daß die Wasserströmung stets gesichert ist und kein Teil ungekühlt bleibt, daß die Kühlräume sich nicht durch Verunreinigungen, auch nicht durch Wassersteinablagerungen, verstopfen, daß sich nirgends Luftsäcke bilden können, keine Rippen die Strömung verhindern, und daß in den Kühlmänteln die Verteilung der Eisenmassen derart erfolgt, daß die Wärme überall gleiche und möglichst kurze Wege zum Kühlraum findet. Dies, sowie insbesondere die Kühlung der Triebwerksteile, zeigen die im Vorangegangenen angegebenen Beispiele.

Das Kühlwasser ist oft unrein oder bei Erwärmung zu Ablagerungen geneigt, sodaß die Untersuchung der Kühlräume zur Erhaltung der wirksamen Kühlung wesentlich ist; sie ist aber nur bei richtiger Bauart durchführbar. Enge Hohlräume zwischen den Zylindern schaffen Gefahren beim Guß durch Abbrechen von Kernstücken, durch ungleiche Wärmeleitung, durch örtliches Versagen der Kühlung infolge von Mängeln des Gusses oder der engen Kühlräume. Aus gleichen Gründen sind beim Nürnberger Zylinder entgegen den üblichen Konstruktionen innerhalb der weiten Kühlräume keine Rippen angebracht. Solche hindern die tadellose Herstellung und die zuverlässige Wasserströmung. Auch können sie schädliche Luftsäcke verursachen und die gleichmäßige Abströmung der Wärme aus dem Arbeitszylinder beeinträchtigen, die stets auf dem kürzesten Wege zum Kühlwasser erfolgen muß.

Diese und viele andere Einzelheiten sind wesentlich, denn ein Versagen der Zylinderkühlung d a r f nicht vorkommen, sie würde ein rasches Steigen der Zylindertemperatur an den schlecht gekühlten Stellen zur Folge haben. Bei einer Verbrennungstemperatur von 15—1800 ° würden nichtgekühlte Maschinenteile bald eine mittlere Temperatur von etwa 800 ° annehmen und den Betrieb unmöglich machen. Durch die Kühlung muß in allen Zylinderteilen ein Temperaturunterschied zwischen Außenwand und Kühlwasser und Innenwand des Arbeitszylinders von höchstens 50—60 ° hergestellt werden. Hierbei ist die Instandhaltung der Kolbendichtungen, Schmierung usw. bei richtiger Ausführung vollständig gesichert; Betrieb und Instandhaltung sind dann im Gegensatz zu üblichen Anschauungen e b e n s o s i c h e r wie b e i D a m p f m a s c h i n e n, in deren Hochdruckzylindern wichtige Maschinenteile eine viel größere

Wenn die erwähnten Vorbedingungen erfüllt und alle Gleitflächen wie alle Innenteile der Maschine wirksam gekühlt sind, dann ist eine weitere Lebensfrage des Betriebes, die Frage der Schmierung, ebenso einfach und sicher zu lösen wie bei Dampfmaschinen.

Weitverbreitet ist auf Grund der Erfahrungen mit den älteren Großmaschinen die Annahme, daß Gasmaschinen gegenüber Dampfmaschinen nur mit sehr großem Ölverbrauch betrieben werden könnten. Das gilt nur für unzweckmäßige Bauart der Gasmaschinen. Bei mehreren Maschinen mit langen Kolben, insbesondere solchen, die für die tatsächliche Leistung zu schwach bemessen waren und daher andauernd mit dem höchsten erreichbaren indizierten Druck betrieben werden mußten, stellte sich überreichliche Schmierung, schon wegen der Dichtungen der empfindlichen langen Kolben, als notwendig heraus. Bei solchen Maschinen kann der Ölverbrauch mehrere tausend Mark monatlich betragen. Die laufenden Kosten infolge unzulässiger Reibung sind bei einigen Maschinen außerordentlich hohe; z. B. erwuchsen bei einer 500pferdigen Maschine nur wegen der Kolbenreibung und des Steuerungswiderstandes, hauptsächlich durch Ölverbrauch und Reparaturen, Nebenkosten, die über 50 M auf die Pferdekraft und das Jahr betrugen. Das sind unzulässig hohe Kosten, und solche Maschinen sind auch nicht betriebssicher.

Wesentlich für den Ölverbrauch ist die Bauart von Zylinder, Kolben und Triebwerk.

Zweckmäßig sind für Groß-Gasmaschinen nur schmale Kolben (Abb. 90 u. a.) mit glatten Flächen und Abrundungen, um Ablagerung von Verunreinigungen möglichst zu verhindern, und mit wirksamer innerer Kühlung.

Sehr lange Kolben sind stets unbequem und betriebsunsicher. Dichtung und Kühlung oder Betrieb bieten keinen Anlaß, sie auszuführen. Schon die offenen langen Kolben sind, wie erwähnt, nachteilig.

Lange Zylinder und Kolbengleitflächen können nur mit ungewöhnlichen Einrichtungen (Bohrspindeln mit verschwindend kleiner Durchbiegung) genau hergestellt, noch schwerer kann ein langer Kolben in einen langen Zylinder richtig eingepaßt werden. Im Betriebe ist stets die Gefahr vorhanden, daß durch unzulässige Formveränderungen infolge von Durchbiegungen oder Wärmewirkungen die Zylindergleitflächen unzulässig beansprucht werden, die Kolben die Gleitflächen überlasten oder anfressen.

Offene Kolben bringen den Nachteil, daß bei geringen Undichtheiten schon durch den Öldunst die Luft im Maschinenraum unerträglich werden kann. Undichtheiten, die bei geschlossenen Zylindern ganz belanglos sind und die höchsten Betriebsforderungen nicht beeinträchtigen, werden bei offenen Kolben sehr lästig. Unvermeidlich ist hierbei der chemische Einfluß solcher Ausströmungen; insbesondere bei schwefelhaltigen Abgasen laufen alle Eisenteile im Maschinenraume an. Es ist dann nicht möglich, die Maschinen so sauber zu halten, wie es gefordert werden muß.

Auch die Luftbewegung, die durch die Verdrängungswirkung großer offener Kolben im Maschinenraume auftritt, wird unbequem, indem die Luftschwingungen sehr lästige Erschütterungen der Fenster usw. noch in weiter Nachbarschaft hervorrufen. Die Zylinder zu schließen, nur um dies zu vermeiden, ist zu umständlich.

Unerlässliche Voraussetzung für den richtig arbeitenden Gasmaschinen-Kolben ist seine reibungslose Führung durch die Kolbenstange, die nur in der äußeren Tragfläche geführt ist, sodaß weder Zylindergleitfläche noch Stopfbüchsen durch Kolben- oder Stangengewichte belastet werden. Ohne Erfüllung dieser Voraussetzung ist gegenüber den unvermeidlichen Verunreinigungen durch das Kraftmittel einwandsfreier Betrieb nicht möglich. Insbesondere bedenklich sind daher lange Kolben, die nicht auf der Kolbenstange s c h w e b e n, sondern sich mit ihrem großen Gewicht auf Zylindergleitflächen stützen und innerhalb der Zylinder durch Tragvorrichtungen gestützt werden müssen, insbesondere wenn sie nicht einmal eine rückwärtige Stangenführung besitzen. Liegt doch schon längst die Erfahrung vor, daß selbst bei Dampfmaschinen mit ihrem reinen Kraftmittel, wenn sie mit überhitztem Dampf arbeiten, die Belastung der Zylindergleitflächen durch das Kolbengewicht unzweckmäßig ist. Die t r a g e n d e Kolbenstange und der freischwebende, reibungslos laufende Kolben sind daher erste Voraussetzung eines störungsfreien Betriebes.

Schwierigkeiten aller Art können bei mittleren Maschinen noch überwunden werden, bei großen Maschinen werden sie b e t r i e b s g e f ä h r l i c h. Die Folgen der Durchbiegung oder Reibung, insbesondere von langen Kolben, sind mindestens unzulässiger Ölverbrauch und große Abnutzung. Es ist unrichtig, die Großmaschine mit schwierig zu behandelnden Teilen zu versehen, die keineswegs durch die Gasmaschine als solche bedingt werden, sondern sich nur aus bestimmten Konstruktionsabsichten (Schlitzsteuerung, Verdrängungswirkung des Kolbens usw.) ergeben. Die B e t r i e b s a n f o r d e r u n g e n müssen höher und in erste Linie gestellt werden. Bei allen richtig gebauten Gasmaschinen mit richtiger Kühlung und richtigem Triebwerk, welches die Zylinderflächen nicht belastet, hat sich bisher bewährt, daß die Gleitflächen sich sehr gut halten und keine Abnutzung zeigen.

Für Gasmaschinen wird häufig der Betriebsverbrauch mit allerlei Vorbehalten angegeben; z. B. der Ölverbrauch für die Nutzpferdekraft: bei „best eingelaufener" Maschine und „verständnisvoller" Wartung und unter Verwendung „besten" Schmiermaterials. Mit dem Einlaufen ist es aber bei unreinem Gas immer schlecht bestellt; verständnisvoll ist die Wartung überhaupt selten, vielfach sogar unvermeidlich schlecht. Solche Einschränkungen sind jedoch bei richtiger Bauart der Maschine für den Gasbetrieb ebensowenig notwendig wie für den Dampfmaschinenbetrieb.

Einen großen Anteil an übermäßigem Ölverbrauch haben mangelhafte Schmiervorrichtungen an den Maschinenteilen. Für den heutigen Maschinenbetrieb ist selbsttätige Schmierung für alle Maschinenteile, höchstens Exzenter ausgenommen, unerläßlich, um Ölverschwendung zu vermeiden. Für Gasmaschinen gilt dies umsomehr, als sie stets raschlaufende Maschinen sind.

Wenn für die zahlreichen Steuerungsteile statt selbsttätigen Ölumlaufs Tropfschmierung verwendet wird, mit zahlreichen Schmiergefäßen, offenen Schmierstellen usw., so sind große Ölverluste unvermeidlich, abgesehen von den Gefahren, welche sich aus der Vernachlässigung so zahlreicher Schmiergefäße ergeben.

Auch hinsichtlich der Ausbildung der für den sicheren Dauerbetrieb so außerordentlich wichtigen Schmierung ist die M.-G. Nürnberg, abweichend von ihren Vorgängern, den richtigen Weg gegangen. Die hierfür maßgebenden Grundsätze sind:

Für alle Schmierstellen, welche mit den hohen Temperaturen nicht in Berührung kommen, selbsttätige überreichliche Ölzufuhr und Umlauf in der vollkommenen Ausbildung wie bei den besten Dampfmaschinen durchzuführen und das Öl nach Reinigung wieder zu verwenden. Für die Arbeitszylinder hingegen: so wenig als möglich zu schmieren, um ein Verbrennen des Schmieröls im Innern und die Ablagerung von Verbrennungsrückständen zu verhindern, durch sorgfältige Ausbildung der Einzelheiten aber das Schmieröl dorthin zu bringen, wo es erforderlich ist; jede Verschleuderung zu verhüten, dabei nur mit leichtflüchtigen Mineralölen zu schmieren, weil die schwerflüchtigen stets Rückstände in den Zylindern bilden, die leichtflüchtigen hingegen sich an den gekühlten Maschinenteilen niederschlagen und gut schmieren. Die Einzelheiten der Verteilung sind dabei, wie erwähnt, allerdings sehr wesentlich.

So wird mit gewöhnlichen Ölen im Preise von 30—40 M., wobei eine Unterscheidung zwischen Zylinderöl und Maschinenöl garnicht notwendig ist, vorzügliche Schmierung der inneren Teile erreicht, und alle Zylinder erhalten sich blank und in gutem Zustande. Allerdings dürfen die Zylinderflächen nicht durch große Kolbengewichte belastet und die Kolben müssen auf der Kolbenstange freischwebend getragen werden und reibungslos laufen.

Als Tragflächen für die Gewichte und als Unterstützungen gegen Biegungsbeanspruchung und Formveränderung (Durchbiegung) der Kolbenstange können nur die äußeren Tragführungen zugelassen werden, nie aber die Stopfbüchsenführungen und nicht der Kolben. Dann stehen die Reibungsflächen von Zylinder und Kolbenstange nur mehr unter dem Einflusse des Dichtungsdrucks der selbstspannenden Dichtungsringe am Kolben und in den Stopfbüchsen; es wirken nur geringfügige Kräfte, die nur geringe Abnutzung bewirken können. Unter solchen Voraussetzungen können Kühlung und Schmierung richtig und betriebssicher durchgeführt werden.

Die Schmierung der Gasmaschinen ist hinsichtlich des äußeren Triebwerks in keiner Weise verschieden von der bei Dampfmaschinen und ist daher bei allen hochwertigen Gasmaschinen nach dem Vorbilde der vollkommenen Dampfmaschinen als Zentralschmierung mit selbsttätigem reichlichen Ölumlauf durchgeführt. Maßgebende Grundlage ist, daß die Reibungsarbeit bei mehreren Hauptteilen raschlaufender Maschinen im Verhältnis zu den wärmeleitenden Flächen stets groß ist, daß die Wärme durch tropfenweise Ölzuführung nicht mehr abgeleitet werden kann, daher beständiger Umlauf einer reichlichen Ölmenge erforderlich ist.

Der Ölverbrauch ist bei solcher Einrichtung ähnlich wie bei Dampfmaschinen ein äußerst geringer; er kann während der Dauer eines Versuchs überhaupt nicht bestimmt werden. Im praktischen Betriebe ist es vorgekommen, daß Nürnberger Gasmaschinen auch bei ungünstigen Betriebsverhältnissen ein halbes Jahr mit demselben Öl betrieben wurden, bevor es behufs Reinigung ausgewechselt wurde.

Die Stopfbüchsen erfordern wegen ihrer Metalldichtung, wegen ihrer großen Durchmesser und großen Reibungsgeschwindigkeit besondere Sorgfalt und reichliche Schmierung. Es sind deshalb bei den Nürnberger Maschinen für jede Stopfbüchse besondere Schmierpumpen angebracht, die Öl in die Dichtungsringe hineinpressen und es dort richtig verteilen, damit es nicht einseitig abfließen kann.

Das Verbrauchsergebnis ist trotz dieser reichlichen Stopfbüchsenschmierung ein vorzügliches. Der Ölverbrauch der Nürnberger Maschinen beträgt bei mehreren Großbetrieben, im durchschnittlichen Dauerbetriebe gemessen, für 1000 pferdige Maschinen 18—20 kg in 24 stündigem Betriebe, also täglich etwa 0,8 g für die Pferdekraft. Jedoch kann auch dieser Verbrauch auf etwa 0,7 g für 1 PS vermindert werden. Nur wenn das Betriebsgas sehr unrein ist, erhöhen sich die Schmierkosten.

Die Behauptung, jede Gasmaschine verhalte sich im Betriebe verschieden, ist nur für mangelhafte Maschinen, insbesondere bei fehlerhaften Kolben, zutreffend. Die Ursache der vielfach vorkommenden langwierigen „Kinderkrankheiten" sind, abgesehen von Mängeln, die die thermischen Verhältnisse betreffen, meist maschinentechnische Fehler: schlecht gekühlte Maschinenteile, unrichtige Massen- und Wärmeverteilung, unzulässige Belastung der Gleitflächen, Durchbiegungen und Ungenauigkeiten aller Art, vor allem unzweckmäßige Kolben und Kolbenstangen.

Instandhaltung und Zugänglichkeit.

Wichtig ist die Instandhaltung und Reinigung der Maschinen, wenn sie mit Gas betrieben werden, das zwar gereinigt ist, aber im Dauerbetriebe doch Verunreinigungen im Innern der Maschine ablagert, insbesondere Gichtstaub, Verbrennungsrückstände, Krusten von verbranntem Schmieröl usw. Solche Ablagerungen werden auch bei vollkommenen Anlagen eintreten können, wenn die Reinigung vorübergehend mangelhaft ist. Jede Gasmaschine muß solchen Störungen gegenüber bis zu einem gewissen Grad unempfindlich sein. Im besonderen muß sie so gebaut und so zugänglich sein, daß die Entfernung aller störenden Verunreinigungen im Zylinder, in der Steuerung usw. ohne nennenswerte Betriebsstörung rasch möglich ist. Die maßgebenden Verhältnisse greifen hier ineinander; die Fragen können auch nur im Zusammenhange behandelt werden.

Es hat sich bei Betrieben mit unreinem Hochofengas herausgestellt, daß im ganzen Innern des Zylinders, mit Ausnahme der Gleitflächen und Ventilsitzflächen, meist schon nach einer Woche sich eine Staubschicht ablagert, die, wenn sie etwa 2 mm Dicke erreicht hat, unveränderlich bleibt und nicht weiter wächst, sodaß angenommen werden muß, daß der Staub nur nahe an den Eisenwänden selbst, auf dicken Staubschichten hingegen nicht mehr haftet, sondern durch die Gasströmung wieder weggerissen und in den Auspuff geblasen wird. Dies ist aber nur dann der Fall, wenn das Gas vom Einlaß- zum Auslaßventil hin ohne große Richtungsänderung strömt und wenn dieser Strömung nur glatte Flächen mit allmählichen Übergängen an den Zylinderwänden entgegenstehen.

Diese Bedingung ist bei der Nürnberger Maschine und bei Zweitaktmaschinen mit Schlitzsteuerung erfüllt. Sie ist nicht erfüllt bei vielen Konstruktionen von Zylinderköpfen und auch nicht bei Gasmaschinen, deren Auslaßventil am oberen oder seitlichen

Ende des Zylinders angebracht ist. Bei Anordnungen mit oben liegendem Auslaßventil wird vorausgesetzt, daß das Gas rein sei, was für den Dauerbetrieb nie zutrifft. Die unvermeidlichen Verunreinigungen können durch ein hochliegendes Auslaßventil nicht regelmäßig, daher nur unzureichend ausgeblasen werden, insbesondere wenn ein Richtungswechsel zwischen Ein- und Ausströmung auftritt. Besondere Ausblasvorrichtungen am Zylinderboden können tiefliegende, bei jedem Hube tätige Steuerungs-Querschnitte und Ventile nicht ersetzen.

Mit den hierauf bezüglichen Einzelheiten ist es auch zu erklären, daß die älteren, mangelhaft gebauten Groß-Gasmaschinen gründliche Reinigung schon nach kurzer Betriebszeit erfordern, während richtig gebaute etwa ein halbes Jahr lang laufen, ohne daß das Innere auch nur nachgesehen wird.

Nach längerer Betriebszeit sollen allerdings alle Zylinder von Gasmaschinen gereinigt werden. Die Zugänglichkeit ist daher, um festgebrannten Staub entfernen, Kolbenringe und Ventile nachsehen zu können, von großer Wichtigkeit.

In engem Zusammenhange mit diesen Fragen steht die Instandhaltung der Kolben- und Ventildichtungen, der Zylindergleitflächen, der Kühlung und Schmierung.

Inbetriebsetzung und Betriebsbereitschaft.

Die Inbetriebsetzung von Gasmaschinen tadelloser Konstruktion und Ausführung ist ebenso leicht und rascher möglich als die von Dampfmaschinen, wesentlich weil bei richtiger Kühlung die großen Temperaturänderungen, welche die Eisenteile von Dampfmaschinen mitmachen müssen, zum größten Teile wegfallen. Die Wärmeausdehnung der großen Massen von Zylinder und Maschinenbett, die bei Dampfmaschinen stets zu größter Vorsicht und sehr langsamer Steigerung des Betriebsdrucks und der Temperatur zwingt, ist bei Gasmaschinen richtiger Bauart viel leichter zu beherrschen.

Die Arbeitstemperaturen sind bei Gasmaschinen ungleich höher als bei Dampfmaschinen, ihre Wirkungen auf die Maschinenteile aber sind bei richtiger Kühlung der wesentlichen Maschinenteile viel geringer als bei Dampfmaschinen; die Mitteltemperatur der Arbeitszylinder ist niedriger als die von Dampfzylindern selbst bei Betrieb mit gesättigtem Dampf.

In der ersten Entwicklungszeit der Großmaschine, als mit den vergrößerten Kleinmaschinen, mit maschinentechnisch mangelhaften Maschinen gearbeitet wurde, gab es Maschinen, die kaum $^1/_4$ der Zeit betriebsfähig waren und meist zu sehr ungelegener

Zeit betriebsuntauglich wurden. Das Verdienst der weiteren Entwicklung liegt daher nicht auf thermischem Gebiete, denn die thermischen Leistungen waren schon frühzeitig sehr günstig, sondern in der Ausbildung der betriebssicheren Maschine. —

Zur Beurteilung der Betriebssicherheit und leichten Beherrschbarkeit guter Großmaschinen geben die bisherigen Betriebserfahrungen mit den Nürnberger Maschinen ausreichende Grundlagen. Die bisher in Betrieb gesetzten 22 neuen Nürnberger Gasmaschinen sind in nachfolgender Übersicht angegeben.

Nr.	Betriebsort	Anzahl	Art	Leistung in PS	Tag der Inbetriebsetzung	Verwendungszweck
1–3	Ruhrort (Phönix)	3	DT	800–1000	1./1.,15./2.,1./4.1904	Erzeugung von Drehstrom für Hüttenbetrieb
4	Pisa	1	D	350	1./1. 1904	Erzeugung von Gleichstrom für städtischen Betrieb
5, 6	Micheville . . .	2	DZ	1000–1200	1./1., 1./3. 1904	Erzeugung von Gleichstrom für Hüttenbetrieb
7	Burbach	1	DT	1500–1800	1./3. 1904	Walzwerksbetrieb
8—12	Scheveningen . .	5	DT	350	1./5.—1./7. 1904	Erzeugung von Gleichstrom für städtische Licht- und Kraftanlage
13	Rostock	1	D	350	1./5. 1904	Erzeugung von Gleichstrom für städtische Anlage
14, 15	Eschweiler . . .	2	DT	500–550	1./6., 15./7. 1904	Erzeugung von Drehstrom für Bergbaubetrieb
16, 17	Essen (Krupp) .	2	DT	1000—1200	1./8., 1./9. 1904	Erzeugung von Gleichstrom für Hüttenbetrieb
18, 19	Rombach . . .	2	DT	1000—1200	10./8., 10./10. 1904	desgl.
20, 21	Rombach . . .	2	DT	900	15./8., 15./10. 1904	Antrieb von Gebläsen
22	Gelsenkirchen .	1	DT	1500–1800	15./10. 1904	Erzeugung von Dreh- und Gleichstrom für Hüttenbetrieb

(D = doppeltwirkend, T = Tandem, Z = Zwilling)

Die bisher ausgeführten und in Betrieb gesetzten Nürnberger Gasmaschinen konnten, wo nicht besondere Umstände maßgebend hinzutraten, in 5—8 Tagen nach ihrer Aufstellung den vollen, ununterbrochenen Betrieb aufnehmen. Bei den meisten neuen Nürnberger Maschinen mußte vor der Übernahme ein anstandsloser 14tägiger Dauerbetrieb bei beliebigen Belastungsänderungen und darauf folgend ein 24stündiger Betrieb unter Höchstbelastung geleistet werden. In allen Fällen wurden diese Forderungen ohne Störung erfüllt. Desgleichen hat sich die Parallelschaltung, z. B.

auf „Phönix“ für Drehstrombetrieb bei 40% Belastungs-Schwankungen, anstandslos durchführen lassen. Auch wurde hierbei erreicht, daß die Regulatoren beim Leerlauf völlig ruhig stehen und die Maschinen ohne Aussetzer arbeiten.

Beim Anlassen oder im Betriebe dieser Maschinen haben sich keinerlei Schwierigkeiten ergeben, welche in der neuen Konstruktion und ihren Einzelheiten ihren wesentlichen Grund hätten; ein vorzügliches Ergebnis der völlig neuen Konstruktion, welche mit allen Überlieferungen des früheren „Motorenbaues“ gebrochen hat.

Die Betriebsbereitschaft der Groß-Gasmaschinen erfordert wieder in erster Linie die beste Zugänglichkeit aller Teile. Darunter ist aber nicht bloß die wiederholt hervorgehobene Zugänglichkeit der Triebwerksteile, des Maschineninnern usw. zu verstehen, sondern insbesondere auch die Zugänglichkeit und Handlichkeit der Betriebsteile, die zum Anlassen und Regulieren der Maschine erforderlich sind. Der Maschinist muß seine Maschine von einer Stelle aus vollständig überblicken und handhaben können.

Diese Forderung wird bei Gasmaschinen nicht ganz erfüllt, wenn bei Zwillingsmaschinen beide Steuerungswellen auf die Außenseite gelegt werden (Abb. 16), sodaß ein Maschinist die Anlaßvorrichtung und sonstige Absperrungen usw. nicht handhaben kann. Diese Forderung ist auch nicht erfüllt bei Maschinen, die auf der einen Seite die Steuerungsvorrichtungen, auf der andern aber die Füllpumpen besitzen oder deren Füllpumpen sich in großer Entfernung von der Steuerung der Arbeitszylinder befinden. Solche unübersichtlichen, weitläufig zerstreut angeordneten Steuerungs- und Anlaßvorrichtungen werden bei Dampfmaschinen immer vermieden; stets werden alle Teile so angebracht, daß sie von einem Punkte aus gehandhabt werden können und nicht zahlreiche Bedienungsmannschaften notwendig sind, um große Maschinen zu beherrschen. Bei der Nürnberger Anordnung befindet sich der Maschinistenstand zwischen den beiden Zylindern, und dorthin sind alle zu bedienenden Teile gelegt.

Zur Betriebsbereitschaft und Betriebssicherheit gehört, daß die Maschine auch betriebsfähig sein muß, wenn einzelne Teile derselben vorübergehend unbrauchbar sind, und daß in solchen Fällen der Betrieb wenigstens mit einem Teile der Maschine aufrechterhalten werden kann. Viertaktmaschinen mit zwei doppeltwirkenden Zylindern gewähren die Möglichkeit, jede Zylinderseite unabhängig für sich zu steuern, sodaß im Falle eines Mangels an einem Steuerungsorgan nicht die ganze Maschine außer Betrieb kommt, sondern nur die betreffende Zylinderseite auszuschalten ist.

Zweitaktmaschinen verhalten sich in dieser Hinsicht ungünstiger, weil bei ihnen auch die Betriebsfähigkeit der Spül- und Ladepumpen in Frage kommt und durch einen Betriebsmangel an den Pumpen die ganze Maschine beeinflußt und außer Betrieb gesetzt wird.

Zum Anlassen der Gasmaschinen wird aufgespeicherte Druckluft, Gasgemengevorrat oder selbst Benzindampf verwendet. Bei Großmaschinen werden überwiegend Druckluft-Anlaßvorrichtungen verwendet. Früher waren die Einrichtungen sehr unvollkommen, und bei geringem Druckluftvorrat wurde das Anlassen von mangelhaften Maschinen oft sehr schwierig. Wenn das erste Anlassen mißlang, war der Luftvorrat erschöpft und mußte erst, oft von Hand, neu aufgepumpt werden; dann ist es wohl vorgekommen, daß es tagelang gedauert hat, bis die Maschine in Betrieb gekommen ist.

Die M.-G. Nürnberg versieht ihre Großmaschinen mit einem elektrisch betriebenen, am Schwungrad angreifenden Schaltwerk, durch das die Maschine zum Andrehen, Nachsehen, Einstellen in die Anlaß-Kurbelstellung usw. bequem gedreht werden kann. Das Anlassen selbst durch solches Schaltwerk zu bewirken, ist nicht möglich, weil es den Kolben nur mit sehr geringer Geschwindigkeit (entsprechend etwa n = 0,3—0,5 min.) bewegen kann, was nicht ausreicht, die erforderliche Gasverdichtung zu erzielen. Das eigentliche Anlassen erfolgt dann mit Druckluft; beim zweiten Hub kann stets gezündet werden, bei der 3. Umdrehung können alle vier Zylinderseiten zünden und kann regelmäßig gearbeitet werden.

Die Einzelheiten der Zündung gehören nicht in den Rahmen dieser Darstellung. Mit der gewöhnlichen magnetelektrischen Zündung können alle Aufgaben gelöst werden; aber jede der zahlreichen Zündstellen (2 an jedem Zylinderende) erfordert dann eine mechanische Vorrichtung für den Antrieb und die Regulierung mit sehr umständlichem Gestänge, dessen Gang in der Regel viel Geräusch verursacht. Solange Einzylindermaschinen zu bauen waren, konnte diese Unbequemlichkeit nicht fühlbar werden. Für zwei doppeltwirkende Zylinder hingegen sind 8 Zünd- und Reguliervorrichtungen erforderlich, jede mit einem umständlichen Mechanismus versehen, der oft mehr Geräusch verursacht als die Hauptsteuerung; dann wird die Einrichtung im Verhältnis zu ihrem Zweck sehr umständlich, der mechanische Antrieb läßt sich nicht einfach gestalten, und wenn die Zündvorrichtungen veränderlich für verschiedene Zündzeit eingerichtet werden, so müssen alle Magnete und die Steuerung verstellt werden.

Die magnetelektrischen Zündungen arbeiten mit geringer Stromstärke, aber hohen Spannungen, erfordern daher sichere Isolierung, die insbesondere im Verbrennungsraum empfindlich und nur bei bester Herstellung brauchbar ist. Bei Zündung durch elektrischen Strom aus einer vorhandenen Quelle, die bei allen modernen Betrieben zur Verfügung steht, erfordert die Zündvorrichtung einen drehbaren Anker; durch die Spulen wird Strom geschickt, und der Funke wird abgerissen. Die Leitung des Stroms für die Zündung erfolgt dann in der denkbar einfachsten Weise durch isolierte Drähte, die Regulierung durch Verstellung der Kontakte. Drähte und Kontakte ersetzen die sehr umständlichen mechanischen Steuerungen, und die Einrichtung arbeitet vollständig geräuschlos. Solche Zündung muß mit verhältnismäßig hoher Stromstärke, etwa 2 Ampère, bei geringer Spannung, 60 Volt, arbeiten, wofür die Isolierung sehr einfach wird. Der Strom kann von einem Stromnetz entnommen und die Leitung wegen der Möglichkeit des Versagens dieses Stromes auch an eine andere Stromquelle, z. B. eine Erregermaschine, angeschlossen werden.

Die wesentlichste und leider unvermeidliche Störung des normalen Ganges der Maschinen sind die Frühzündungen. Da in allen Gasmaschinen das Gemenge im Arbeitszylinder verdichtet wird, ist bei allen die Möglichkeit von Frühzündungen insbesondere durch glühende Verbrennungsrückstände gegeben. Bedingung ist daher wirksame Kühlung aller Innenteile der Maschine und Vermeidung von Rückständen durch Gasreinigung, geringsten Aufwand von Schmiermaterial und gute Zugänglichkeit der Maschinen behufs Reinigung. Frühzündungen können vorkommen: während des Ansaugens, wobei die Verbrennung in das Saugrohr zurückschlägt, oder während des Verdichtungshubes, wobei die Verbrennungsspannung wegen der nachfolgenden Verdichtung übermäßig groß wird und das Triebwerk überlastet. Auch nach dem Arbeitshube kommen Zündungen vor, wobei die Verbrennung ins Auspuffrohr schlägt.

Frühzündungen während des Ansaugens verursachen in der Regel großes Geräusch, sind aber ziemlich unschädlich, ebenso Zündungen während des Auspuffs, die nur als Folge unvollkommener oder verspäteter Verbrennung beim Versagen der Zündung und bei Aussetzregulierung auftreten. Gefährlich für die Maschinen sind nur die Frühzündungen nach begonnener Gemengeverdichtung, nahe beim Ende der Verdichtung. Gegenüber dieser Gefahr verhalten sich aber Gasmaschinen jeder Bauart im wesentlichen gleichartig. Um ihr zu begegnen, müssen alle Teile der Maschine ausreichend stark bemessen werden. Daher auch die reichliche Bemessung der Maschinenteile der neuen Nürnberger Maschine.

Der freie Auspuff der verbrannten Gase, der bei Gasmaschinen wegen der grossen Endspannung von 2—3 Atm. immer sehr lebhaft und mit grossem Geräusch auftritt, wird bei Großmaschinen meist in der Weise beherrscht, daß Wasser in den Auspuff gespritzt wird, jedoch nur in so geringer Menge, daß alles Wasser sofort verdampft. Wird dann im Auspuff noch große Geschwindigkeitsverminderung vorgenommen, so läßt sich das Auspuffgeräusch auf ein erträgliches Maß herabbringen, insbesondere wenn ein großer Auspufftopf angebracht wird. Werden dann noch mehrere Richtungsänderungen vorgenommen, so läßt sich das Geräusch, wenigstens bei Viertaktmaschinen, auch ganz beseitigen. Zweitaktmaschinen ergeben stets einen heftigen Auspufflärm, weil der Ausstoß in kürzerer Zeit als beim Viertakt erfolgen muß.

Der Dampfmaschine wird im Betriebe ein Kraftmittel von im wesentlichen unveränderlichen Eigenschaften zugeführt, und im Dampf- und Wasserraum des Kessels steht ein verhältnismäßig großer Energievorrat zur Verfügung; somit ist eine Steigerungsfähigkeit der Leistung, soweit diese vom Energievorrat abhängt, immer gegeben. Bei Gasmaschinenbetrieben hingegen wird das Kraftmittel immer erst nach Maßgabe des Verbrauchs in der Maschine selbst erzeugt; seine Zusammensetzung, seine thermischen und chemischen Wirkungen ändern sich, Leistung und Geschwindigkeit sind nur in engen Grenzen veränderlich. Um so wichtiger wird daher die Aufspeicherung des Gases in großen Gasometern. In solchem Zusammenhange ist auch die zweckmäßige Verwendbarkeit der Sauggasanlagen bei stark veränderlicher Belastung der Maschine eine beschränkte, weil bei solchen Anlagen nicht nur der Gasvorrat sehr gering ist, sondern auch die Gaszusammensetzung durch die Veränderungen in der Entnahme aus dem Generator sich erheblich ändert. Jede schwankende Gasentnahme ist eine Störung der normalen Vergasung, der chemischen Vorgänge bei der Gaserzeugung, und solche Störungen können sich nicht rasch ausgleichen; der Heizwert des Gases wird infolgedessen ein sehr veränderlicher.

Die Einschaltung von großen Gasometern in der Gaszuleitung ist das einzige sichere Mittel, den Betrieb der Maschine von unregelmäßiger Gaserzeugung unabhängig zu machen, einen Ausgleich herbeizuführen und gleichmäßigen Betrieb insbesondere von größeren Anlagen zu schaffen. Sonst liegt immer die Gefahr vor, daß mit abnehmender Gaszuführung schließlich eine ganze Maschinenanlage zum Stillstande kommen kann. Betrieb ohne Gasometer wäre vergleichbar einem Dampfbetriebe mit Kesseln, welche keinen genügenden Dampf- und Wasserraum besitzen, daher auch rasch leer gepumpt werden können. Die bisherigen Erfahrungen sind deshalb nicht entscheidend, weil die bisherigen Gasmaschinen-Großbetriebe stets gemischte waren und eine erhebliche Dampfmaschinen-Reserve zur Verfügung stand, die zugleich den Vorteil großer Steigerungsfähigkeit der Anlage bot.

Mit dieser unvermeidlichen Knappheit des Energievorrates bei allen Gasbetrieben hängt es zusammen, daß bei vielen Betrieben mit Recht gefordert wird, daß sie nach Bedarf für verschiedene Gasarten durchgeführt werden können, um beim Versagen einer Gasquelle eine andere heranziehen zu können. So ergibt sich naturgemäß bei städtischen Betrieben der Leuchtgasbetrieb als Aushilfsbetrieb im Falle des vorübergehenden Versagens der Kraftgaserzeugung, bei Hüttenbetrieben die aushilfsweise Verwendung von Generatorgas. Bei Koksgasanlagen, wo die Störungen durch die Beschaffenheit der Kohle, durch Temperatur- und Witterungseinflüsse besonders stark sind, wird im Bedarfsfalle zweckmäßig Kraftgas, durch rasch angeheizte Generatoren erzeugt, zu Hilfe gezogen.

Die rasche Veränderung der Steuerung der Gasmaschinen für die veränderte Gasbeschaffenheit wird daher eine immer wichtigere Forderung in dem Maße, als die Zeit näher rückt, wo große Betriebe ganz ausschließlich auf Gasmaschinen zugeschnitten werden und an der Betriebsstelle überhaupt keine Dampfkessel und Dampfmaschinen vorhanden sind. In diesem Falle sind die Zweitaktmaschinen der Ladepumpen wegen im Nachteil gegenüber richtig gebauten Viertaktmaschinen.

Der Gasometer ist auch das einzige Mittel, den Gasverbrauch der Maschinen zuverlässig zu messen, diese Messungen von unsicheren Annahmen und Berechnungen zu befreien. Jede andere, indirekte Messung des Gasverbrauchs ist unzuverlässig. Bei neueren Anlagen werden daher von vornherein große Gasometer aufgestellt, im Ausmaße von 2 — 4 cbm Gasometerinhalt für jede Pferdekraft. Der Gasometerbetrieb erfordert eine am besten elektrisch betriebene Pumpe mit veränderlicher Umdrehungszahl und eine Regulierungsvorrichtung zwischen Gasometer und Gasmaschine. Durch Einschaltung der Gasometer ist es auch erreichbar, die für den Betrieb wichtige Bedingung zu verwirklichen, daß Gas und Luft vor der Maschine gleiche Spannung haben. Da das Gas durch Rohrleitungen zu laufen hat, ist stets ein Überdruck von 10—15 cm schon der Widerstände wegen erforderlich. Die erwähnte Reguliervorrichtung besorgt dann die Einstellung für veränderliche Verhältnisse.

Entwicklung der Gasmaschinen-Betriebe.

Die Entwicklung der Gasmaschinen-Betriebe ist durch die im Vorangegangenen angegebenen wesentlichen maschinentechnischen Fortschritte und thermisch dadurch gekennzeichnet, daß der Gasverbrauch von ursprünglich 3 cbm Leuchtgas der ältesten gangbaren Maschinen auf 0,4 cbm für die Pferdekraft-Stunde vermindert, die Wärmeausnutzung von 4% auf etwa 30% erhöht wurde. In dieser Entwicklung ging nur der maschinentechnische Fortschritt langsam und erst im letzten Jahrzehnt rasch vor sich, während in thermischer Hinsicht schon die älteste betriebsbrauchbare Gasmaschine, die atmosphärische Flugkolbenmaschine von Otto, vorzüglich war und einen Leuchtgasverbrauch von nur 0,7 cbm ergab. Wirtschaftlich war aber dieses damals vorzügliche thermische Ergebnis von geringem Wert, weil diese Maschinen, wie alle älteren, nur für Leuchtgas brauchbar waren. Der weitere thermische und wirtschaftliche Fortschritt war die Ausbildung der Maschinen für arme Gase, die Einführung hoher Verdichtungs- und Verbrennungsspannung in den 90er Jahren und die Ausbildung der Maschinen zu Viertakt-Großmaschinen, die auch zunächst mangelhaft in maschinentechnischer Hinsicht, aber hervorragend in der thermischen Leistung waren. Die Zukunft der Gasmaschinenbetriebe liegt in der Verwendung armer Gase, der Abgase und billigen Kraftgase.

Die Leuchtgasmaschinen haben sich als Kleinmaschinen verhältnismäßig rasch entwickeln können, weil die Energie-Erzeugung und -Verteilung, die sie voraussetzen, in den Gaswerken und Gasleitungen der Städte und vieler Fabriken zur Verfügung stand, somit nur die Kosten der Maschine und der Verbrauch in Betracht kamen. Damit war eine sehr einfache Grundlage gegeben, auf der Erfolge verhältnismäßig leicht zu erzielen waren, verglichen mit Fällen, wo die Energieerzeugung eine schwierige Lebensfrage bildete.

Auf solcher Grundlage hätte sich aber niemals ein Großbetrieb entwickeln können. Bei Energieverteilung mittels Leuchtgas, das aus der teuersten Kohle erzeugt wird, sind Groß-Gasmaschinen, selbst dann, wenn in den Tarifen erhebliche Ermäßigungen für Kraftzwecke gewährt werden, gegenüber Dampfanlagen nicht lebensfähig, außer wo die Einfachheit des Betriebes allein entscheidend ist; in diesem Falle aber wird die Gasmaschine in städtischen Betrieben häufig dem Elektromotor weichen müssen.

Die Versuche, Leuchtgasbetriebe in Zuckerfabriken und sonstigen Fabrikbetrieben, bei Straßenbahnen usw. einzuführen, mußten daher scheitern und wurden auch bald wieder aufgegeben.

Die Verwendung der Gasmaschine in selbständigen, von fremden Energieverteilungen unabhängigen und in größeren Betriebe konnte erst durch billiges Kraftgas ermöglicht werden. Die billigsten Kraftgase sind die Abgase der Hüttenbetriebe, der Hochöfen, Koksöfen, der Kohlendestillationen usw. Die unmittelbare Ausnutzung solcher Abgase gab den Anstoß zur Entwicklung der Groß-Gasmaschine und hat sofort das günstigste Verwendungsfeld für die Gasmaschinen eröffnet. Denn die Rechnung war überzeugend klar, daß mit den Abgasen z. B. eines 150 t - Hochofens durch Heizung von Dampfkesseln und Betrieb von Dampfmaschinen nur 1500 PS, bei unmittelbarer Verbrennung in Gasmaschinen hingegen 4000 PS gewonnen werden können, und daß auf jede Tonne Roheisen etwa 2000 cbm Gas für Kraftzwecke verfügbar sind. Ähnlich vorteilhaft liegen die Verhältnisse für die Ausnutzung der Koksofen- und anderer Abgase.

Dem ersten praktischen Versuche zur Hochofengas - Verwendung (1894) in Schottland, mit Maschinen von 12 PS, folgten 1895 Betriebsversuche mit einer 12 pferdigen Deutzer Maschine in Hörde und zu gleicher Zeit in Seraing mit einer kleinen 4 pferdigen Simplex - Maschine. 1896 folgten in Hörde Versuche mit einer 120 pferdigen, ursprünglich für Leuchtgas konstruierten Zweitaktmaschine, System Oechelhaeuser und Junkers, gebaut von der Berlin-Anhaltischen M.-A.-G., worauf Ende 1896 der entscheidende Schritt zur Einführung wirklicher Groß-Gasmaschinen mit der Bestellung von 4 Oechelhaeuser-Maschinen von 600 PS geschah, welche, ebenfalls im Zweitakt arbeitend, im Arbeitsverfahren und in der Konstruktion speziell für arme Gase eingerichtet waren. Das war der Ausgangspunkt sowohl für die Hochofengasverwertung, wie für den Gasmaschinen-Großbetrieb. Seraing hat erst 1898 eine 180 pferdige Cockerill-Gasmaschine mit Hochofengas in Betrieb gesetzt; die erste der oben erwähnten 600 pferdigen Oechelhaeuser-Maschinen wurde im Mai 1898, die zweite Anfang 1900 in Betrieb genommen.

Die ersten größeren Betriebe mit Kraftgas (Wassergas), die Ende der 80er Jahre eingerichtet wurden, waren wenig erfolgreich, teils wegen der umständlichen Gaserzeugung, teils wegen der Mängel der damaligen Gasmaschinen mit geringer Gemengeverdichtung und geringer thermischer Ausnutzung. Erst mit den vollkommneren Maschinen und mit der besseren Wärmeausnutzung unter Verwendung von armen Kraftgasen beginnt der ernste Wettbewerb mit der Dampfmaschine, in den jetzt die

Dampfturbine als die einfachste Form der Dampfmaschine im engsten Zusammenhang mit der elektrischen Energieverteilung eingetreten ist.

Die Ausbildung der Zweitaktmaschinen zu Großmaschinen war der erste Schritt zu maschinentechnischer Vervollkommnung. Thermisch und wirtschaftlich haben sie keine Fortschritte ergeben, aber ihre Entwicklung hängt zusammen mit der erstmaligen Ausnutzung von Hochofengasen in wirklichen Großmaschinen. Da zur selben Zeit die Viertaktmaschine keine richtige maschinentechnische Weiterbildung erfuhr, ist in weiten Kreisen der Glaube entstanden, daß der Zweitaktmaschine allein die Zukunft gehöre, und diese irrige Annahme hat ungünstig auf die Entwicklung der Viertaktmaschine zurückgewirkt, die wohl infolgedessen in der unvollkommenen Form der einfachwirkenden Maschine stecken blieb.

Erst in der neuesten Zeit ist die Viertaktmaschine in ihrer richtigen Form als doppeltwirkende Mehrzylindermaschine zur betriebssicheren, thermisch und wirtschaftlich vervollkommneten Großmaschine von der M.-G. Nürnberg ausgebildet worden. —

Fast die gesamte im Vorstehenden gekennzeichnete Entwicklung der Gasmaschine ist das Verdienst der deutschen Industrie, ein Erfolg deutscher Ingenieurkunst und Unternehmungskraft.

XI. Die Berechnung des mechanischen Wirkungsgrades und der Leistung von Gasmaschinen.

Der mechanische Wirkungsgrad von Gaskraftmaschinen wurde bisher genau im gleichen Sinne wie bei Dampfmaschinen berechnet. Herr Prof. Dr. Eugen Meyer hat erstmalig eine hiervon abweichende Rechnungsart für Zweitaktmaschinen aufgestellt, indem er die Ladeleistung von der indizierten Leistung des Arbeitszylinders in Abzug bringt. Ich habe diese neue Rechnungsart, als sie zuerst in die technische Literatur Eingang fand („Glückauf" 1904, No. 20), als unzulässig und irreführend bezeichnet, aus Gründen, die viele Fachleute mit mir als richtig erachten und die ich unverändert aufrechterhalte. Der Verein deutscher Ingenieure hat eine gutachtliche Äußerung über den Meyer'schen Versuchsbericht, in dem diese neue Rechnungsart angewendet wird, herbeigeführt, und drei hervorragende Theoretiker (Schöttler, Schröter und Stodola) haben übereinstimmend erklärt, daß der Meyer'sche Bericht keine irrtümlichen oder irreführenden Angaben enthalte. Gleichwohl ist in ihrem Gutachten an entscheidender Stelle, dort, wo die für die wissenschaftliche Beurteilung maßgebende Frage zu beantworten gewesen wäre, ob die neue Meyer'sche Rechnungsart zulässig sei oder nicht, gesagt, daß die Frage nicht zu prüfen sei, „inwiefern diese Feststellung des mechanischen Wirkungsgrades mit Rücksicht auf die allgemeine Theorie der Wärmekraftmaschinen wissenschaftlich als begründet anzusehen sei."

Die eben erwähnten Tatsachen, Äußerungen und Widersprüche lassen erkennen, daß die Frage der Berechnung des Wirkungsgrades von Gasmaschinen einer Klärung bedarf. Diese zu versuchen ist der Zweck dieser Zeilen. Dies ist umsomehr erwünscht, als gegenwärtig unter Führung des Vereins deutscher Ingenieure Normen für die Untersuchung von Gasmaschinen aufgestellt und durch einen Ausschuß beraten werden, dem die genannten vier Herren angehören.

Es handelt sich um bekannte Grundbegriffe, die anscheinend eine andere Deutung erfahren, wenn sie auf Gasmaschinen angewendet werden. Es ist daher vor allem notwendig, diese Grundbegriffe, so einfach und selbstverständlich sie auch sein mögen, genau festzulegen.

Ich gehe von folgenden allgemeinen Anschauungen aus, deren Zulässigkeit und Notwendigkeit ohne nähere Begründung einleuchtet:

1. Bei exakten Forschungen auf noch unbekannten Gebieten kann ein Forscher zum Zwecke der Aufstellung einer Hypothese, d. i. zur vorläufigen Erklärung eines Vorganges, willkürliche Annahmen machen, wenn er die Begriffe, die er verwendet, klar definiert. Solche zunächst willkürlichen Annahmen und Definitionen werden so lange benutzt, bis andere, bessere Hypothesen mit anderen Annahmen sie verdrängen.

Solche Annahmen sind aber unzulässig, wenn die maßgebenden richtigen Begriffe längst feststehen und allgemeinen Kurswert erlangt haben. Denn in solchem Falle würden die neuen Definitionen diese Begriffe verschieben und Irreführungen veranlassen können.

Es ist auch unzulässig, nach solchen neuen Annahmen Zahlenwerte zu berechnen, sie mit den bereits eingebürgerten Begriffen zu verbinden und sich dann darauf zu berufen: Ich habe in meiner Definition klar gesagt, was ich unter den grundlegenden Annahmen verstehe. Laien wie Fachleute werden mit Recht an den eingebürgerten richtigen Auffassungen festhalten. Daraus können unhaltbare Widersprüche entstehen.

2. Alle grundlegenden Begriffe müssen derart aufgestellt und angewendet werden, daß die Berechnungen sich für Dampfmaschinen und Gasmaschinen übereinstimmend und völlig widerspruchsfrei ergeben; denn ein grundsätzlicher Unterschied ist zwischen den einzelnen Arten von Kraftmaschinen weder in thermischer noch mechanischer Hinsicht vorhanden.

3. Die Grundbegriffe und ihre Anwendung müssen nicht bloß wissenschaftlich einwandsfrei sein, sie dürfen auch keine Widersprüche in der wirtschaftlichen Deutung der Wertzahlen für Wirkungsgrade, Energieverbrauch usw. ergeben, denn diese Wertzahlen werden allgemein und meist mit Recht auch für die wirtschaftliche Beurteilung der Maschinen benutzt. Die wissenschaftliche und die wirtschaftliche Deutung ergeben keinen inneren Widerspruch; er könnte nur durch eine willkürliche Anwendung der Grundlagen entstehen. Allerdings ist nur die Bezugnahme auf die Nutzleistung ganz einwandsfrei.

Zu diesen allgemeinen Grundsätzen sind noch die besonderen hinzuzufügen:

4. Der maßgebende ursprüngliche Begriff ist nicht die „indizierte Arbeit", sondern die „aufgewendete Arbeit". Bei Dampfmaschinen werden die Begriffe „indizierte" und „aufgewendete Arbeit" stillschweigend mit Recht als identisch angesehen. Die Deutung der „indizierten Leistung" bei Gasmaschinen darf auch keinen Widerspruch mit dem Arbeitsaufwand ergeben.

5. Es kommt bei der wirtschaftlichen Beurteilung grundsätzlich nicht auf die „Eigenreibung" der Maschine an, sondern auf den Widerstand der Maschine. Das ist der grundlegende Begriff. So wie es einzig darauf ankommt, was vom tatsächlichen Arbeitsaufwand als Nutzarbeit auf der Kurbelseite herauskommt, so kann es auch für den dazwischen liegenden Arbeits-Verlust einzig nur auf den Gesamtwiderstand der Maschine ankommen, nicht aber auf Teile desselben. —

Die neue Meyer'sche Rechnungsart geht von der Annahme aus:

„Die indizierte Leistung N_i der Zweitaktmaschine ist durch den Unterschied zwischen der Leistung N_{i+} des Arbeitszylinders und dem Arbeitsverbrauch N_l und N_g der Ladepumpen gegeben: $N_i = N_{i+} - N_l - N_g$".

Das heißt: vom Indikatordiagramm der Zweitaktmaschinen ist die unabhängig davon indizierte Arbeit der besonderen Luft- und Gaspumpen abzuziehen.

Ferner wird die Behauptung aufgestellt: „Da der mechanische Wirkungsgrad ein Maß für die Eigenreibungs-Widerstände der Maschine abgeben soll, so muß er bei einem Gasgebläse $= \frac{N_w}{N_{i+} - N_l - N_g}$ gesetzt werden, wenn die indizierte Gebläsearbeit N_w ist."

Diese Annahmen und die damit festgelegte Rechnungsart für Zweitaktmaschinen sind neu. Bisher sind Wirkungsgrad und Leistung von irgendwelchen Maschinen mit Hilfspumpen auf solcher Grundlage nicht berechnet worden. Die neue Rechnungsart steht in Widerspruch mit den allgemein eingebürgerten Begriffen von aufgewendeter Arbeit, Maschinen-Widerstand und Verlusten und stellt neue Begriffe auf, die bisher keinen Kurswert hatten.

Noch nie ist zwischen der indizierten Leistung einer Maschine und der indizierten Leistung der Arbeitszylinder ein Unterschied gemacht worden.

Herr Meyer führt eine solche Unterscheidung ein. Die Auffassung, daß der mechanische Wirkungsgrad ein Maß für die Eigen-Reibung einer Maschine darstelle, hat ursprünglich eine gewisse Richtigkeit gehabt, ist aber längst durch die neuere Festsetzung überholt, nach der der mechanische Wirkungsgrad als das Verhältnis der effektiven zur indizierten Arbeit, als das Verhältnis von Arbeitsgewinn zu Arbeitsaufwand definiert wird. Diese Auffassung liegt auch den „Normen für Leistungsversuche an Dampfkesseln und Dampfmaschinen", aufgestellt vom Verein deutscher Ingenieure, zu Grunde. Denn an keiner Stelle ist eine Bemerkung zu finden, daß von der indizierten Leistung der Arbeitszylinder bei Kondensationsmaschinen die indizierte Pumpenarbeit, die Luftpumpenwiderstände abzuziehen seien. Der mechanische Wirkungsgrad ist also kein Maß für die in der Maschine auftretenden Reibungswiderstände allein, sondern für alle überhaupt auftretenden Widerstände und Verluste, einschließlich der Reibungsverluste; sonst verliert er wenigstens seine wirtschaftliche Bedeutung. Wäre die Meyer'sche Auffassung richtig, dann wäre es auch unumgänglich notwendig, die „Normen" einer Änderung zu unterziehen.

Die „Eigen-Reibung" der Maschine, als ein Teil des Maschinenwiderstandes, kann getrennt bestimmt werden, wenn das Triebwerk hinsichtlich der Genauigkeit und Güte der Ausführung und der davon abhängigen Reibungsverluste beurteilt werden soll. Für die wirtschaftliche Beurteilung der Maschine als Ganzes können aber die Verluste, die nur in einzelnen Teilen auftreten, allein nicht maßgebend sein. Hierzu kann zweifellos nur die Gesamtheit aller Verluste, das ist der Widerstand der Maschine in allen ihren Teilen, dienen.

Als Begründung für die neue Rechnungsart gibt Herr Meyer an:

„Unter der indizierten Leistung einer Viertaktmaschine versteht man die Arbeit, die dem Unterschiede der Flächen F_+ und F_- (Ansaugearbeit) entspricht."

„Demgemäß" müsse auch bei der Zweitaktmaschine der Arbeitsverbrauch der Luft- und Gaspumpen in Abzug gebracht werden. Mit anderen Worten: weil bei der Planimetrierung von Viertaktdiagrammen die Ansauge- und Ausschubarbeit von der indizierten Arbeit abgezogen wird, so müsse auch bei Zweitaktmaschinen die besonders ermittelte Ladearbeit der besonderen Spül- und Ladepumpen in Abzug gebracht werden.

Diese Annahmen und Folgerungen sind aber nicht zulässig. Wenn bei der

Berechnung der Viertaktdiagramme die Ladearbeit abgezogen wird, dann geschieht dies nach den für Dampfmaschinen üblichen Normen; als die indizierte Arbeit einer Maschine wird die im Zylinder während eines dem Arbeitsverfahren entsprechenden vollständigen Kolbenspieles aufgewendete positive, am Kolben abgegebene Arbeit angesehen, von der die negativen Arbeiten im Zylinder abgezogen sind. Beide werden durch den Indikator unmittelbar am Arbeitszylinder als geschlossene Kurve aufgezeichnet und durch Planimetrieren oder sonstwie ausgemessen. Hierbei wird die Ladearbeit der Viertaktmaschine als negative Arbeit genau so berücksichtigt wie die sogenannte Schleife in einem Dampfdiagramm bei Expansion unter die Auspuffspannung.

Diese Norm kann angefochten werden. Die Bedenken dagegen sind aber belanglos, da die abgezogene Arbeit stets gering, bei neueren Maschinen im Hauptdiagramm überhaupt nicht meßbar ist.

Es ist jedoch völlig willkürlich wenn bloß auf Grund einer äußerlichen Analogie bei Zweitaktmaschinen die Arbeit der besonderen Ladepumpen von der indizierten Arbeit des Zylinders in Abzug gebracht wird. Das widerspricht auch dem Wesen und Sinne des Zweitakt-Verfahrens.

Die Analogie besteht nur in der Ähnlichkeit der Begriffe „Saugarbeit“ und „Ladearbeit“, die aber für Viertakt und Zweitakt grundsätzlich Verschiedenes bedeuten und über Arbeitsverfahren und Maschinengattung grundlegend entscheiden.

Durch die besonderen Ladepumpen sind die Vorteile der Zweitaktmaschinen erkauft, genau wie bei Dampfmaschinen die Vorzüge der Luftleere durch den Arbeitsaufwand für die Kondensatorpumpen. Dieser zusätzliche Arbeitsaufwand für die besonderen Pumpen soll nun bei Ermittlung der indizierten Leistung nach dem neuen Rechnungsverfahren gar nicht in Betracht kommen.

Das ist unzulässig und läuft, abgesehen vom Widerspruch mit den maßgebenden Begriffen „Aufwand“ und „Widerstand“, auch als Rechnungsvorgang dem Sinne des Zweitakt-Verfahrens entgegen. Durch die Ladepumpen und ihren stets großen Arbeitsbedarf wird ja beim Zweitakt der große Vorteil erlangt, daß nunmehr nicht vier Arbeitshübe für das vollständige Kolbenspiel der Gasmaschine erforderlich sind, sondern nur zwei Hübe, daß Ausblase- und Ladehub ganz erspart werden. Nun kann doch unmöglich dieser große Vorteil als Gewinn durch das Verfahren in der Zweitaktmaschine verwirklicht und im Indikator-Diagramm des Arbeitszylinders gebucht, aber die Gegenrechnung hierfür, der vermehrte Aufwand, der Arbeitsbedarf für die dieser Maschinengattung durchaus eigentümlichen besonderen Ladepumpen, ohne welche das eigenartige Arbeits-Verfahren unmöglich ist, in Abzug gebracht werden.

Da bei neueren Viertaktmaschinen die Ladearbeit (zwischen Ausschub- und Ansaugekurve) etwa 4 % der indizierten Voll-Leistung beträgt, bei Zweitaktmaschinen dagegen, wo besondere Luft- und Gaspumpen die Ladearbeit vollziehen, nach den bisher bekannt gewordenen Messungen etwa 15 % und je nach der Belastung der Maschine oder je nach der Unvollkommenheit der Ladepumpen bis über 50 % der indizierten Leistung des Arbeitszylinders, so muß dieser Abzug von 15—50 % der indizierten Leistung nach dem Meyer'schen Rechnungsverfahren einen großen und unzulässigen Einfluß ausüben, während bei Viertaktmaschinen der Einfluß der Ladearbeit stets sehr gering ist.

Bei neueren Viertaktmaschinen, die mit Spannungen von 20—30 Atm. Anfangsdruck arbeiten, ist in den Diagrammen, die mit einer solchem hohen Druck entsprechenden Feder aufgezeichnet werden, die Ansaugearbeit, die Diagramm-Schleife zwischen Ansauge- und Ausschubkurve, gar nicht erkenntlich. Der Federmaßstab ist zu klein; die Schleife kann deshalb durch Planimetrierung nicht gemessen werden, außer es wird ein besonderes Diagramm der Ansaugearbeit mit ganz schwacher Feder aufgenommen. Die negative Ladearbeit im Zylinder müßte dem Diagramm und dem Arbeitsverfahren entsprechend abgezogen werden. Dies hätte aber praktisch keinen Sinn, da die Diagrammfehler größer sind als die abzuziehende nicht erkennbare Schleife.

Es ist also die vermeintliche Analogie zwischen Saugarbeit beim Viertakt und Ladearbeit beim Zweitakt nicht vorhanden: innerlich nicht, weil die Ladearbeit bei Zweitaktmaschinen im geschlossenen Arbeitsprozeß eine ganz andere Bedeutung hat als die Ansaugearbeit beim Viertakt, und auch äußerlich nicht, weil die Ansaugearbeit beim Viertakt stets sehr gering, die Ladearbeit beim Zweitakt stets erheblich, unter Umständen sogar sehr groß wird.

Besondere Pumpen jeder Art nehmen am eigentlichen Arbeitsprozeß nicht teil. Das thermische Arbeitsdiagramm ist für Zwei- und Viertaktmaschinen dasselbe.

Das Meyer'sche Verfahren ist aus allen diesen Gründen unzulässig; es widerspricht auch der bei Kondensations-Dampfmaschinen hinsichtlich der Luftpumpenarbeit angewendeten richtigen Rechnungsart. Die Normen für Dampfmaschinen-

Untersuchungen behandeln zwar die Luftpumpenarbeit nicht im besonderen, jedoch kann aus der Rechnungsart, die bei Kondensations-Dampfmaschinen allgemein üblich ist, kein Analogieschluß auf die Zulässigkeit des Meyer'schen Abzugsverfahrens bei Zweitaktmaschinen gezogen werden. Eine richtige Rechnungsart muß aber widerspruchsfrei auf alle Kolbenmaschinen anwendbar sein.

Wie sehr diese neue Rechnungsart irreführend ist, zeigen die Zahlen, welche danach im Meyer'schen Bericht ermittelt wurden. An einer von Herrn Meyer untersuchten Zweitaktmaschine ist der Wirkungsgrad unter Abzug der Pumpenarbeit zu 84 % ermittelt worden (Versuch IX des Meyer'schen Versuchsberichts). Wird aber die Pumpenarbeit richtig als Maschinenwiderstand berücksichtigt, dann beträgt der Wirkungsgrad nur 76 %.

Die wirkliche indizierte Leistung, der Arbeitsaufwand, beträgt 839 PS, aus dem Diagramm ermittelt; davon wird der Pumpenwiderstand mit 84 PS abgezogen, wenn der Wirkungsgrad berechnet wird. Zur Ermittlung des Gasverbrauchs hingegen wird nichts abgezogen, sondern die volle Leistung von 839 PS in die Rechnung eingesetzt.

Es stehen eben nach dem Meyer'schen Rechnungsverfahren zweierlei indizierte Leistungen zur Verfügung, die „indizierte Leistung des Arbeitszylinders $\mathbf{N}_{i+}$" und die „indizierte Leistung der Maschine $\mathbf{N}_i$". Das allein schon läßt die Unzulässigkeit des Verfahrens erkennen. Soll denn nach Bedarf oder Belieben mit der größeren oder kleineren gerechnet werden, je nach dem Ergebnis, das gewollt wird? Solches Verfahren ist geeignet, Verwirrung anzurichten und der Willkür Tür und Tor zu öffnen. Es genügt auch nicht, daß der Urheber eines solchen Rechnungsverfahrens getrennt angibt, wie groß die von ihm einmal mitgezählte, einmal abgezogene Pumpenarbeit ist. Seine Schlußergebnisse, die Wertzahlen für Wirkungsgrad und Gasverbrauch, werden doch, ohne daß er es verhüten könnte, mit den Wertzahlen nach den eingebürgerten Auffassungen verglichen, und dadurch entstehen unvermeidlich Irreführungen und Verwechslungen.

Die vom Verein deutscher Ingenieure befragten Herren finden die neue Rechnungsart und die danach bestimmten Zahlenwerte anscheinend deshalb nicht zu beanstanden, weil neben den unrichtigen Zahlen die Pumpenwiderstände getrennt angegeben und auch die auf die Nutzleistung bezogenen Zahlen genannt sind. Es wird also angenommen, jeder Fachmann werde wohl die richtigen Zahlen zu finden wissen und brauche sich ja nur an diese zu halten. Gegen solche Annahme muß aber auf das entschiedenste Einspruch erhoben werden.

Richtig ist nur, daß der Fachmann das Richtige aus den Zahlenangaben herausfinden k a n n, wenn er sich die Mühe genauer Prüfung nimmt. Dazu hat nicht jeder Zeit und Lust; wohl aber das Recht, von wissenschaftlichen Arbeiten und insbesondere von Versuchsberichten zu fordern, daß sie die maßgebenden Wertzahlen klar und jedes Mißverständnis ausschließend angeben. Jeder ist bei der heutigen Arbeitsteilung mit Recht gewohnt, sich an die Hauptergebnisse zu halten, und wenn dann bei Zahlen, die nur für besondere Annahmen gelten, nicht ausdrücklich hierauf hingewiesen wird, so ist die Irreführung und Mißdeutung unvermeidlich.

Dem Einwand gegenüber, daß ja auch die auf die Nutzleistung bezüglichen Zahlen genannt würden, ist zu fragen: weshalb wird dann die Zahl eines bisher unerreichten Wirkungsgrades überhaupt hervorgehoben, wenn die Zahlen für die neue willkürliche „indizierte Leistung“ nur unter einem Vorbehalt gelten, der im Widerspruch mit den allgemein üblichen und richtigen Voraussetzungen steht?

Außerdem kommt es darauf an, wie solche Rechnungs- und Versuchsergebnisse in die Welt hinausgetragen werden. Mir selbst wurde von höchst sachkundiger Seite mit Feuereifer von dem großen Fortschritt im Gasmaschinenbau berichtet: nunmehr seien Zweitaktmaschinen geschaffen, welche 84 % Wirkungsgrad ergäben. Daß hierbei die Pumpenwiderstände willkürlich von der indizierten Leistung abgezogen wurden, habe ich erst viel später erfahren.

Endlich kommt es darauf an, welches die w e i t e r e n F o l g e n sind, wenn ein solches Rechnungsverfahren eingeführt und durch Vertreter der Wissenschaft als zulässig bezeichnet wird. Die notwendigen Konsequenzen wären:

Zweitaktmaschinen mit ganz schlechten Spül- und Ladepumpen, die bis zur Hälfte des Kraftaufwandes Widerstand erzeugen, werden bei solcher Berechnung ihres „Wirkungsgrades“ völlig gleichwertig mit Zweitaktmaschinen, die mit den besten Pumpen von geringstem Widerstande versehen sind; der Pumpenwiderstand wird ja doch in Abzug gebracht. Und dabei soll der „Wirkungsgrad“ wirtschaftlicher Wertmesser der Güte der Maschine sein!

Die Schwierigkeiten der Zweitaktmaschinen liegen gerade in den Ladepumpen, deren Widerstand bisher sehr groß war. Verbesserungen dieser Pumpen wären aber überflüssig, wenn die neue Rechnungsart Gültigkeit erlangen würde.

Wenn bei Viertaktmaschinen die Abgase durch besondere Pumpen ausgetrieben und am Ende des Saughubes die Saugspannung gleichfalls durch besondere Pumpen in Überdruck verwandelt würde, dann wäre es sehr leicht, Viertaktmaschinen mit Leistungen herzustellen, die alles Bisherige in den Schatten, aber auch zugleich auf den Kopf stellen: dann könnten Wirkungsgrade über 100%, unerhört niedriger Gasverbrauch usw. herausgerechnet werden! Es brauchte nur möglichst viel Leistung vom Arbeitszylinder auf die Hilfspumpen abgeschoben zu werden. Hier würde es sich sinngemäß um das gleiche Rechnungsverfahren wie das Meyer'sche handeln, aber das Widersinnige des Verfahrens und der Auffassung läge auf der Hand.

Von besonderer Wichtigkeit ist die zweifelsfreie Deutung der Wertzahlen bei der Gewährleistung für Gasmaschinen. So wird im Angebot einer Zweitaktmaschinen bauenden Firma gesagt:

„Den mechanischen Wirkungsgrad gewährleisten wir zu 80%. Ferner übernehmen wir Gewähr dafür, daß für die indizierte Pferdekraft-Stunde nicht mehr als 2000 WE verbraucht werden."

Was bedeutet solche Gewährleistung? Bezieht sie sich auf den Meyer'schen Wirkungsgrad unter Abzug der Pumpenarbeit oder auf den, den die technische Welt bisher meinte und der ein Maß für alle Widerstände der Maschine samt den Pumpen gibt? Im letzterem Falle sind 80% nicht erreichbar. Bezieht sich der Gasverbrauch dann gleichfalls auf die indizierte Leistung, wie sie Herr Meyer berechnet, unter Abzug der Pumpenarbeit, oder muß jetzt, wenn vom garantierten Gasverbrauch die Rede ist, das Meyer'sche Verfahren wieder geändert und der Pumpenwiderstand wieder mitgerechnet werden?

Alles ist daher Willkür und Mißverständnis, weil es unmöglich ist, bei jeder Rechnungs- und Gewährleistungszahl im einzelnen näher zu bezeichnen, welche Begriffe und Annahmen gemeint sind.

Wenn bei den Zweitaktmaschinen der Aufwand für die Ladepumpen von der „indizierten" Maschinenarbeit absichtlich abgezogen wird, obwohl die Vorteile der Ladevorrichtung benutzt werden und in der Arbeitsbilanz und im Diagramm enthalten sind, so wird man auch bei Dampfmaschinen mit dem gleichen Rechte die Luftleere in der Bilanz vereinnahmen, aber den Aufwand dafür, den Widerstand der Kondensatorluftpumpen, von der indizierten Arbeit der Dampfmaschine in Abzug bringen müssen. Hier liegt sinngemäß genau derselbe Fall vor wie bei den Zweitaktmaschinen. Die Kondensatoren sind auch nur Hilfspumpen für die Zylinder-Entladung, wie die Spül- und Ladevorrichtungen der Zweitaktmaschinen Hilfspumpen für die Zylinder-Ladung.

Die Luftpumpenarbeit stellt einen Widerstand dar, welcher als positive Arbeit von der Dampfmaschine geleistet werden muß. Diese Auffassung, die keinen Widerspruch gegenüber den Normen ergibt, müßte aber aufgegeben werden, wenn die neue Art der Berechnung des Wirkungsgrades von Zweitaktmaschinen Geltung erlangt. Was für Gasmaschinen recht ist, muß billig auch für Dampfmaschinen zugestanden werden.

Weitere Folgen des neuen Abzugsverfahrens werden durch folgende Betrachtungen gekennzeichnet:

Wenn jemand die Pumpenarbeit, statt als Widerstand auf dem Konto des Aufwandes, auf dem Konto der Nutzarbeit als Gewinn buchen würde, so wäre dies sicher ein Unding. Führen wir diesen unsinnigen Vorgang durch und bezeichnen die Leistung der Pumpen mit N_p, so wäre der mechanische Wirkungsgrad:

$\eta_m = \frac{N_e + N_p}{N_i}$. Die Meyer'sche Formel lautet: $\eta_m = \frac{N_e}{N_i - N_p}$,

und nach der allgemein üblichen Auffassung ist $\eta_m = \frac{N_e}{N_i}$.

Nach dem Versuch VI des Meyer'schen Versuchsberichts ist: $N_i = 778$, $N_e = 533$, $N_p = 106$; der Wirkungsgrad ist also im ersten Falle: $\eta_m = 82\,\%$, im zweiten Falle (nach Meyer): $\eta_m = 79\,\%$, im dritten Falle: $\eta_m = 68{,}5\,\%$.

Der Meyer'sche Zahlenwert weicht somit von dem offenbar unsinnigen nur um etwa 3 % ab, während die Abweichung vom richtigen Werte 10,5 % beträgt!

Indem also Herr Meyer von der indizierten Leistung der Arbeitszylinder N_{i+} die indizierte Leistung der Gas- und Luftpumpe abzieht und den mechanischen Wirkungsgrad als das Verhältnis der Nutzleistung zu seiner „indizierten Leistung der Maschine" $N_{i+} - N_l - N_g$ bildet, macht er im Grunde genommen wesentlich nichts anderes, als daß er die Pumpenleistung zur Nutzleistung hinzurechnet, eine unzulässige Verschiebung in der Bilanz vornimmt, als Leistung bucht, was ein Arbeitsverlust ist.

Die indizierte Leistung, der mechanische Wirkungsgrad und die Nutzleistung werden in der Regel durch die Beziehung verknüpft: $N_i \cdot \eta_m = N_e$. Da unter der indizierten Leistung einer Maschine allgemein die indizierte Leistung der Arbeitszylinder verstanden wird, so wird die effektive Leistung, wenn von der indizierten Leistung ausgegangen wird, durch Multiplikation der letzteren mit dem mechanischen Wirkungsgrad ermittelt.

Ist z. B. die indizierte Leistung 778 PS und der mechanische Wirkungsgrad 79 % (die Meyer'schen Zahlenwerte), so berechnet sich die effektive Leistung zu 615 PS, nämlich $N_e = 0{,}79 \cdot 778 = 615$.

In Wirklichkeit beträgt die effektive Leistung aber nur 533 PS, man irrt daher ganz bedeutend. — Es mag eingewendet werden, daß diese Rechnungsweise eben fehlerhaft sei; es kann aber nicht bestritten werden, daß ein solcher Rechenfehler bei wirtschaftlichen und geschäftlichen Überlegungen sehr leicht unterlaufen kann.

Normen für die Untersuchung von Gasmaschinen müssen hinsichtlich der Berechnung des mechanischen Wirkungsgrades auf allgemein anerkannter, auch für Dampfmaschinen widerspruchsfrei anwendbarer Grundlage beruhen. Eigentlich brauchte nur gesagt zu werden: Die Normen für Dampfmaschinen-Untersuchungen sind sinngemäß auf Verbrennungsmaschinen anzuwenden. So schreiben auch die Gasmaschinenfabriken gegenwärtig unter ihre Lieferungsbedingungen:

> „Für die Ausführung von Brennstoffverbrauchsversuchen sind neben den im Angebot enthaltenen Bedingungen die vom Verein deutscher Ingenieure, dem Internationalen Verbande der Dampfkesselüberwachungsvereine und dem Vereine deutscher Maschinen-Anstalten aufgestellten Normen für Leistungsversuche an Dampfmaschinen sinngemäß maßgebend."

Das reicht eigentlich für das Bedürfnis vollständig aus; es ist gar nicht notwendig, für Gasmaschinen neue Normen mit neuen Definitionen für indizierte Leistung und Wirkungsgrad aufzustellen, außer man will für Zweitaktmaschinen eine Ausnahmestellung schaffen, was sachlich wie wirtschaftlich unzulässig ist.

Die indizierte Leistung von Verbrennungsmaschinen muß sinngemäß in genau derselben Weise wie bei Dampfmaschinen ermittelt werden. Weitere Ausführungs-Bestimmungen können nicht wesentlich mehr sagen, als sich damit für den Fachmann von selbst versteht.

Widerstände von besonderen Pumpen können von der indizierten Arbeit weder bei Viertakt- noch bei Zweitaktmaschinen in Abzug gebracht werden, weil ihrem Widerstande entsprechend im Arbeitszylinder positive Arbeit geleistet werden muß, die zur indizierten Arbeit gehört, und weil solche Pumpenarbeit beim Zweitakt das Wesentliche des Verfahrens bildet.

Entscheidend ist die Beantwortung der Fragen: „Was ist die indizierte Leistung einer Maschine?" und „Was ist unter mechanischem Wirkungsgrade zu verstehen?"

Diese Fragen können nicht für verschiedene Bauarten von Maschinen verschieden beantwortet werden.

Versteht man unter der indizierten Leistung einer Maschine wie bisher die indizierte Leistung der Arbeitszylinder, so ist der mechanische Wirkungsgrad ein Maß für den in der Maschine auftretenden Gesamtwiderstand. Damit wird die Meyer'sche Auffassung hinfällig.

Stellt man sich dagegen auf den Standpunkt, daß durch den mechanischen Wirkungsgrad nur die Reibungsverluste gekennzeichnet sein sollen, so ergibt sich daraus folgerichtig das Abzugsverfahren, aber auch zugleich der Widerspruch mit den eingebürgerten Begriffen und die unzulässige Deutung der wirtschaftlichen Wertzahlen.

www.ingramcontent.com/pod-product-compliance
Lightning Source LLC
LaVergne TN
LVHW081348011026
849161LV00013BB/3028